Manfred Hoffmann, Norbert Krämer, Georg Ponnath

Mathematik

für die berufliche Oberstufe

Klasse 11
nichttechnische Fachrichtungen

D1735125

2. Auflage

Bestellnummer 5974

Bildungsverlag EINS – Stam

www.bildungsverlag1.de

Gehlen, Kieser und Stam sind unter dem Dach des Bildungsverlages EINS zusammengeführt.

Bildungsverlag EINS
Sieglarer Straße 2, 53842 Troisdorf

ISBN 3-8237-5974-4

Vorwort

„Mathematik für die berufliche Oberstufe", ist für nichttechnische Ausbildungsrichtungen geeignet und erfüllt die neu erstellten Lehrpläne für Mathematik des Bundeslandes Bayern.

Einer der Schwerpunkte von „Mathematik für die berufliche Oberstufe" ist das reichhaltige Angebot von Übungsaufgaben, von denen eine große Zahl optisch in einzelne Lernthemen aufgeteilt ist, damit Lehrer und Schüler mit einem Blick das Grundthema der Aufgabe erkennen können. Daneben werden aber auch vermischte Aufgaben gestellt, die ein größeres zusammenhängendes Lerngebiet behandeln. Jeder schwierigeren Übungsaufgabe ist eine völlig vorgerechnete Musteraufgabe vorangestellt. Auch viele praktische Anwendungsbeispiele sind vorgesehen.

Das Lehrbuch beginnt mit dem Kapitel Grundwissen. Hier werden wichtige Regeln und Aufgaben aus der Mittelstufe in knapper Form ohne methodische Zusammenhänge zusammengestellt, um den Schülern den Anschluss zur Theorie der Oberstufe zu erleichtern. In der Regel sollte im Unterricht der 11. Klassen das Kapitel Grundwissen sehr kurz behandelt werden.

Entsprechend einem bekannten didaktischen Unterrichtsprinzip und den Intentionen der Lehrpläne soll sich der Funktionsbegriff als „roter Faden" durch die Kapitel ziehen, wobei an geeigneten Stellen nochmals Gleichungen und Ungleichungen wiederholt und ausgebaut werden.

Das Lehrbuch enthält einen ausführlichen Anhang, der aus den Kapiteln Folgen und Reihen, Aussagen und Mengen, Induktion und Deduktion und Mathematische Symbole besteht.

Hier findet man die mathematischen Grundaussagen, aus denen der Lehrstoff letztlich aufgebaut ist. Diese Kapitel eignen sich besonders für Bearbeitung von Projekten oder Fachreferate.

Definitionen erkennt man an den Verben „heißt", „nennt man", „werden bezeichnet", außerdem sind sie rot eingerahmt. Lehrsätze erkennt man an den Verben „ist", „sind", außerdem sind sie rot unterlegt.

Mit ▼ bezeichnete Abschnitte gehen über den Lehrplan hinaus.

Die Autoren

Inhaltsverzeichnis

1   Grundwissen

1.1   Zahlenmengen

1.1.1 Von der natürlichen zur reellen Zahl

In der Algebra rechnet man mit Zahlen bzw. mit Variablen, die stellvertretend für Zahlen stehen. Je nach der Problemstellung verwendet man natürliche, ganze, rationale oder reelle Zahlen.
Die Menge $\mathbb{R}$ der reellen Zahlen ist die umfassendste Zahlenmenge, die in der Schulmathematik verwendet wird. Sie enthält alle anderen Zahlenmengen als Teilmengen.

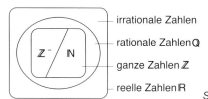

irrationale Zahlen

rationale Zahlen $\mathbb{Q}$

ganze Zahlen $\mathbb{Z}$

reelle Zahlen $\mathbb{R}$ *Schalenförmiger Aufbau der Zahlenmengen*

> *Die Menge der **natürlichen Zahlen** ist $\mathbb{N} = \{0, 1, 2, 3, 4, ...\}$. Man verwendet sie für Abzählvorgänge.*

Hinweis: Im Gegensatz zur früheren Bezeichnungsweise ist die Zahl 0 in der Menge $\mathbb{N}$ enthalten. Die Menge der positiven natürlichen Zahlen (in denen also die 0 nicht enthalten ist) bezeichnen wir jetzt mit $\mathbb{N}^*$ (DIN 1302).

In der Menge der natürlichen Zahlen sind zwei der vier Grundrechenarten, nämlich die Subtraktion und die Division, nicht uneingeschränkt durchführbar.

Beispiele
$7 - 5 = 2 \in \mathbb{N}$, aber $5 - 7 \notin \mathbb{N}$ $12 : 6 = 2 \in \mathbb{N}$, aber $6 : 12 \notin \mathbb{N}$

> *Definiert man zu jeder natürlichen Zahl n eine entsprechende negative Zahl –n mit der Eigenschaft $n + (-n) = 0$ und erweitert die Menge $\mathbb{N}$ um diese negativen Zahlen, so erhält man die Menge der **ganzen Zahlen** $\mathbb{Z} = \{0, 1, -1, 2, -2, 3, -3, ...\}$.*

Die Grundrechenart Division ist auch in der Menge der ganzen Zahlen nicht uneingeschränkt durchführbar.

Beispiel
10 : (–5) = –2 ∈ ℤ, aber (–5) : 10 ∉ ℤ

Alle Zahlen, die als Quotient einer ganzen Zahl $p \in \mathbb{Z}$ und einer positiven natürlichen Zahl $q \in \mathbb{N}^*$ darstellbar sind, gehören zur Menge $\mathbb{Q}$ der **rationalen Zahlen:**

$$\mathbb{Q} = \left\{ \frac{p}{q} \mid p \in \mathbb{Z}, q \in \mathbb{N}^* \right\}.$$

Da auch ganze Zahlen als Brüche (mit Nenner 1) dargestellt werden können, ist die Menge ℤ eine Teilmenge von ℚ. Außerdem sind in ℚ alle endlichen und unendlichen periodischen Dezimalbrüche enthalten.

Die Operation Wurzelziehen ist bereits in der Menge der rationalen Zahlen nicht uneingeschränkt durchführbar, ebenso die Operation Logarithmieren und viele weitere Operationen der höheren Mathematik. Die hierbei entstehenden unendlichen nicht periodischen Dezimalbrüche nennt man **irrationale Zahlen**.

Beispiele
a) $\sqrt{2}$ = 1,4142... (nach der 4. Dezimale abgebrochen)
b) $\sqrt[4]{5}$ = 1,495348... (nach der 6. Dezimale abgebrochen) ≈ 1,49535 (auf 5 Stellen nach dem Komma gerundet)
c) lg 2 = 0,30103... (nach der 5. Dezimale abgebrochen)
d) 2 + $\sqrt{3}$ = 3,73205... (nach der 5. Dezimale abgebrochen) ≈ 3,732051 (auf 6 Stellen nach dem Komma gerundet)
e) π = 3,1415926... (nach der 7. Dezimale abgebrochen) ≈ 3,1415927 (auf 7 Stellen nach dem Komma gerundet)
Die drei Punkte hinter der Zahl bedeuten, dass es sich um eine unendliche Folge von Ziffern nach dem Komma handelt, sie sind nicht periodisch.

Eine Zahl, die rational oder irrational ist, wird **reelle Zahl** *genannt. Die Menge der reellen Zahlen wird mit $\mathbb{R}$ bezeichnet, sie ist die Vereinigung aller rationalen und aller irrationalen Zahlen.*

1.1.2 Die reelle Zahlenachse

Zwischen der Menge ℝ der reellen Zahlen und der Menge *P* aller Punkte einer gegebenen, horizontalen Geraden wird folgende Zuordnung definiert:
● Der reellen Zahl 0 wird ein Punkt der Geraden eindeutig zugeordnet (Ursprung).

- Der reellen Zahl 1 wird ein anderer, rechts von 0 gelegener Punkt der Geraden zugeordnet. Die Strecke [0; 1] wird Einheitsintervall genannt.
- Der Zahl −1 wird ein Punkt der Geraden so zugeordnet, dass 0 die Mitte des Intervalls [−1; 1] ist.

Reelle Zahlenachse mit Einheitsintervall

Zuordnung einer rationalen Zahl $\frac{p}{q}$: Die Strecke, die p/q der Einheitsstrecke angibt, wird vom Ursprung nach rechts bzw. nach links aufgetragen, je nachdem, ob die rationale Zahl positiv oder negativ ist.

Zuordnung einer irrationalen Zahl: Der Punkt wird durch eine Intervallschachtelung bestimmt.

1.1.3 Intervallschachtelung

Unendlich viele abgeschlossene Intervalle sind so auf der reellen Zahlenachse angeordnet, dass immer das folgende Intervall eine Teilmenge des vorhergehenden Intervalls bildet.
Geht außerdem die Intervalllänge gegen Null, dann definiert die Intervallschachtelung genau einen Punkt auf der Zahlenachse.

Beispiel
$\sqrt{2}$ soll durch eine Intervallschachtelung festgelegt werden.
$\sqrt{2} \in [1; 2]$ da $(\sqrt{2})^2 = 2 \in [1^2; 2^2] = [1; 4]$
$\sqrt{2} \in [1{,}4 \,; 1{,}5]$ da $(\sqrt{2})^2 = 2 \in [1{,}4^2; 1{,}5^2] = [1{,}96; 2{,}25]$
$\sqrt{2} \in [1{,}41; 1{,}42]$ da $(\sqrt{2})^2 = 2 \in [1{,}41^2; 1{,}42^2] = [1{,}9881; 2{,}0164]$
usw.

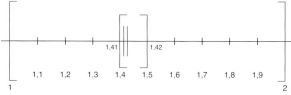

Intervallschachtelung für $\sqrt{2}$

Es können Punkte rationaler oder irrationaler Zahlen durch Intervallschachtelungen (mit rationalen Intervallgrenzen) auf der reellen Zahlenachse festgelegt werden.

In der dezimalen Schreibweise kann eine irrationale Zahl praktisch nur näherungsweise durch eine abgebrochene bzw. gerundete Dezimalzahl angegeben werden. Daher sind z. B. die Zahlen $\sqrt{2}$ und 1,414 nicht gleich.

Aufgabe Muster

Intervallschachtelungen

Man berechne auf drei Stellen nach dem Komma gerundet einen Näherungswert für $\sqrt[3]{50}$ durch eine Intervallschachtelung mit rationalen Intervallgrenzen.

Lösung:

Intervalllänge	Intervall	Kontrollintervall
$\Delta x = 1$	$\sqrt[3]{50} \in [3; 4]$	$50 \in [3^3; 4^3] = [27; 64]$
$\Delta x = 0{,}1$	$\sqrt[3]{50} \in [3{,}6; 3{,}7]$	$50 \in [46{,}656; 50{,}653]$
$\Delta x = 0{,}01$	$\sqrt[3]{50} \in [3{,}68; 3{,}69]$	$50 \in [49{,}836032; 50{,}243409]$
$\Delta x = 0{,}001$	$\sqrt[3]{50} \in [3{,}684; 3{,}685]$	$50 \in [49{,}998718; 50{,}039444]$
$\Delta x = 0{,}0001$	$\sqrt[3]{50} \in [3{,}6840; 3{,}6841]$	$50 \in [49{,}998718; 50{,}002789]$

Die Intervallgrenzen werden mithilfe des Kontrollintervalls durch Probieren ermittelt. Um festzustellen, ob beim Runden die 3. Dezimale auf- oder abgerundet werden muss, wird in der Tabelle auch noch die 4. Dezimale berechnet.

Ergebnis: $\sqrt[3]{50} \approx 3{,}864$

Aufgabe

1. Berechnen Sie durch Intervallschachtelung auf zwei Kommastellen gerundet:

   a) $\sqrt{3}$ c) $\sqrt{10}$ e) $\sqrt[3]{5}$

   b) $\sqrt{5}$ d) $\sqrt[3]{2}$ f) $\sqrt[5]{100}$

2. Geben Sie für folgende rationale Zahlen den Anfang einer Intervallschachtelung an:

   a) 5   b) 1,5   c) $\dfrac{2}{3}$

1.2 Rechenregeln für reelle Zahlen und Variable

Die Abschnitte 1.2 bis 1.6 enthalten lediglich eine Zusammenfassung von Regeln aus der Algebra, die für die Bearbeitung der Inhalte dieses Buches wichtig sind. Auf Beweise und methodische Darstellung wird deswegen verzichtet.

1.2.1 Grundregeln

Für alle $a, b, c \in \mathbb{R}$ gelten:

● Assoziativgesetze:	$a + (b + c) = (a + b) + c = a + b + c$ $a \cdot (b \cdot c) = (a \cdot b) \cdot c = abc$
● Kommutativgesetze:	$a + b = b + a$ $ab = ba$
● Distributivgesetze:	$a \cdot (b + c) = ab + ac$ $(a + b) \cdot (c + d) = ac + bc + ad + bd$

1.2.2 Schreibweisen

- Koeffizient n, $n \in \mathbb{N}^*$:
  $$n \cdot a = \underbrace{a + a + a + \ldots + a}_{n \text{ Summanden}}$$

- Exponent n, $n \in \mathbb{N}^*$:
  $$a^n = \underbrace{a \cdot a \cdot a \cdot \ldots \cdot a}_{n \text{ Faktoren}},$$

1.3 Faktorisieren

Lesen wir die Distributivgesetze ($\rightarrow$ 1.2.1) von links nach rechts, dann heißt das, dass ein Produkt in eine algebraische Summe verwandelt wird (ausmultiplizieren). Lesen wir dagegen die Gesetze von rechts nach links, dann sehen wir, dass eine algebraische Summe in ein Produkt verwandelt wird (ausklammern). Da ein Produkt aus Faktoren besteht, nennt man die letztere Umformung auch Faktorisieren.

Beispiele

a) $2ab + 6b = 2b\,(a + 3)$ Beim Ausklammern von $2b$ teilen wir jeden der Summanden durch $2b$.

b) $12x^2y - 8xy^2 + 16xy$
$= 4xy\,(3x - 2y + 4)$ Beim Ausklammern von $4xy$ teilen wir jeden Summanden durch $4xy$.

c) $-5mn - 20m + 15m^2$
$= -5m\,(n + 4 - 3m)$ Beim Ausklammern eines negativen Terms ändern sich die Vorzeichen der Summanden in der Klammer.

d) $x - y = (-1)\,(-x + y) = -(y - x)$ Durch Ausklammern von -1 kann man die Reihenfolge bei einer Differenz vertauschen.

e) $3ax - bx + 6ay - 2by$
$= x\,(3a - b) + 2y\,(3a - b)$
$= (3a - b)\,(x + 2y)$ 1. Ausklammern bei je zwei Summanden.
     2. Ausklammern der Klammer.

Werden zwei gleiche Summen (Differenzen) mit je zwei Summanden (genannt Binome) miteinander multipliziert, so erhält man:
(1) $(a + b)\,(a + b) = a^2 + ab + ab + b^2 = a^2 + 2ab + b^2$
(2) $(a - b)\,(a - b) = a^2 - ab - ab + b^2 = a^2 - 2ab + b^2$

Wird eine Summe mit der Differenz der gleichen Zahlen multipliziert, so ergibt sich:
(3) $(a + b)\,(a - b) = a^2 + ab - ab - b^2 = a^2 - b^2$

Werden drei gleiche Summen (Differenzen) mit je zwei Summanden (genannt Binome) miteinander multipliziert, so erhält man:

(4) $(a + b)(a + b)(a + b) = (a^2 + 2ab + b^2)(a + b) = a^3 + 3a^2b + 3ab^2 + b^3$

(5) $(a - b)(a - b)(a - b) = (a^2 - 2ab + b^2)(a - b) = a^3 - 3a^2b + 3ab^2 - b^3$

Wichtig sind auch die folgenden Umformungen:

(6) $(a - b)(a^2 + ab + b^2) = a^3 + a^2b + ab^2 - a^2b - ab^2 - b^3 = a^3 - b^3$

(7) $(a + b)(a^2 - ab + b^2) = a^3 - a^2b + ab^2 + a^2b - ab^2 + b^3 = a^3 + b^3$

Diese Fälle werden so oft gebraucht, dass die Umformungen ohne Zwischenschritt erfolgen sollten. Man nennt sie dann **binomische Formeln**.

	Algebraische Summe	Produkt
(1)	$a^2 + 2ab + b^2 =$	$(a + b)^2$
(2)	$a^2 - 2ab + b^2 =$	$(a - b)^2$
(3)	$a^2 - b^2 =$	$(a + b)(a - b)$
(4)	$a^3 + 3a^2b + 3ab^2 + b^3 =$	$(a + b)^3$
(5)	$a^3 - 3a^2b + 3ab^2 - b^3 =$	$(a - b)^3$
(6)	$a^3 - b^3 =$	$(a - b)(a^2 + ab + b^2)$
(7)	$a^3 + b^3 =$	$(a + b)(a^2 - ab + b^2)$

Hinweis: Die zweiten Faktoren von Formel (6) und (7) $(a^2 + ab + b^2)$ und $(a^2 - ab + b^2)$ unterscheiden sich von den Summentermen von Formel (1) und (2). Sie sind nicht mehr weiter zerlegbar.

Aufgabe

Faktorisieren

1. Faktorisieren Sie so weit wie möglich:

a) $ab + ac$

b) $a^2 - ab$

c) $a^3 + a^2b$

d) $x^4 - xy$

e) $x^3 - x^2$

f) $m^2n^2 + 3mn$

g) $3p^3 - 4p^2q$

h) $5x^2y^2 - 2xy$

i) $2ab + 6ac$

k) $15c^2 - 25cd$

l) $15a - 45ab$

m) $18x^2 - 2x$

n) $12u^2 - 18uv$

o) $24m^3n^2 - 36m^2n^3$

p) $10x^5y^3 - 5x^3y^5$

q) $10x^3y^3 - 20x^2y^4$

r) $16a^4b - 8a^3$

s) $5t^4 - t^3$

2. Klammern Sie -1 aus:

a) $-a - b - c$

b) $-x + y$

c) $c + d + 2e$

d) $2a - 3b - 4c$

e) $-a^2 - 1$

f) $-x^2 + 2x - 1$

g) $-4x^2 - 1$

h) $-4x^2 + 1$

i) $x^2 - y^2 - z^2$

3. Ausklammern in zwei Schritten:

a) $3bu - 3au - 2av + 2bv$

b) $12mp + 12mq + 7np + 7nq$

c) $6ax - 8bx + 9ay - 12by$

d) $20ac - 24bc - 35ad + 42bd$

e) $2a^2 - 8ab - 3ac + 12bc$

f) $4ax + 6ay - 2x^2 - 3xy$

Binomische Formeln

$4x^2 + 12xy + 9y^2 = (2x + 3y)^2$ nach Formel (1)

$9s^2 - 36st + 36t^2 = 9(s^2 - 4st + 4t^2) = 9(s - 2t)^2$ nach Formel (2)

$a^4 - 16 = (a^2 + 4)(a^2 - 4) = (a^2 + 4)(a + 2)(a - 2)$ nach Formel (3)

$n^3 + 1 = n^3 + 1^3 = (n + 1)(n^2 - n + 1)$ nach Formel (7)

Binomische Formeln   **Aufgabe**

4. Verwandeln Sie in ein Produkt:

    a) $x^2 + 2xy + y^2$ d) $4b^2 + 4c^2 - 8bc$ g) $75 + 3x^2 - 30x$

    b) $a^2 + b^2 - 2ab$ e) $a^2 - 4$ h) $\frac{1}{4}x^2 - x + 1$

    c) $y^2 - x^2$ f) $9x^2 + 9 + 18x$ i) $9p^2 - 30p + 25$

5. Verwandeln Sie in ein Produkt:

    a) $4u^2 - 9v^2$ g) $x^3 - xy^2$ n) $\frac{1}{8}y^3 - 1$

    b) $9c^2 - 12cd + 4d^2$ h) $12p^2 + 12p + 3$ o) $x^4 - 2x^2y^2 + y^4$

    c) $5a^2 - 5b^2$ i) $50a^2b + 2b - 20ab$ p) $3a^3b - 24b^4$

    d) $18x^2 - 2y^2$ k) $2x^3 - 2x$ q) $p^3 - 8$

    e) $27u^2 + 18uv + 3v^2$ l) $8c^3 - 18cd^2$ r) $2m^3 + 16$

    f) $25a^2b - 4b$ m) $64x^3 + 27$ s) $16x^4 - a^4$

1.4   Quadratische Ergänzung

Quadratische Ergänzungen sind äquivalente Umformungen von quadratischen Termen mithilfe der binomischen Formeln (1) oder (2). Sie sind beispielsweise bei Untersuchungen von quadratischen Funktionen ($\rightarrow$ Seite 60) sehr wichtig.

Beispiele

a) Der Term $2x^2 - 4x + 6$ soll durch eine quadratische Ergänzung äquivalent umgeformt werden:

    Lösung:

    $2x^2 - 4x + 6 = 2(x^2 - 2x + 3)$ Ausklammern des Koeffizienten von x^2

    $= 2(x^2 - 2x + 1 - 1 + 3)$ Ergänzung durch $+1 - 1 = 0$

                                   Die ersten drei Glieder in der Summe gehören zu einer binomischen Formel

    $= 2((x - 1)^2 + 2)$ Binomische Formel (2)

    $= 2(x - 1)^2 + 4$ Auflösung der äußeren Klammer

Es gilt also die äquivalente Umformung: $2x^2 - 4x + 6 = 2(x - 1)^2 + 4$.

b) Der Term $3x^2 - 8x - 3$ soll mithilfe einer quadratischen Ergänzung in ein Produkt aus zwei Klammertermen äquivalent umgeformt werden.

Lösung:

$$3x^2 - 8x - 3 = 3\left(x^2 - \frac{8}{3}x - 1\right) \qquad \text{Der Koeffizient 3 wurde ausgeklammert}$$

$$= 3\left(x^2 - \frac{8}{3}x + \left(\frac{4}{3}\right)^2 - \left(\frac{4}{3}\right)^2 - 1\right) \qquad \text{Quadratische Ergänzung}$$

$$= 3\left(\left(x - \frac{4}{3}\right)^2 - \frac{16}{9} - \frac{9}{9}\right) \qquad \begin{array}{l}\text{Zusammenfassung der ersten drei}\\\text{Glieder in der äußeren Klammer durch}\\\text{die binomische Formel (2)}\end{array}$$

$$= 3\left(\left(x - \frac{4}{3}\right)^2 - \frac{25}{9}\right) \qquad \begin{array}{l}\text{Zusammenfassung der letzten beiden}\\\text{Glieder}\end{array}$$

$$= 3\left(\left(x - \frac{4}{3}\right)^2 - \left(\frac{5}{3}\right)^2\right) \qquad \begin{array}{l}\text{In der äußeren Klammer steht die Dif-}\\\text{ferenz zweier Quadrate}\end{array}$$

$$= 3\left(x - \frac{4}{3} + \frac{5}{3}\right)\left(x - \frac{4}{3} - \frac{5}{3}\right) \qquad \begin{array}{l}\text{Zerlegung gemäß der binomischen}\\\text{Formel (3)}\end{array}$$

$$= 3\left(x + \frac{1}{3}\right)(x - 3) \qquad \text{Zusammenfassung in den Klammern}$$

$$= (3x + 1)(x - 3) \qquad \text{Erste Klammer wurde mit 3 multipliziert}$$

Es gilt also die äquivalente Umformung: $3x^2 - 8x - 3 = (3x + 1)(x - 3)$.

Aufgabe

1. Wandeln Sie folgende Terme durch eine quadratische Ergänzung um:

a) $x^2 + 4x + 2$

b) $u^2 - 5u$

c) $v^2 - \frac{5}{3}v + \frac{1}{2}$

d) $-y^2 + 10y - 1$

e) $5y^2 - 3y$

f) $-6y^2 + 4y - 7$

g) $\frac{1}{3}u^2 - \frac{1}{2}u + 4$

h) $-\frac{5}{6}v^2 + \frac{5}{3}v + \frac{1}{3}$

i) $-\frac{4}{3}z^2 + \frac{2}{3} - \frac{4}{9}z$

k) $8 + \frac{7}{2}a - a^2$

2. Zerlegen Sie folgende algebraische Summen durch quadratische Ergänzung in Produkte von zwei Klammertermen:

a) $x^2 - 9x + 20$

f) $12x^2 - 10x - 8$

b) $z^2 - 4z - 21$

g) $\frac{1}{8}b^2 + \frac{3}{16}b - \frac{1}{8}$

c) $2y^2 + 5y - 3$

h) $-48u^2 + 18u + 3$

d) $-a^2 + 7a - 12$

i) $\frac{1}{2}y^2 - \frac{1}{18}$

e) $\frac{1}{6}m^2 - \frac{1}{3}m - 8$

k) $\frac{3}{4}x^2 + \frac{3}{4}x - \frac{9}{2}$

1.5   Bruchterme

k, m, n, p, q sind Terme, k, n, q haben einen Termwert, der nicht gleich Null ist.
Für das Rechnen mit Bruchtermen gelten folgende Regeln:

● Gleichheit	$\dfrac{m}{n} = \dfrac{p}{q} \Leftrightarrow m \cdot q = n \cdot p$
● Erweitern und Kürzen	$\dfrac{m}{n} = \dfrac{m \cdot k}{n \cdot k}$
● Addieren und Subtrahieren	$\dfrac{m}{n} \pm \dfrac{p}{n} = \dfrac{m \pm p}{n}$
● Multiplizieren	$\dfrac{m}{n} \cdot \dfrac{p}{q} = \dfrac{m \cdot p}{n \cdot q}$
● Dividieren	$\dfrac{m}{n} : \dfrac{p}{q} = \dfrac{m \cdot q}{n \cdot p}$ $(p \neq 0)$

Beispiele

a) $\dfrac{-7}{2} = \dfrac{21}{-6}$ weil $(-7) \cdot (-6) = 2 \cdot 21$ ist

b) $\dfrac{a^2 b}{2c} = \dfrac{a^2 b \cdot ab}{2c \cdot ab} = \dfrac{a^3 b^2}{2abc}$ erweitert mit ab

c) $\dfrac{4x^2 y^2}{2xyz} = \dfrac{4x^2 y^2 : xy}{2xyz : xy} = \dfrac{4xy}{2z}$ gekürzt durch xy

d) $\dfrac{x+y}{ab} - \dfrac{x-y}{ab} = \dfrac{x+y-(x-y)}{ab} = \dfrac{2y}{ab}$ Hauptnenner ist ab, Klammer wegen des Minuszeichens vor dem 2. Bruch nötig

e) $\dfrac{uv}{xy} \cdot \dfrac{vw}{2y} = \dfrac{uv \cdot vw}{xy \cdot 2y} = \dfrac{uv^2 w}{2xy^2}$ Zähler mal Zähler, Nenner mal Nenner

f) $\dfrac{ac^2}{m^2 n^3} : \dfrac{2c}{mn^2} = \dfrac{ac^2 \cdot mn^2}{m^2 n^3 \cdot 2c} = \dfrac{ac}{2mn}$ 1. Bruch mal Kehrwert des 2. Bruches

Aufgabe *Muster*

Hauptnenner

Der Term $\dfrac{1}{4x-4} + \dfrac{1}{6x-6} - \dfrac{1}{2x-2}$ soll zusammengefasst werden:

Lösung:

1. Schritt: Faktorisierung der gegebenen Nenner.
2. Schritt: Bildung des Hauptnenners. Er ist das kleinste gemeinsame Vielfache der einzelnen Nenner.
3. Schritt: Bestimmung der Erweiterungsfaktoren der Brüche.

Nenner	Faktorisierung	Erweiterungsfaktoren
$4x - 4$	$= 2 \cdot 2\ (x-1)$	3
$6x - 6$	$= 2 \cdot 3\ (x-1)$	2
$2x - 2$	$= 2 \cdot (x-1)$	6
kgV	$= 2 \cdot 2 \cdot 3 \cdot (x-1) = 12\ (x-1)$	
	Rechenschema zur Bestimmung des Hauptnenners	

$$\dfrac{1}{4x-4} + \dfrac{1}{6x-6} - \dfrac{1}{2x-2} = \dfrac{1 \cdot 3}{12\ (x-1)} + \dfrac{1 \cdot 2}{12\ (x-1)} - \dfrac{1 \cdot 6}{12\ (x-1)}$$

$$= \dfrac{3 + 2 - 6}{12\ (x-1)} = \dfrac{-1}{12\ (x-1)}$$

Hauptnenner

1. Fassen Sie zusammen und vereinfachen Sie so weit wie möglich:

a) $\dfrac{a}{a+b} + \dfrac{a}{a-b}$

h) $\dfrac{5x-1}{3x-3} - \dfrac{x^2}{x^2-1} - \dfrac{2x-1}{3x}$

b) $\dfrac{2a^2-a+21}{12a^2-27} + \dfrac{2a-7}{6a-9} - 1$

i) $\dfrac{6n+1}{4n^2+8n} - \dfrac{2n-3}{4n^2-16} - \dfrac{1}{2n}$

c) $\dfrac{a+2}{4a-6} - \dfrac{2}{4a^2-9} + \dfrac{3a-1}{6a+9}$

k) $\dfrac{4b+5a}{6a^2+12ab+6b^2} - \dfrac{3}{4a+4b} + \dfrac{2a}{3a^2-3b^2}$

d) $\dfrac{3x}{4x^2-1} + \dfrac{x-1}{2x+1}$

l) $\dfrac{2x}{3x^2-3y^2} - \dfrac{3}{4x+4y} + \dfrac{4y+5x}{6x^2+12xy+6y^2}$

e) $\dfrac{m}{9m^2-1} - \dfrac{3m+1}{3m} + \dfrac{9m-1}{9m-3}$

f) $\dfrac{4y-1}{4y-2} - \dfrac{2y+1}{2y} + \dfrac{y}{4y^2-1}$

g) $\dfrac{4u-1}{2u-2} - \dfrac{2u+1}{2u} - \dfrac{u^2}{u^2-1}$

Multiplikation von Brüchen

2. Fassen Sie zusammen und kürzen Sie:

a) $\dfrac{a-b}{a+b} \cdot (a^2-b^2)$

c) $\dfrac{a+b}{a-b} \cdot (a-b)^2$

e) $\dfrac{a+b}{a-b} \cdot (b^2-a^2)$

b) $\dfrac{a+b}{a-b} \cdot (a^2-b^2)$

d) $\dfrac{a-b}{a+b} \cdot (b^2-a^2)$

f) $\dfrac{a+b}{a-b} \cdot (b-a)^2$

3. Multiplizieren Sie die Brüche und kürzen Sie dabei vollständig:

a) $\dfrac{6uv-14v^2}{u^2+u} \cdot \dfrac{3u^2-3}{7v^2-3uv}$

f) $\dfrac{ab+a^2}{(a+b)^2} \cdot \dfrac{b^2-a^2}{ab-b^2}$

b) $\dfrac{8-24z}{3x-y} \cdot \dfrac{18x-6y}{8z-24}$

g) $\dfrac{2b^3-18a^2b}{12a^3+4a^2b} \cdot \dfrac{18a^2b-6ab}{9a^2-6ab+b^2}$

c) $\dfrac{3x-1}{x^2-4} \cdot \dfrac{2x+4}{9x^2-3x}$

h) $\dfrac{x^2-6xy+9y^2}{8xy-24y^2} \cdot \dfrac{3xy^2+9y^3}{54y^2x-6x^3}$

d) $\dfrac{(5m-n)^2}{13mn} \cdot \dfrac{78m^2+39m}{25m^2-n^2}$

i) $\dfrac{9ab-6b}{18a^2+12a} \cdot \dfrac{9a^2+12a+4}{9a^2-4}$

e) $\dfrac{ax^2-a^3}{3x^2+3ax} \cdot \dfrac{6ax-6x^2}{2x^2-4ax+2a^2}$

Aufgabe
Muster

Doppelbrüche

$$\frac{\dfrac{x-y}{x+y}}{\dfrac{x^2-y^2}{x-y}} = \frac{x-y}{x+y} : \frac{x^2-y^2}{x-y}$$

Brüche werden umgeschrieben

$$= \frac{x-y}{x+y} \cdot \frac{x-y}{x^2-y^2}$$

Erster Bruch mit dem Kehrwert des zweiten multipliziert

$$= \frac{(x-y)\,(x-y)}{(x+y)\,(x+y)\,(x-y)}$$

Multiplikationsregel, binomische Formel (3)

$$= \frac{x-y}{(x+y)^2}$$

Gekürzt, Klammern zusammengefasst

Aufgabe

Doppelbrüche

4. Vereinfachen Sie die Doppelbrüche:

a) $\dfrac{\dfrac{1}{x} - \dfrac{1}{2}}{x-2}$

d) $\dfrac{\dfrac{b}{a} - ab}{\dfrac{1}{a} + 1}$

g) $\dfrac{\dfrac{c}{z} + c}{1 + \dfrac{1}{z}}$

b) $\dfrac{\dfrac{a}{b} - \dfrac{b}{a}}{\dfrac{1}{a} - \dfrac{1}{b}}$

e) $\dfrac{\dfrac{a}{b} - ab}{\dfrac{1}{b} + 1}$

h) $\dfrac{\dfrac{x}{b} - bx}{1 - \dfrac{1}{b}}$

c) $\dfrac{\dfrac{1}{x+2} - \dfrac{1}{5}}{x-3}$

f) $\dfrac{a + \dfrac{a}{b}}{\dfrac{1}{b} + 1}$

i) $\dfrac{\dfrac{x^2 - z^2}{4x^2 z}}{\dfrac{x}{z} - \dfrac{z}{x}}$

1.6 Quadratwurzeln

Für $a \in \mathbb{R}_0^+$ ist die **Quadratwurzel** aus a (kurz $\sqrt{a}$) die nicht negative Lösung der Gleichung $x^2 = a$.

Die nichtnegative reelle Zahl a heißt **Radikand.**

Die Gleichung $x^2 = a$ hat neben $\sqrt{a}$ auch noch die Lösung $-\sqrt{a}$, denn es gilt $(-\sqrt{a})^2 = (\sqrt{a})^2 = a$. Somit lässt sich schreiben:

$x^2 = a \Leftrightarrow \sqrt{x^2} = \sqrt{a} \Leftrightarrow |x| = \sqrt{a} \Leftrightarrow x = \pm\sqrt{a}$

Beispiele

a) $\sqrt{0} = 0$, $\sqrt{1} = 1$, $\sqrt{4} = 2$, $\sqrt{9} = 3$, $\sqrt{16} = 4$, ...

b) $\sqrt{0{,}01} = 0{,}1$, $\sqrt{0{,}04} = 0{,}2$, $\sqrt{0{,}09} = 0{,}3$, ...

c) $x^2 = 36 \Leftrightarrow |x| = 6 \Leftrightarrow x = 6 \vee x = -6$

d) $\sqrt{m^2 n^2} = \sqrt{(mn)^2} = |mn| = \begin{cases} mn & \text{für } mn > 0 \\ -mn & \text{für } mn < 0 \end{cases}$

e) $\sqrt{x^2 + 2xy + y^2} = \sqrt{(x+y)^2} = |x+y| = \begin{cases} x+y & \text{für } x+y \geq 0 \\ -(x+y) & \text{für } x+y < 0 \end{cases}$

Addition und Subtraktion von Quadratwurzeln

In Summen und Differenzen können nur gleichartige Quadratwurzeln zusammengefasst werden.

Beispiele

a) $\sqrt{3} + 5\sqrt{3} - 3\sqrt{3} = 3\sqrt{3}$

b) $m\sqrt{a} - n\sqrt{a} + 3m\sqrt{a} + 4n\sqrt{a} = 4m\sqrt{a} + 3n\sqrt{a} = (4m + 3n)\sqrt{a}$

Multiplikation und Division von Quadratwurzeln

(1) $\sqrt{a} \cdot \sqrt{b} = \sqrt{a \cdot b}$ für alle $a, b \in \mathbb{R}_0^+$

(2) $\dfrac{\sqrt{a}}{\sqrt{b}} = \sqrt{\dfrac{a}{b}}$ für alle $a \in \mathbb{R}_0^+$ und $b \in \mathbb{R}_o^+$

Beispiele

a) $\sqrt{3x} \cdot \sqrt{5y} = \sqrt{15xy}$, $x \geq 0$, $y \geq 0$

b) $\sqrt{p-q} \cdot \sqrt{p+q} = \sqrt{(p-q)(p+q)} = \sqrt{p^2 - q^2}$, $p - q \geq 0$, $p + q \geq 0$

c) $\dfrac{\sqrt{12a^2}}{\sqrt{4ab}} = \sqrt{\dfrac{12a^2}{4ab}} = \sqrt{\dfrac{3a}{b}}$, $a \cdot b \geq 0$

d) $\dfrac{\sqrt{x^2 - y^2}}{\sqrt{x+y}} = \sqrt{\dfrac{x^2 - y^2}{x+y}} = \sqrt{\dfrac{(x+y)(x-y)}{x+y}} = \sqrt{x-y}$, $x + y > 0$, $x - y \geq 0$

Teilweises Wurzelziehen

Wenn möglich, zerlegt man den Radikanden in Faktoren, und zwar so, dass möglichst viele Faktoren aus Quadraten entstehen.

Beispiele

a) $\sqrt{2000} = \sqrt{100 \cdot 4 \cdot 5} = \sqrt{100} \cdot \sqrt{4} \cdot \sqrt{5} = 10 \cdot 2 \cdot \sqrt{5} = 20 \cdot \sqrt{5}$

b) $\sqrt{288\,x^3} = \sqrt{144 \cdot x^2 \cdot 2x} = \sqrt{144} \cdot \sqrt{x^2} \cdot \sqrt{2x} = 12 \cdot |x| \cdot \sqrt{2x}$

c) $\sqrt{a^7 b^9} = \sqrt{a^6 b^8 \cdot ab} = \sqrt{a^6} \cdot \sqrt{b^8} \cdot \sqrt{ab} = |a^3| \cdot b^4 \cdot \sqrt{ab}$

d) $\sqrt{(x-y)^5} = \sqrt{(x-y)^4 \cdot (x-y)} = (x-y)^2 \cdot \sqrt{x-y}$

Rationalmachen des Nenners

Arbeitet man mit Näherungswerten von Irrationalzahlen, so führt das Dividieren durch eine irrationale Zahl zu relativ großen Fehlern. Liegt ein Bruch mit irrationalen Zahlen im Nenner vor, so ist es zweckmäßig, den Bruch so zu erweitern, dass sein Nenner rational wird.

Beispiele

a) $\dfrac{3}{\sqrt{2}} = \dfrac{3\sqrt{2}}{\sqrt{2} \cdot \sqrt{2}} = \dfrac{3\sqrt{2}}{2}$ Der Bruch wurde mit $\sqrt{2}$ erweitert

b) $\dfrac{a}{5\sqrt{5}} = \dfrac{a\sqrt{5}}{5\sqrt{5} \cdot \sqrt{5}} = \dfrac{a\sqrt{5}}{25}$ Der Bruch wurde mit $\sqrt{5}$ (und nicht mit $5\sqrt{5}$!) erweitert

c) $\dfrac{2}{\sqrt{3}+1} = \dfrac{2\,(\sqrt{3}-1)}{(\sqrt{3}+1)\,(\sqrt{3}-1)}$ Erweiterung mit $\sqrt{3}-1$

$= \dfrac{2\,(\sqrt{3}-1)}{((\sqrt{3})^2 - 1^2)} = \dfrac{2\,(\sqrt{3}-1)}{3-1}$ Binomische Formel (3) im Nenner

$= \dfrac{2\,(\sqrt{3}-1)}{2} = \sqrt{3}-1$ Zusammenfassung

d) $\dfrac{1}{\sqrt{7}-\sqrt{5}}$

$= \dfrac{\sqrt{7}+\sqrt{5}}{(\sqrt{7}-\sqrt{5})\,(\sqrt{7}+\sqrt{5})}$ Erweiterung mit $\sqrt{7}+\sqrt{5}$

$= \dfrac{\sqrt{7}+\sqrt{5}}{((\sqrt{7})^2 - (\sqrt{5})^2)} = \dfrac{\sqrt{7}+\sqrt{5}}{7-5}$ Binomische Formel (3) im Nenner

$= \dfrac{\sqrt{7}+\sqrt{5}}{2}$ Zusammenfassung

Rechnen mit Quadratwurzeln

Aufgabe

1. Vereinfachen Sie folgende Terme:

   a) $3\sqrt{5} + 4\sqrt{3} - 6\sqrt{5} + \sqrt{3}$

   b) $2\sqrt{x} - x\sqrt{2} - \sqrt{x} + 2x\sqrt{2}$

   c) $a\sqrt{y} - 3\sqrt{x} + 4\sqrt{x} + 3a\sqrt{y}$

   d) $6\sqrt{2x} - 4\sqrt{2y} - 5\sqrt{2x} - 6\sqrt{2y}$

   e) $(\sqrt{3} + \sqrt{5})^2$

   f) $(\sqrt{7} - \sqrt{2})^2$

   g) $(3\sqrt{3} + 2\sqrt{5})^2$

   h) $(4\sqrt{5} - 3\sqrt{2})^2$

   i) $(\sqrt{3} + \sqrt{5})(\sqrt{3} - \sqrt{5})$

   k) $(\sqrt{5} + 2)(\sqrt{5} - 2)$

2. Vereinfachen Sie folgende Terme durch teilweises Wurzelziehen:

   a) $\sqrt{72} - \sqrt{18} + \sqrt{147} - \sqrt{48}$

   b) $\sqrt{50} - \sqrt{8} + \sqrt{18}$

   c) $\sqrt{68} + \sqrt{17} - \sqrt{153}$

   d) $\sqrt{200} + \sqrt{50} - \sqrt{32} + \sqrt{8}$

   e) $\sqrt{250} - \sqrt{490} + \sqrt{704} + \sqrt{44} - \sqrt{1100}$

3. Vereinfachen Sie folgende Terme durch teilweises Wurzelziehen:

   a) $\sqrt{a^3b} - \sqrt{ab^5} + \sqrt{a^7b^3}$

   b) $\sqrt{3a^5} - \sqrt{3ab^4} - \sqrt{12a^3b^2}$

   c) $\sqrt{2x^5} + \sqrt{72x^3} - \sqrt{162x}$

   d) $\sqrt{80y^3} + \sqrt{20y^5} + \sqrt{98y}$

   e) $\sqrt{a^5} \cdot \sqrt{a^2b} + \sqrt{9a^5} \cdot \sqrt{b^3} + \sqrt{9a^3} \cdot \sqrt{b^5} + \sqrt{a} \cdot \sqrt{b^7}$

4. Vereinfachen Sie folgende Terme:

   a) $(\sqrt{3} + \sqrt{7}) \cdot \sqrt{21}$

   b) $(\sqrt{20} + \sqrt{5}) : \sqrt{5}$

   c) $(\sqrt{8} + \sqrt{5}) \cdot \sqrt{5}$

   d) $(5\sqrt{x^3y} - 6\sqrt{xy}) \cdot \sqrt{xy}$

   e) $(5\sqrt{mn} - 6\sqrt{p})^2$

   f) $(3\sqrt{a} - \sqrt{b})(3\sqrt{a} + \sqrt{b})$

5. Machen Sie die Nenner rational:

   a) $\dfrac{5}{\sqrt{5}}$

   b) $\dfrac{3}{2\sqrt{3}}$

   c) $\dfrac{1}{5\sqrt{10}}$

   d) $\dfrac{5}{\sqrt{50}}$

   e) $\dfrac{3x}{\sqrt{x}}$

   f) $\dfrac{3}{2\sqrt{y}}$

   g) $\dfrac{1}{2\sqrt{a}}$

   h) $\dfrac{x}{y\sqrt{5y}}$

   i) $\dfrac{5}{4 - \sqrt{3}}$

   k) $\dfrac{2}{1 - \sqrt{2}}$

   l) $\dfrac{1}{\sqrt{6} - \sqrt{5}}$

   m) $\dfrac{a - b}{\sqrt{a} - \sqrt{b}}$

   n) $\dfrac{2}{3\sqrt{5} - 2\sqrt{3}}$

   o) $\dfrac{ab}{2\sqrt{a} - 3\sqrt{b}}$

   p) $\dfrac{1}{\sqrt{2} + \sqrt{5} + \sqrt{7}}$

   q) $\dfrac{1}{\sqrt{5} - \sqrt{11} + \sqrt{6}}$

2   Von der Relation zur Funktion

2.1   Relationen zwischen zwei Mengen

2.1.1 Einführendes Beispiel

Gegeben sind zwei Zahlenmengen: $P = \{1, 2, 3, 4\}$, $Q = \{5, 6, 7\}$. Die Abbildung zeigt, wie man die Paarmenge $P \times Q$ bilden kann:

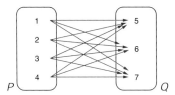

Paarmenge

Die Paarmenge $P \times Q$ hat folgende Elemente: $\{(1; 5), (1; 6), (1; 7), (2; 5), (2; 6),$ $(2; 7), (3; 5), (3; 6), (3; 7), (4; 5), (4; 6), (4; 7)\}$. Die Menge $G = \{(1; 5), (1; 6), (2; 6)\}$ ist irgendeine Teilmenge von $P \times Q$, man nennt sie eine Relation zwischen den Mengen P und Q.

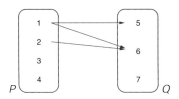

Relation als Teilmenge der Paarmenge

2.1.2 Definition der Relation

> *Gegeben sind zwei Mengen P und Q mit der Paarmenge P x Q.* **Jede Teil-**
> **menge** *der Paarmenge P x Q heißt eine* **Relation** *(Beziehung), symbolisch*
> *P ρ Q (lies: P rho Q).*
> *Die Menge G ⊂ P x Q heißt* **Graph** *der Relation.*

Entspricht dem Element $p \in P$ durch die Relation ρ das Element $q \in Q$, so schreibt man entsprechend $p \, \rho \, q$ (lies: p rho q). Man sagt auch: p steht in Relation zu q, wenn $(p, q) \in G$ ist.

Hinweis: Der Graph G einer Relation kann auf verschiedene Weise dargestellt werden: als eine Menge von Paaren oder durch ein Pfeildiagramm (siehe einführendes Beispiel oben) oder als Punkte oder Linien in einem Koordinatensystem (siehe später bei den reellen Funktionen).

Die Zuordnungsvorschrift einer Relation lässt sich auf verschiedene Weisen darstellen:
- durch die Angabe der Menge G in aufzählender oder beschreibender Form,
- durch ein Pfeildiagramm,
- durch eine Tabelle,
- durch Punkte in einem Koordinatensystem, falls es sich bei P und Q um Zahlenmengen handelt.

Beispiel
Die Relation, die im einführenden Beispiel angegeben wurde, lässt sich demnach folgendermaßen darstellen:
- durch die Menge G in aufzählender Form: $G = \{(1; 5), (1; 6), (2; 6)\}$
- durch ein Pfeildiagramm (siehe oben)

- durch eine Tabelle:

1	1	2
5	6	6

- im Koordinatensystem:

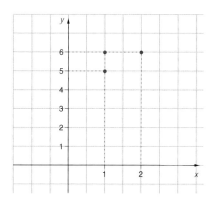

Relation im Koordinatensystem dargestellt
Der Graph dieser Relation besteht aus drei Punkten

Beispiel
Es sei $F = \{f_1, f_2, f_3, f_4\}$ eine Menge von Familien, die in einem Haus wohnen, in dessen Nähe sich drei Supermärkte befinden. $S = \{s_1, s_2, s_3\}$ ist die Menge dieser Supermärkte. Von den Familien kaufen f_1 und f_2 im Supermarkt s_1 ein, während f_3 in s_1 und s_2 einkauft. Familie f_4 kauft in keinem dieser Supermärkte ein und im Supermarkt s_3 kauft keine dieser Familien ein. Die durch diese Bedingungen gegebene Relation könnte man die „kauft ein in"-Relation nennen. Man stellt ihren Graph G entweder durch eine Menge oder durch ein Pfeildiagramm dar.

Menge: $G = \{(f_1; s_1), (f_2; s_1), (f_3; s_1), (f_3; s_2)\}$

Pfeildiagramm:

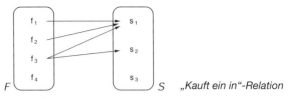

F S *„Kauft ein in"-Relation*

2.2 Relationen in einer Menge

Um eine Relation zwischen zwei Mengen zu definieren, ist es nicht notwendig, dass die beiden Mengen voneinander verschieden sind. Handelt es sich um eine Relation zwischen zwei gleichen Mengen, so heißt sie **Relation in dieser Menge.**

Beispiel

Die „ist kleiner"-Relation in der Menge $M = \{1, 2, 3, 4, 5\}$ ist als eine Relation zwischen M und sich selbst aufzufassen, die im folgenden Pfeildiagramm veranschaulicht wird:

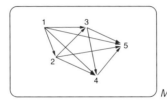

M *„Ist kleiner"-Relation*

Erfüllt eine Relation in einer Menge M außerdem noch folgende Bedingungen, so nennt man sie eine **Äquivalenzrelation:**

I. $a \in M \Rightarrow a\,\rho\,a$ (Reflexivität)

II. $a\,\rho\,b \Leftrightarrow b\,\rho\,a$ (Symmetrie)

III. $a\,\rho\,b \wedge b\,\rho\,c \Rightarrow a\,\rho\,c$ (Transitivität)

Beispiele

a) Die Gleichheit von Zahlen ist eine Äquivalenzrelation, denn es gilt für drei beliebige, aber gleiche Zahlen a, b, c:

    I. $a = a$

    II. $a = b \Leftrightarrow b = a$

    III. $a = b \wedge b = c \Rightarrow a = c$

b) D ist die Menge aller ähnlichen Dreiecke in einer Ebene. Die Ähnlichkeit von Dreiecken ist eine Äquivalenzrelation, denn seien d, d_1, d_2, d_3 beliebige Dreiecke aus D, dann gilt:

    I. $d \in D \Rightarrow d \sim d$

    II. $d_1 \sim d_2 \Leftrightarrow d_2 \sim d_1$

    III. $d_1 \sim d_2 \wedge d_2 \sim d_3 \Rightarrow d_1 \sim d_3$

2.3 Funktionen

2.3.1 Definitionen

Eine Relation *f* zwischen den Mengen $D \subseteq A$ und *Y* ist genau dann eine **Funktion**, wenn **jedem** Element *x* aus *D* **genau ein** Element *y* aus *Y* zugeordnet wird. *D* heißt **Definitionsmenge** oder Definitionsbereich, *Y* nennt man **Zielmenge**. Ein beliebiges $x \in D$ heißt Originalelement oder Argument, sein Platzhalter **unabhängige Variable,** das ihm entsprechende $y \in Y$ heißt Bildelement oder **Funktionswert** (an der Stelle *x*, *x* ist das Urbild von *y*), sein Platzhalter **abhängige Variable.** Die Menge aller Funktionswerte einer Funktion ist eine Teilmenge *W* von *Y*, sie heißt **Wertemenge** oder Wertebereich. Man schreibt gelegentlich dafür auch $f(D) = \{f(x) \mid x \in D\}$.

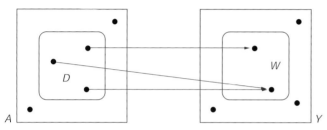

Zur Definition der Funktion

Die Definition der Funktion erlaubt, dass die Mengen *A* und *Y* entweder Zahlen oder irgendwelche anderen Objekte enthalten können. Ist sowohl die Ausgangsmenge *A* als auch die Zielmenge *Y* einer Funktion eine Teilmenge der Menge $\mathbb{R}$ der reellen Zahlen, so spricht man von einer **reellen Funktion.**

Im Laufe der geschichtlichen Entwicklung der reellen Funktion haben sich sehr viele Schreibweisen dafür ergeben. Zwei von den heute am häufigsten verwendeten Schreibweisen sind:

$$f : x \mapsto f(x),\ x \in D \ \text{ oder kürzer } \ y = f(x),\ x \in D$$

In beiden Schreibweisen kommt aber die Zielmenge *Y* nicht zum Ausdruck, obwohl sie untrennbar zur Funktion gehört und daher genauso wichtig ist wie die Definitionsmenge *D*.
Daher teilen wir noch folgende, für sich sprechende Schreibweise mit:
$f : D \to Y$ mit $y = f(x)$ (lies: *f* von *D* in *Y* mit *y* gleich *f* von *x*).
Ist eine Funktion durch $f : x \mapsto f(x),\ x \in D$ angegeben, dann ist stets $Y = \mathbb{R}$ gemeint.

Bezeichnungen
f: Name der Funktion
     Falls mehrere Funktionen vorkommen, gibt man ihnen die Namen *g*, *h*,
     k, *p*, *q* oder auch $f_1, f_2, f_3, \ldots$
f(*x*): Vorschrift der Funktion, Funktionsterm
D: (maximaler) Definitionsbereich
     Der zugehörige Wertebereich ergibt sich dadurch, dass man die Menge
     aller Funktionswerte bestimmt. Es gilt $W = f(D) = \{f(x) \mid x \in D\}$.

2.3.2 Unterschied zwischen Relation und Funktion

Der anschauliche Unterschied zwischen Relation und Funktion wird am besten im Pfeildiagramm oder im Koordinatensystem deutlich.

Relation

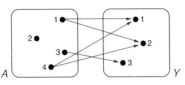

Funktion

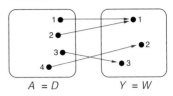

Von einem Element der Menge A können mehrere Verbindungen oder gar keine zu den Elementen von Y ausgehen.
$x \in A, y \in Y$

Von jedem Element der Menge A = D geht immer genau eine Verbindung aus (eindeutige Zuordnung).
$x \in A, y \in Y$

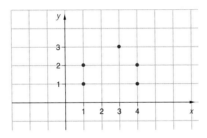

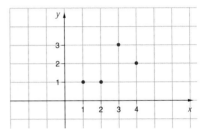

Im Koordinatensystem können mehrere Graphenpunkte auf einer Parallelen zur y-Achse liegen.

Im Koordinatensystem liegen niemals mehrere Graphenpunkte auf einer Parallelen zur y-Achse.

2.3.3   Beispiele von Funktionen

Beispiele

a) Ordnet man jedem Schüler der Menge D = {Thomas, Gerhard, Paul, Marisa, Anna} seinen auf km gerundeten kürzesten Schulweg aus der Menge Y = {0 km, 1 km, 2 km, 3 km, 4 km, 5 km} zu, so wird dadurch eine Funktion definiert. Die Zuordnungsvorschrift wird in folgender Tabelle dargestellt:

Schüler	Weglänge in km
Thomas (T)	1
Gerhard (G)	1
Paul (P)	2
Marisa (M)	3
Anna (A)	5

In diesem Fall ist die Wertemenge W = {1 km, 2 km, 3 km, 5 km}, denn nur die in der geschweiften Klammer genannten Elemente treten als Funktionswert auf.

Anmerkung:
Die Definitionsmenge *D* darf keine Person enthalten, die nicht zur Schule geht (z. B. ein Kindergartenkind), denn ihr kann kein Schulweg zugeordnet werden. Der Schulweg 0 km bedeutet ja, dass der Schüler neben der Schule wohnt und somit einen sehr kurzen Schulweg hat, nicht jedoch, dass er keinen Schulweg hat.

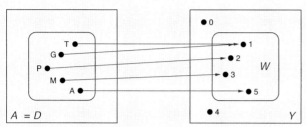

Pfeildiagramm zum Beispiel a)

b) Der Graph $G = \{(1; 1), (2; 3), (3; 5), (4; 3), (5; 1)\}$ definiert zwischen den Mengen $D = \{1, 2, 3, 4, 5\}$ und $W = \{1, 3, 5\}$ eine reelle Funktion.

Zunächst wird die Zuordnungsvorschrift durch eine Wertetabelle verdeutlicht:

x	1	2	3	4	5
y	1	3	5	3	1

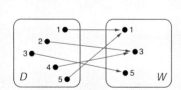

Pfeildiagramm   Koordinatensystem

c) $f : x \mapsto 0{,}5\,x^2,\ D = [-2; 2]$
[-2; 2] bedeutet die Menge aller reellen Zahlen, die zwischen −2 und 2 – beide einschließlich – liegen.

Die Funktionsgleichung dieser reellen Funktion ist $f(x) = 0{,}5x^2$. Der Graph dieser Funktion ist ein Stück einer Parabel. Um diese zeichnen zu können, erstellt man eine Wertetabelle. (Die Werte der unabhängigen Variablen *x* können beliebig gewählt werden.)

x	−2	−1	0	1	2
y	2	0,5	0	0,5	2

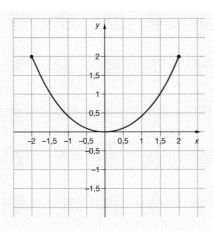

Graph der Funktion
$f : x \mapsto 0,5x^2, D = [-2; 2]$

d) Die reelle Funktion $f : x \mapsto x^3 - 1$, $D = \mathbb{R}$, hat die Funktionsgleichung
$f(x) = x^3 - 1$ sowie die Wertemenge $W = \mathbb{R}$. Durch diese Funktion werden reelle Zahlen auf reelle Zahlen abgebildet, ihr Graph im Koordinatensystem ist eine gekrümmte Linie. Um diese Linie skizzieren zu können, ist eine Wertetabelle notwendig.

x	−1,5	−1	−0,5	0	0,5	1	1,5
y	−4,4	−2	−1,1	−1	−0,9	0	2,4

Hinweise: Die Funktionswerte erhalten wir durch Einsetzen des jeweiligen x-Wertes in die Funktionsgleichung. Die Funktionswerte können
wegen der beschränkten Zeichengenauigkeit auf eine Stelle nach dem
Komma gerundet werden. Beispielsweise ergibt sich für
$x = -1,5$: $f(-1,5) = (-1,5)^3 - 1 = -3,375 - 1 = -4,375 \approx -4,4$
Die x-Werte wurden zweckmäßigerweise in gleichen Abständen (äqui-
distante **Schrittweite**) gewählt. Hier ist die Schrittweite $\Delta x = 0,5$.

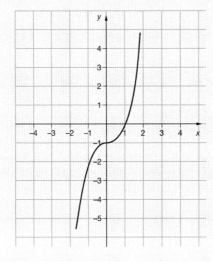

Graph der Funktion
$f : x \mapsto x^3 - 1, D = \mathbb{R}$

e) Bei einer freien Fallbewegung eines Körpers ist der vom Körper zurückgelegte Weg s eine Funktion der dafür benötigten Zeit t, und zwar:

$s(t) = 4{,}9 \, \dfrac{m}{s^2} \, t^2$, $t \in [0; 4s]$. Hier sind D und W Größenmengen.

Wertetabelle für die Funktion $s(t)$:

$\dfrac{t}{s}$	0	1	2	3	4
$\dfrac{s}{m}$	0	4,9	19,6	44,1	78,4

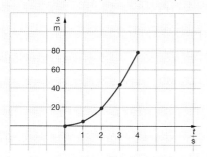

Graph der Funktion

$s(t) = 4{,}9 \, \dfrac{m}{s^2} \, t^2$, $t \in [0; 4s]$

2.3.4 Empirische Funktionen

In der Praxis kommen eine Reihe von funktionalen Zusammenhängen zwischen Größen vor, bei denen sich keine Funktionsgleichung angeben oder zumindest keine finden lässt. Solche Funktionen werden **empirische Funktionen** genannt. Man ermittelt sie durch Messungen und hält sie in Wertetabellen oder Diagrammen fest.

Beispiele

a) Mittlere Lufttemperatur in °C auf der Zugspitze

Jan	Feb	Mär	Apr	Mai	Jun	Jul	Aug	Sep	Okt	Nov	Dez
−11,2	−11,0	−9,9	−7,2	−5,1	−2,8	1,8	1,6	−0,2	−3,8	−7,2	−9,9

b) Nachfrage eines Massenartikels in Tonnen

Halbj.	1	2	3	4	5	6	7	8	9	10
Menge (t)	5,0	7,5	12,5	15,0	7,5	5,0	5,0	10,0	12,5	8,0

c) Aus den Mengen von Messwertpaaren aus Messversuchen im Physikalischen Praktikum ergeben sich empirische Funktionen, da die Größen, die prinzipiell durch Funktionsgleichungen verknüpft sind, messfehlerbehaftet sind, also die Funktionsgleichung nicht mehr erfüllen.
Die Stromstärke I müsste bei einem Ohm'schen Widerstand streng genommen direkt proportional zur Spannung U sein. Messungen ergeben jedoch folgende empirische Funktion g dieser Größen:

$\dfrac{U}{V}$	0	4,0	8,0	12,0	16,0	20,0
$\dfrac{I}{A}$	0	0,24	0,39	0,65	0,75	1,05

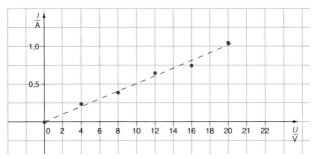

U-I-Diagramm

Berücksichtigt man, dass diese Funktion *g* aus einer endlichen Zahl von messfehlerbehafteten Messungen entstanden ist, so zeigt doch immerhin die Tendenz der Punktfolge, dass es sich hier um eine Näherungsfunktion einer weiteren, unbekannten, aber doch existierenden Funktion *f* zwischen Spannung und Strom handeln könnte.

Der Graph von *g* ist durch Punkte, der Graph der unbekannten Funktion *f* durch eine gestrichelte Linie dargestellt. Der Definitionsbereich von *g* ist D_g = {0V, 4,0V, 8,0V, 12,0V, 16,0V, 20,0V}, der Definitionsbereich von *f* ist D_f = [0V; 20,0V].

Aufgabe

Relationen

1. Gegeben ist die Paarmenge $P \times Q$ = {(1; 1), (1; 2), (2; 1), (2; 2), (3; 1), (3; 2), (1; 3), (2; 3), (3; 3)}. Bestimmen Sie *P* und *Q*.

2. Gegeben sind die Mengen *P* = {*a*, *b*, *c*} und *Q* = {*u*, *v*, *x*, *y*}. Zeichnen Sie Diagramme für folgende Relationen:
   a) $P \, \rho \, Q$ mit G = {(*a*; *u*), (*a*; *v*), (*b*; *x*), (*a*; *x*)}
   b) $Q \, \rho \, P$ mit G = {(*u*; *a*), (*v*; *a*), (*u*; *c*), (*y*; *a*)}
   c) $P \, \rho \, P$ mit G = {(*a*; *a*), (*a*; *b*), (*a*; *c*), (*b*; *c*)}
   d) $Q \, \rho \, Q$ mit G = {(*u*; *v*), (*v*; *u*), (*x*; *y*), (*y*; *x*)}

3. Stellen Sie die folgenden Relationen in einem orthogonalen Achsensystem graphisch dar:

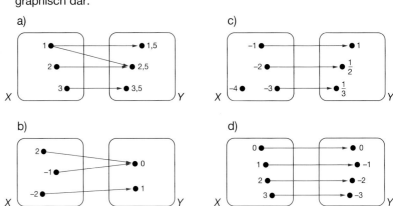

4. Schreiben Sie die Graphen der folgenden Relationen in aufzählender Form auf:

a)

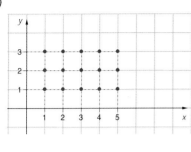

c)

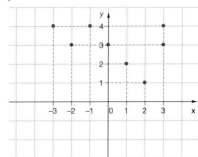

b)

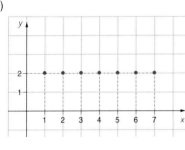

d)

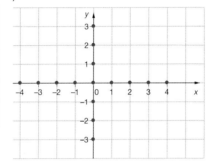

5. Die vier Kinder einer Familie bilden die Menge $K = \{a, b, c, d\}$. a, b sind Söhne, c, d sind Töchter. Zwischen den Elementen der Menge K gibt es die Beziehung „hat als Bruder".
   a) Stellen Sie diese Relation im Pfeildiagramm dar.
   b) Welche Relation ist in der Menge K durch folgende Darstellung gegeben?

6. Das Pfeildiagramm definiert eine Relation. Geben Sie die Relation als Menge G in aufzählender Form an.

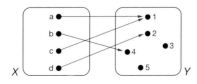

7. Zeigen Sie, dass folgende Relationen Äquivalenzrelationen sind:
   a) die Parallelität von Geraden (es wird angenommen, dass jede Gerade mit sich selbst parallel ist)
   b) die Kongruenz der Dreiecke
   c)

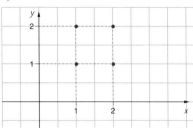

Funktionen

8. Welche der folgenden Relationen sind Funktionen? Geben Sie jeweils eine Begründung.
   a) $P \rho Q$ mit $P = \{1, 2, 3, 4, 5\}$, $Q = \{x, y, z\}$ und $G = \{(1; x), (2; y), (3; x), (3; y)\}$
   b) $R \rho S$ mit $R = \{a, b, c\}$, $S = \{I, II, III, IV\}$ und $G = \{(a, I), (b; I), (c; I)\}$
   c)   d)

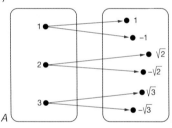

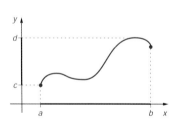

9. Gegeben ist die Relation $P \rho Q$ mit $P = \{$München, Stuttgart, Ulm$\}$, $Q = \{$Heisenberg, Einstein, Mößbauer$\}$ und $G = \{$(München; Heisenberg), (München; Mößbauer), (Ulm; Einstein)$\}$. Ist ρ eine Funktion?

10. Gegeben ist die Funktion $f : x \mapsto 2x + 4$, $D = \{-2, -1, 0, 1, 2\}$. Geben Sie die Wertemenge W und den Graph G als Menge an.

11. Gegeben ist die Funktion f durch folgende Tabelle:

x	0	1	2	3	4
y	1	3	5	7	9

   a) Geben Sie die Definitionsmenge D, die Wertemenge W und den Graph G in aufzählender Form an.
   b) Geben Sie eine Funktionsgleichung an.

12. Gegeben ist die reelle Funktion $f : x \mapsto -0,5x + 1,2$, $D = [-2; 3]$. Ihr Graph ist eine Stecke.
   a) Zeichnen Sie den Graph.
   b) Geben Sie die Wertemenge an.

13. Gegeben ist die reelle Funktion $f : x \mapsto 0{,}8x - 0{,}8$ mit $D = \,]-\infty; 2]$. Ihr Graph ist eine Halbgerade.
    a) Zeichnen Sie den Graph.
    b) Geben Sie die Wertemenge an.

14. Gegeben ist die reelle Funktion $f : x \mapsto \dfrac{1}{5}x^3 - \dfrac{3}{4}x^2 + \dfrac{3}{2}x + 1$, $D = [-2; 5]$.
    Zeichnen Sie ihren Graph mithilfe einer Wertetabelle der Schrittweite $\Delta x = 0{,}5$.

15. Gegeben ist die reelle Funktion $f : x \mapsto -\dfrac{1}{4}(x^3 - 6x^2)$ mit $D = [-2; 6]$. Zeichnen Sie ihren Graph mithilfe einer Wertetabelle der Schrittweite $\Delta x = 1$.

    Hinweis: Zur Schreibweise der Intervalle $\,]-\infty; a\,]$, u.a. → Anhang, Seite 247.

16. Zeichnen Sie die Graphen der empirischen Funktionen aus 2.3.4, Beispiel a) und b). Welche Auswirkung hat die jeweilige Definitionsmenge auf den Graph?

17. Die Auslenkung s einer elastischen Feder ist theoretisch direkt proportional zur am Federende angreifenden Kraft F (Gesetz von Hooke). Ein nicht sorgfältig durchgeführter Messversuch liefert eine empirische Funktion zwischen den Größen F und s:

$\dfrac{F}{N}$	0	4,0	6,0	8,0	10	12	15
$\dfrac{s}{cm}$	0	1,1	2,3	2,5	3,5	4,1	5,0

    a) Zeichnen Sie den Graphen der empirischen Funktion.
    b) Zeichnen Sie gestrichelt den Graphen einer Funktion, die nach dem Hooke'schen Gesetz gelten müsste.

2.4 Injektive, surjektive und bijektive Funktionen

Bei vielen Funktionen kommt es vor, dass zwei verschiedenen Elementen x_1, x_2 der Definitionsmenge dasselbe Element $y \in Y$ zugeordnet wird. Es ist also etwas Besonderes, wenn zwei **verschiedenen** Elementen x_1, x_2 der Definitionsmenge **stets** zwei **verschiedene** Funktionswerte zugeordnet werden. Ferner brauchen **nicht alle** Elemente $y \in Y$ als Funktionswert aufzutreten. Wenn also eine Funktion die eine oder die andere Eigenschaft hat, dann ist das erwähnenswert, was zu den nachfolgenden Definitionen Anlass gibt.

Beispiele
a) $f : \mathbb{R} \setminus \{0\} \to \mathbb{R}$ mit $f(x) = \dfrac{1}{x^2}$

Man erkennt leicht, dass $f(-x) = f(x)$ ist, also jedes $y \in \mathbb{R}^+$ zwei verschiedene Urbilder hat. Ferner ist auch nicht jedes Element der Zielmenge $Y = \mathbb{R}$ ein Funktionswert, nur positive y haben ein Urbild.

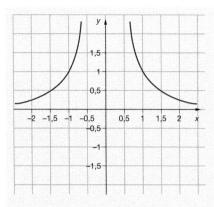

Graph von $f : \mathbb{R} \setminus \{0\} \to \mathbb{R}$ mit $f(x) = \dfrac{1}{x^2}$

b) $g : \mathbb{R} \to \mathbb{R}$ mit $g(x) = 0{,}5x$

Bei dieser Funktion tritt jedes Element y der Zielmenge $Y = \mathbb{R}$ als Funktionswert auf. Ferner gibt es kein y aus der Zielmenge, das mehr als ein Urbild hat.

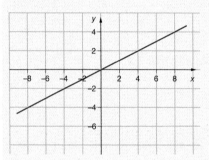

Graph von $g : \mathbb{R} \to \mathbb{R}$ mit $g(x) = 0{,}5x$

▼ 2.4.1 Injektive Funktionen

> *Eine Funktion $f : D_f \to Y$ heißt **injektiv** genau dann, wenn zwei verschiedenen Elementen der Definitionsmenge stets zwei verschiedene Funktionswerte zugeordnet werden.*

Man kann auch sagen: Bei einer injektiven Funktion hat jedes Element $y \in Y$ höchstens ein Urbild (also eines oder keines).
Oder: Es können Elemente in der Zielmenge sein, die nicht zur Wertemenge gehören, was aber auf die Injektivität keinen Einfluss hat.

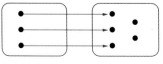

f ist injektiv

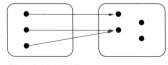

f ist nicht injektiv

Beispiele

a) Die Funktion $f : \mathbb{R}_0^+ \to \mathbb{R}$ ist durch ihren Graph gegeben. Da es nicht vorkommt, dass zwei verschiedenen x-Werten derselbe y-Wert zugeordnet wird, ist die Funktion injektiv.

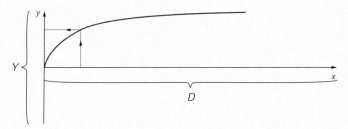

Graph einer injektiven Funktion im Koordinatensystem

b) Die Funktion $f : x \mapsto x^2$, $D_f = [1; 2]$ hat einen Parabelbogen als Graphen. Die Wertemenge ist $W_f = [1; 4]$. Die Funktion ist injektiv.

c) Die Funktion $f : \mathbb{R} \setminus \{0\} \to \mathbb{R}$ mit $f(x) = \dfrac{1}{x^2}$ ($\to$ einführendes Beispiel a)) ist

   nicht injektiv. Schränkt man jedoch den Definitionsbereich auf $\mathbb{R}^+$ ein, so kann man bei gleicher Zuordnungsvorschrift eine andere Funktion $f^* : \mathbb{R}^+ \to \mathbb{R}$ mit $f^*(x) = f(x)$ bilden, die injektiv ist.

2.4.2 Surjektive Funktionen

> *Eine Funktion $f : D_f \to Y$ heißt* **surjektiv** *genau dann, wenn jedes Element $y \in Y$ als Funktionswert (mindestens eines geeigneten x-Wertes aus der Definitionsmenge) auftritt.*

Man kann auch sagen: Bei einer surjektiven Funktion hat jedes $y \in Y$ mindestens ein Urbild (also eines oder mehrere). Die Wertemenge W füllt die ganze Zielmenge Y aus.

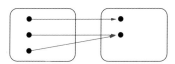
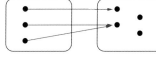

f ist surjektiv   *f ist nicht surjektiv*

Beispiele

a) Die Funktion $f : \{1, 2, 3, 4, 5, 6, 7\} \mapsto \{0, 1, 2\}$ sei durch folgende Wertetabelle gegeben:

x	1	2	3	4	5	6	7
y	0	1	1	2	2	2	2

Man erkennt, dass f surjektiv ist.

b) Die Funktion ist durch ihren Graph gegeben. Es ist $D = \mathbb{R}$ und $Y = W$ $= [-1; 1]$, also ist die Funktion surjektiv.

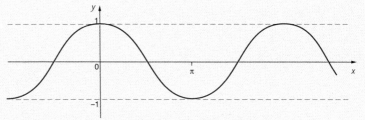

Graph einer surjektiven Funktion im Koordinatensystem

c) Die Funktion $f : \mathbb{R} \setminus \{0\} \to \mathbb{R}$ mit $f(x) = \dfrac{1}{x^2}$ ($\to$ einführendes Beispiel a)) ist nicht surjektiv. Durch geeignete Verkleinerung der Zielmenge lässt sich jedoch bei gleicher Zuordnungsvorschrift die surjektive Funktion $f^{**} : \mathbb{R} \setminus \{0\} \to \mathbb{R}^+$ mit $f^{**}(x) = f(x)$ gewinnen. Ein derartiges Vorgehen ist bei jeder Funktion möglich, man braucht bloß $Y = W$ zu wählen.

▼ **2.4.3 Bijektive Funktionen**

> *Eine Funktion $f : D_f \to Y$ heißt* **bijektiv** *genau dann, wenn sie sowohl injektiv als auch surjektiv ist.*

Man kann auch sagen: Bei einer bijektiven Funktion hat jedes $y \in Y$ genau ein Urbild.

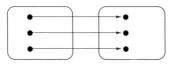

f ist bijektiv

Da bei einer bijektiven Funktion (auch Bijektion genannt) jedes $y \in Y$ genau ein Urbild $x \in D_f$ hat, wird durch die Zuordnung $y \to x$ (jedem y wird sein eindeutig bestimmtes Urbild x zugeordnet) eine neue Funktion $f^{-1} : W \to D_f$ definiert. Man nennt sie die Umkehrfunktion von f.

Beispiele

a) Die Funktion $f : x \mapsto 2x - 1$, $D_f = \mathbb{R}$ mit $Y = W = \mathbb{R}$ ist bijektiv.

b) Eine Funktion ist gegeben durch eine Wertetabelle. Es ist $D = \{1, 2, 3, 4, 5\}$ und $W = Y = \{1, 8, 27, 64, 125\}$

x	1	2	3	4	5
y	1	8	27	64	125

Die Funktion ist bijektiv.

Hinweis: Eine triviale, aber wichtige Funktion stellt die **identische Funktion** $id : D \to D$ mit $id(x) = x$ für alle x aus D dar. Aus der Definition ist unmittelbar klar, dass sie bijektiv ist. Ihr kommt bei der Definition der Umkehrfunktion eine besondere Rolle zu.

1. Untersuchen Sie folgende Funktionen auf Injektivität, Surjektivität und Bijektivität:

Aufgabe

a) $D = \mathbb{R}^+$, $Y = \mathbb{R}$

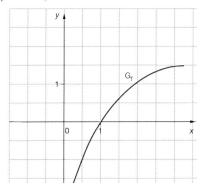

d) $D = \,] - a; 3a\,[\setminus \{a\}$, $Y = \mathbb{R}$

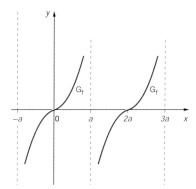

b) $D = [-2; 2]$, $Y = [-1; 2,5]$

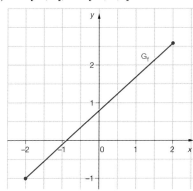

e) $D = [-1; 2\,[$, $Y = [0,5; 2]$

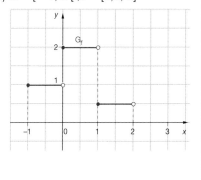

c) $D = \mathbb{R}$, $Y = \mathbb{R}$

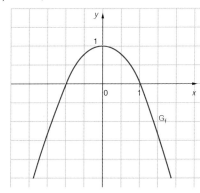

f) $D = [0; 4]$, $Y = \mathbb{R}$

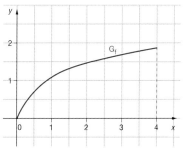

2. Welche der folgenden Funktionen sind injektiv, surjektiv oder bijektiv?

a) $f : x \mapsto 1 - x^2$, $x \in \mathbb{R}$, $Y = \mathbb{R}$ d) $f : x \mapsto x^2 + 1$, $x \in \mathbb{R}^+$, $Y = \,] 1; + \infty\,[$

b) $f : x \mapsto x^{-1}$, $x \in \mathbb{R} \setminus \{0\}$, $Y = [0; 1]$ e) $f : x \mapsto 2x - 3$, $x \in \mathbb{R}$, $Y = \mathbb{R}$

c) $f : x \mapsto -x^2 \in [-1; 1]$, $Y = [-1; 0]$ f) $f : x \mapsto x^3$, $x \in \mathbb{R}$, $Y = \mathbb{R}$

2.5 Operationen mit Funktionen

Funktionen, die einen gemeinsamen Definitionsbereich haben, lassen sich mit grundlegenden Rechenoperationen ähnlich wie Zahlen verknüpfen.

2.5.1 Addition und Subtraktion

> *Gegeben sind zwei reellwertige Funktionen $f_1 : D_1 \rightarrow Y_1$ und $f_2 : D_2 \rightarrow Y_2$ mit einem nicht leeren Durchschnitt ihrer Definitionsbereiche $D = D_1 \cap D_2 \neq \varnothing$. Dann werden durch $s(x) = f_1(x) + f_2(x)$ bzw. $d(x) = f_1(x) - f_2(x)$ eine Summenfunktion $f_1 + f_2$ bzw. eine Differenzfunktion $f_1 - f_2$ auf dem gemeinsamen Definitionsbereich definiert.*

Beispiel

Gegeben sind $f_1(x) = x^2$ mit $D_1 = \mathbb{R}$ und $f_2(x) = 2x + 1$ mit $D_2 = \mathbb{R}$.

$D = D_1 \cap D_2 = \mathbb{R}$	Schnitt der Definitionsmengen
$(f_1 + f_2)(x) = f_1(x) + f_2(x) = x^2 + 2x + 1$	Summenfunktion
$(f_1 - f_2)(x) = f_1(x) - f_2(x) = x^2 - 2x - 1$	Differenzfunktion

2.5.2 Multiplikation

> *Gegeben sind zwei reellwertige Funktionen $f_1 : D_1 \rightarrow Y_1$ und $f_2 : D_2 \rightarrow Y_2$ mit einem nicht leeren Durchschnitt ihrer Definitionsmengen $D = D_1 \cap D_2 \neq \varnothing$. Dann wird durch $p(x) = f_1(x) \cdot f_2(x)$ eine Produktfunktion $f_1 \cdot f_2$ auf dem gemeinsamen Definitionsbereich definiert.*

Beispiel

Gegeben sind $f_1(x) = x^2$ mit $D_1 = \mathbb{R}$ und $f_2(x) = 2x + 1$ mit $D_2 = \mathbb{R}$.

$D = D_1 \cap D_2 = \mathbb{R}$	Schnitt der Definitionsmengen
$(f_1 \cdot f_2)(x) = f_1(x) \cdot f_2(x) = x^2 \cdot (2x+1)$	Produktfunktion

2.5.3 Division

Bei der Bildung von Quotienten von zwei Funktionen ist darauf zu achten, dass man nicht durch Null dividiert. Daher ist die Definition etwas vorsichtiger abzufassen.

> *Gegeben sind zwei reellwertige Funktionen $f_1 : D_1 \rightarrow Y_1$ und $f_2 : D_2 \rightarrow Y_2$ mit einem nicht leeren Durchschnitt ihrer Definitionsmengen $D = D_1 \cap D_2 \neq \varnothing$. Die Menge aller Nullstellen von f_2 heißt N. Dann wird durch $q(x) = f_1(x) : f_2(x)$ eine Quotientenfunktion $f_1 : f_2$ auf der gemeinsamen Definitionsmenge D ohne der Nullstellenmenge N definiert.*

Beispiel

Gegeben sind $f_1(x) = x^2$ mit $D_1 = \mathbb{R}$ und $f_2(x) = 2x + 1$ mit $D_2 = \mathbb{R}$.

$N = \{-0,5\}$ Menge der Nullstellen von f_2

$(f_1 : f_2)(x) = f_1(x) : f_2(x) = \dfrac{x^2}{2x+1}$ Quotientenfunktion

$D = \mathbb{R} \setminus \{-0,5\}$ Definitionsmenge der Quotientenfunktion

2.5.4 Verkettung (Komposition) von Funktionen

Einführendes Beispiel

Im Zeitalter der elektronischen Kassensysteme wird jedem Artikel ein Strichcode (eine Artikelnummer) zugeordnet. Damit die Scannerkasse den richtigen Preis einsetzt, muss jedem Strichcode dann noch ein Preis zugeordnet werden. Man hat es bei diesem Beispiel mit zwei Funktionen zu tun. Für den Kunden ist letztendlich aber nur die Verkettung der beiden Funktionen interessant, d. h., wie hoch der Preis für einen Artikel ist. Dieser Sachverhalt soll nun abstrakt mathematisch gefasst werden.

Definition

> *Gegeben sind zwei reellwertige Funktionen $f_1 : D_1 \to Y_1$ und $f_2 : D_2 \to Y_2$, wobei der Wertebereich der Funktion f_2 in der Definitionsmenge von f_1 liegen muss, $D_1 \supset W_2 = f_2(D_2)$. Dann wird durch $(f_1 \circ f_2)(x) = f_1(f_2(x))$ die **verkettete Funktion** $f_1 \circ f_2 : D_2 \to Y_1$ (lies: f_1 nach f_2) definiert. f_1 heißt **äußere Funktion**, f_2 heißt **innere Funktion**.*

Hinweis: Man beachte, dass zwar die Summen- und Produktbildung kommutative Operationen darstellen, im Allgemeinen aber nicht die Differenz- und die Quotientenbildung sowie die Verkettung.

Beispiele

a) Gegeben sind $f_1(x) = x^2$ mit $D_1 = \mathbb{R}$ und $f_2(x) = 2x + 1$ mit $D_2 = \mathbb{R}$

   $(f_1 \circ f_2)(x) = f_1(f_2(x)) = (2x + 1)^2$ Verkettung $f_1 \circ f_2$
   $(f_2 \circ f_1)(x) = f_2(f_1(x)) = 2x^2 + 1$ Verkettung $f_2 \circ f_1$

   Man erhält den Funktionsterm der Verkettung dadurch, dass man die Variable x im Term der äußeren Funktion durch den Funktionsterm der inneren Funktion ersetzt.

b) $f_1 : x \mapsto x - 2, x \in [2; +\infty[$ und $f_2 : x \to \sqrt{x}, x \in \mathbb{R}_0^+$

   $f_2 \circ f_1 : x \mapsto \sqrt{x - 2}, x \in [2; +\infty[$

c) Die Funktion $f : x \mapsto \sqrt[4]{x^2 + 1}, x \in \mathbb{R}$ könnte durch die Verkettung der Funktionen $f_2 : x \mapsto \sqrt[4]{x}, x \in \mathbb{R}^+$ und $f_1 : x \mapsto x^2 + 1, x \in \mathbb{R}$ entstanden sein.

d) Die Funktion $f : x \mapsto (3x + 1)^3 + 2(3x + 1)^2 - 4(3x + 1) + 5, x \in \mathbb{R}$ könnte durch die Verkettung der Funktionen $f_1 : x \mapsto 3x + 1, x \in \mathbb{R}$ und $f_2 : x \mapsto x^3 + 2x^2 - 4x + 5, x \in \mathbb{R}$ entstanden sein.

Aufgabe

Grundoperationen mit Funktionen

1. Gegeben sind die Funktionen $f : x \mapsto 3x - 5, x \in \mathbb{R}, g : x \mapsto x^3 + x^2, x \in \mathbb{R}$.
   Bilden Sie die Funktionen $f + g, f - g, f \cdot g, f : g, g : f$.

2. Gegeben sind die Funktionen $f : x \mapsto \dfrac{1}{x^2 + 1}, x \in \mathbb{R}, g : x \mapsto 2x + 1, x \in \mathbb{R}$.

   Bilden Sie die Funktionen $f + g, f - g, f \cdot g, f : g, g : f$.

3. Gegeben sind die Funktionen $f : x \mapsto x^2 - 2x + 1, x \in \mathbb{R}, g : x \mapsto \sqrt{x + 1}, x \in$
   $[-1; +\infty[$. Bilden Sie die Funktionen $f + g, f - g, f \cdot g, f : g, g : f$.

Verkettung

4. Gegeben sind die beiden Funktionen f und g. Bilden Sie jeweils $f \circ g$ und
   $g \circ f$.
   a) $f : x \mapsto 0{,}5x - 2, x \in \mathbb{R}, g : x \mapsto -4x - 2, x \in \mathbb{R}$
   b) $f : x \mapsto 5 - x, x \in \mathbb{R}, g : x \mapsto 3\,(x + 1), x \in \mathbb{R}$
   c) $f : x \mapsto 3x^2, x \in \mathbb{R}, g : x \mapsto 2x + 4, x \in \mathbb{R}$
   d) $f : x \mapsto -x^2, x \in \mathbb{R}, g : x \mapsto 3x^2 - x + 1, x \in \mathbb{R}$
   e) $f : x \mapsto 8x, x \in \mathbb{R}, g : x \mapsto 4x^2 - 5, x \in \mathbb{R}$

2.6 Eigenschaften reeller Funktionen

2.6.1 Gerade Funktionen

> *Eine reelle Funktion $f : x \mapsto f(x), x \in D_f$ heißt **gerade**, wenn $f(-x) = f(x)$ für*
> *alle $x \in D_f$ gilt. Der Graph einer geraden Funktion im Koordinatensystem ist*
> ***achsensymmetrisch** zur y-Achse.*

Beispiel

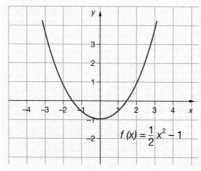

Die Funktion $f : x \mapsto \dfrac{1}{2}x^2 - 1, x \in \mathbb{R}$

ist gerade. Für jede reelle Zahl x

gilt $f(-x) = \dfrac{1}{2}(-x)^2 - 1 = \dfrac{1}{2}x^2 - 1 =$

$f(x)$, beispielsweise ist $f(-2) =$

$\dfrac{1}{2}(-2)^2 - 1 = 1 = f(2)$

$f(x) = \dfrac{1}{2}x^2 - 1$

Graph ist symmetrisch zur y-Achse

Die Funktion wäre immer noch gerade, wenn man ihre Definitionsmenge von
$\mathbb{R}$ auf $\mathbb{Z}$ einschränken würde.

2.6.2 Ungerade Funktionen

> *Eine reelle Funktion $f : x \mapsto f(x), x \in D_f$ heißt **ungerade,** wenn $f(-x) = -f(x)$*
> *für alle $x \in D_f$ gilt. Der Graph einer ungeraden Funktion im Koordinaten-*
> *system ist **punktsymmetrisch** zum Ursprung.*

Beispiel

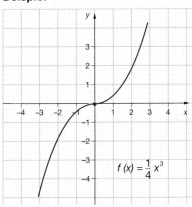

Die Funktion $f : x \to \frac{1}{4}x^3$, $x \in \mathbb{R}$

ist ungerade. Für jede reelle Zahl

x gilt $f(-x) = \frac{1}{4}(-x)^3 = -\frac{1}{4}x^3$

$= -f(x)$, beispielsweise ist $f(-1)$

$= \frac{1}{4}(-1)^3 = -\frac{1}{4} \cdot 1^3 = -f(1)$.

Graph ist punktsymmetrisch zum Ursprung

Die Funktion wäre immer noch ungerade, wenn man ihre Definitionsmenge von $\mathbb{R}$ auf $\mathbb{Z}$ einschränken würde.

2.6.3 Monotone Funktionen

> *Die Funktion $f : D \to \mathbb{R}$ heißt genau dann* **monoton zunehmend** *in einem Intervall $I \subset D$, wenn für alle $x_1, x_2 \in I$ und $x_1 < x_2$ stets $f(x_1) \leq f(x_2)$ folgt.*

Hinweise: Gilt in dieser Definition sogar $f(x_1) < f(x_2)$, dann ist die Funktion **echt monoton zunehmend.** D ist nicht immer D_{max}.

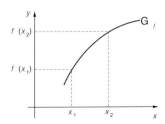

Echt monoton zunehmende Funktion, echt monoton steigender Graph

Aus der Definition folgt das in der Praxis besser einsetzbare Kriterium:

> Eine reelle Funktion $f : D \to \mathbb{R}$ ist genau dann im Intervall $I \subset D$ **echt monoton zunehmend,** wenn für alle $x_1, x_2 \in I \wedge x_1 \neq x_2$ gilt: $\dfrac{f(x_1) - f(x_2)}{x_1 - x_2} > 0$.

Beweis:
$x_1 < x_2 \Rightarrow f(x_1) < f(x_2)$ ist gleichbedeutend mit $x_1 - x_2 < 0 \wedge f(x_1) - f(x_2) < 0$. Da der Quotient zweier negativer Zahlen positiv ist, folgt $\dfrac{f(x_1) - f(x_2)}{x_1 - x_2} < 0$.

Umgekehrt lässt sich zeigen, dass aus $\dfrac{f(x_1) - f(x_2)}{x_1 - x_2} > 0$ für beliebige $x_1, x_2 \in I$ mit $x_1 \neq x_2$ folgt, dass die Funktion in I echt monoton zunimmt.

Zunächst sei $x_1 < x_2$, daraus folgt $x_1 - x_2 < 0$. Der Nenner des Bruches ist also negativ. Da der Bruch insgesamt positiv ist, so muss auch sein Zähler negativ sein, also ist $f(x_1) < f(x_2)$, das heißt, die Funktion f ist in I echt monoton zunehmend.

Jetzt sei $x_2 < x_1$, daraus folgt $x_1 - x_2 < 0$. Der Nenner des Bruches ist also positiv. Da der Bruch insgesamt positiv ist, so muss auch sein Zähler positiv sein, also ist $f(x_2) < f(x_1)$, das heißt, die Funktion f ist in I echt monoton zunehmend.

Beispiele

a) $f(x) = 3x + 1, x \in \mathbb{R}$

$x_1, x_2 \in \mathbb{R} \wedge x_1 \neq x_2 \Rightarrow \dfrac{f(x_1) - f(x_2)}{x_1 - x_2} = \dfrac{(3x_1 + 1) - (3x_2 + 1)}{x_1 - x_2} = 3 > 0$

Die Funktion f ist in $\mathbb{R}$ echt monoton zunehmend.

b) $f(x) = x^2, x \in \mathbb{R}^+$

$x_1, x_2 \in \mathbb{R}^+ \wedge x_1 \neq x_2 \Rightarrow \dfrac{x_1^2 - x_2^2}{x_1 - x_2} = \dfrac{(x_1 - x_2)(x_1 + x_2)}{x_1 - x_2} = x_1 + x_2 > 0$

f ist echt monoton zunehmend.

---

*Die Funktion $f : D \rightarrow \mathbb{R}$ heißt genau dann **monoton abnehmend** in einem Intervall $I \subset D$, wenn aus $x_1, x_2 \in I$ und $x_1 < x_2$ stets $f(x_1) \geq f(x_2)$ folgt.*

Hinweise: Gilt in der Definition sogar $f(x_1) > f(x_2)$, dann ist die Funktion **echt monoton abnehmend.** D ist nicht immer D_{max}.

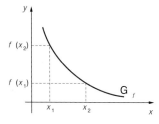

Echt monoton abnehmende Funktion, echt monoton fallender Graph

Aus der Definition folgt das in der Praxis besser einsetzbare Kriterium:

Eine reelle Funktion $f : D \rightarrow \mathbb{R}$ ist genau dann im Intervall $I \subset D$ **echt monoton abnehmend,** wenn für alle $x_1, x_2 \in I \wedge x_1 \neq x_2$ gilt: $\dfrac{f(x_1) - f(x_2)}{x_1 - x_2} < 0$.

Beweis:
Der Beweis verläuft analog dem für echt monoton zunehmende Funktionen. Durch den Einsatz logischer Zeichen (→ siehe Seite 222f.) lässt sich der Beweisgedanke jedoch viel kürzer und komprimierter darstellen:
f ist in I echt monoton abnehmend $\Leftrightarrow$
$(x_1 < x_2 \wedge f(x_1) > f(x_2)) \vee (x_2 < x_1 \wedge f(x_2) > f(x_1)) \Leftrightarrow$
$(x_1 - x_2 < 0 \wedge f(x_1) - f(x_2) > 0) \vee (x_1 - x_2 > 0 \wedge f(x_1) - f(x_2) < 0) \Leftrightarrow \dfrac{f(x_1) - f(x_2)}{x_1 - x_2} < 0$

Beispiele

a) $f(x) = -2x + 3,\ x \in \mathbb{R}$

$x_1, x_2 \in \mathbb{R} \wedge x_1 \neq x_2 \Rightarrow \dfrac{f(x_1) - f(x_2)}{x_1 - x_2} = \dfrac{(-2x_1 + 3) - (-2x_2 + 3)}{x_1 - x_2}$

$= \dfrac{-2(x_1 - x_2)}{x_1 - x_2} = -2 < 0$

Die Funktion f ist in $\mathbb{R}$ echt monoton abnehmend.

b) $f(x) = x^2,\ x \in \mathbb{R}^-$

$x_1, x_2 \in \mathbb{R}^- \wedge x_1 \neq x_2 \Rightarrow \dfrac{x_1^2 - x_2^2}{x_1 - x_2} = \dfrac{(x_1 - x_2)(x_1 + x_2)}{x_1 - x_2} = x_1 + x_2 < 0$

Die Funktion f ist echt monoton abnehmend.

Die Monotonie hat auch Auswirkungen auf andere Eigenschaften einer Funktion. Es gilt der folgende Satz:

> Jede echt monotone Funktion ist auch injektiv.

Beweis:
$f : D \to \mathbb{R}$ sei echt monoton. Ferner seien $x_1, x_2 \in D$ und $x_1 \neq x_2$ beliebig vorgegeben. Die Indizierung sei so gewählt, dass $x_1 < x_2$ gilt. Dann folgt wegen der Monotonie entweder $f(x_1) > f(x_2)$ oder $f(x_1) < f(x_2)$; in jedem Fall aber $f(x_1) \neq f(x_2)$. Daher gehören zu zwei verschiedenen x-Werten stets zwei verschiedene Funktionswerte, wie in der Definition der Injektivität gefordert.

2.6.4 Beschränkte Funktionen

> *Eine in D definierte reelle Funktion f ist dort* **beschränkt,** *wenn es zwei reelle Zahlen s und S gibt, so dass für alle* $x \in D \Rightarrow s \leq f(x) \leq S$.

Hinweise:
Existiert nur s, dann ist die Funktion **nach unten** beschränkt, existiert dagegen nur S, dann ist die Funktion **nach oben** beschränkt.

s nennt man **untere Schranke** und S **obere Schranke**. Die Schranken einer beschränkten Funktion sind nicht eindeutig festgelegt, denn jede Zahl, die kleiner als s ist, ist auch eine untere Schranke und jede Zahl, die größer als S ist, ist auch eine obere Schranke. Die kleinste obere Schranke heißt **Supremum,** die größte untere Schranke heißt **Infimum**.

Jede Funktion ist auf jeder endlichen Teilmenge ihrer Definitionsmenge beschränkt, denn unter den endlich vielen Funktionswerten gibt es einen kleinsten und einen größten, die man als Schranken der Funktion ansehen kann.

Beispiele

a) Die reelle Funktion f mit $f(x) = \dfrac{1}{x^2 + 1}$, $x \in \mathbb{R}$ ist beschränkt.

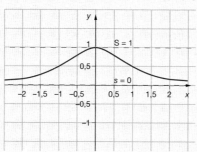

Graph der beschränkten Funktion f mit $f(x) = \dfrac{1}{x^2 + 1}$, $x \in \mathbb{R}$

Wir wollen zeigen, dass (wie die Zeichnung vermuten lässt) $s = 0$ (Infimum) und $S = 1$ (Supremum) Schranken von f sind:

Es ist klar, dass der Term $x^2 + 1$ für alle x größer als 0, sogar größer oder gleich 1 ist. Man kann also schreiben: $0 < 1 \le x^2 + 1$.

Jetzt teilen wir die Doppelungleichung ($\rightarrow$ Seite 80) durch $x^2 + 1$:

$$\frac{0}{x^2 + 1} < \frac{1}{x^2 + 1} \le \frac{x^2 + 1}{x^2 + 1} \Rightarrow$$

$0 < \dfrac{1}{x^2 + 1} \le 1$, $s = 0$, $S = 1$, also ist f beschränkt.

b) Die reelle Funktion f mit $f(x) = \dfrac{1}{x}$, $x \in \mathbb{R} \wedge x \ne 0$ ist im offenen Intervall $]0; 1[$ nicht beschränkt.

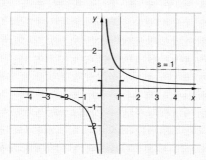

Graph der im Intervall $]0; 1[$ nach oben unbeschränkten Funktion f mit

$f(x) = \dfrac{1}{x}$, $x \in \mathbb{R} \wedge x \ne 0$

Eine untere Schranke existiert, z. B. $s = 1$, denn es gilt für alle $x \in]0; 1[\Rightarrow$

$x < 1 \wedge x > 0 \Rightarrow \dfrac{1}{x} > 1 \Rightarrow f(x) > 1$.

Nun wollen wir zeigen, dass f keine obere Schranke hat: Angenommen, f hätte eine obere Schranke $S > 0$, dann würde für alle $x \in]0; 1[\Rightarrow \dfrac{1}{x} < S$

gelten. Diese Ungleichung lässt sich umformen zu $x > \dfrac{1}{S}$. Nun gibt es aber

mindestens ein $x_0 \in]0; 1[$ (z. B. $x_0 = \dfrac{1}{2S}$), das kleiner als $\dfrac{1}{S}$ ist. Dies ist ein

Widerspruch zu $x > \dfrac{1}{S}$. Die Voraussetzung, dass S eine obere Schranke ist, ist falsch, also ist die Funktion nach oben unbeschränkt.

Aufgabe

Symmetrie

1. Untersuchen Sie die folgenden Funktionen auf Achsensymmetrie zur y-Achse und Punktsymmetrie zum Ursprung:

a) $f : x \mapsto 4x - 1, x \in \mathbb{R}$

e) $f : x \mapsto x^4, x \in \mathbb{R}$

b) $f : x \mapsto x^2 - 2, x \in \mathbb{R}$

f) $f : x \mapsto 3\sqrt{x}, x \in \mathbb{R}_0^+$

c) $f : x \mapsto x^3 + 2, x \in \mathbb{R}^+$

g) $f : x \mapsto x^3 + x^2, x \in \mathbb{R}$

d) $f : x \mapsto -3x^2 + \dfrac{1}{2}, x \in \mathbb{R}^-$

h) $f : x \mapsto -2x^3, x \in [-3; 3]$

Monotonie

2. Untersuchen Sie auf Monotonie in ihrer Definitionsmenge:

a) $f(x) = 5x - 7, x \in \mathbb{R}$

d) $f(x) = 2x^2, x \in \mathbb{R}$

b) $f(x) = -0,5x - 1, x \in \mathbb{R}$

e) $f(x) = -x^2 - 1, x \in \mathbb{R}$

c) $f(x) = x^3 + 2, x \in \mathbb{R}$

f) $f(x) = x^2 - 3, x \in \mathbb{R}^+$

Beschränktheit

3. Zeigen Sie, dass folgende Funktionen f in ihrer Definitionsmenge beschränkt sind:

a) $f(x) = 2x + 3, x \in [1; 5]$

d) $f(x) = -x^2 + 1, x \in [-2; 2]$

b) $f(x) = -2x + 1, x \in [0; 1]$

e) $f(x) = \dfrac{2}{1 + |x|}, x \in \mathbb{R}$

c) $f(x) = x^2 + 2x - 1, x \in [0; 1]$

f) $f(x) = \dfrac{3}{|x| + 4}, x \in \mathbb{R}$

3 Lineare und quadratische Funktionen

Die reellen Funktionen lassen sich in verschiedene Klassen einteilen, die sich durch die Art der Funktionsgleichungen, durch ihre Eigenschaften und auch durch das Aussehen ihrer Graphen unterscheiden. Die beiden einfachsten Klassen sind die linearen und die quadratischen Funktionen.

3.1 Lineare Funktionen

3.1.1 Einführendes Beispiel

Eines der einfachsten Gesetze der Mechanik ist das Zeit-Weg-Gesetz der gleichförmig-geradlinigen Bewegung eines Massenpunkts, das sich bei geeigneter Wahl des Koordinatensystems durch die Formel

$$s = v \cdot t$$

ausdrücken lässt, wobei t die Zeit, s die in der Zeit t zurückgelegte Wegstrecke und v die Geschwindigkeit ist.

Diese Formel betrachten wir als Funktionsgleichung einer linearen Funktion zwischen Weg- und Zeitgrößen, wobei t die unabhängige Variable und s die abhängige Variable sein soll und v eine Konstante ist.

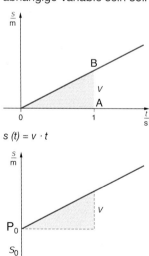

$s(t) = v \cdot t$

Graphisch wird diese Funktion durch das sog. Zeit-Weg-Diagramm beschrieben; der Graph ist eine Halbgerade, die im Ursprung beginnt. Das Dreieck OAB heißt „Steigungsdreieck", es ist rechtwinklig und hat die Katheten der Länge 1 und v, d.h., aus der Form des Steigungsdreiecks kann man eine qualitative Aussage über die Größe der Geschwindigkeit erhalten.

Ist der Massenpunkt beim Anfang der Messung schon eine bestimmte Strecke s_0 vom Bezugspunkt entfernt, so erhält man das Zeit-Weg-Gesetz durch die Formel

$$s = s_0 + v \cdot t$$

$s(t) = s_0 + v \cdot t$

und die Halbgerade beginnt nun im Punkt $P(0; s_0)$ auf der s-Achse.

3.1.2 Definition der linearen Funktion

> *Eine Funktion der Art $f : x \mapsto mx + t$, $x \in D \subseteq \mathbb{R}$ heißt **lineare Funktion**.*
> *(m und t sind reelle Zahlen.)*

Der Graph einer linearen Funktion mit $D = \mathbb{R}$ ist eine **Gerade,** der Steigungsfaktor m gibt die Steigung der Geraden an, t heißt **Ursprungsordinate** oder y-Achsenabschnitt der Geraden.
Ist $D \subset \mathbb{R}$, besteht der Graph aus Teilen der Geraden (z. B. Halbgerade oder Strecke oder mehrere Strecken.

Die **Funktionsgleichung** lässt sich auf zwei verschiedene Weisen angeben:
- **explizite Form:** $y = mx + t$ oder $f(x) = mx + t$
- **implizite Form:** $ax + by + c = 0$, wobei $m = -\dfrac{a}{b}$ und $t = -\dfrac{c}{b} \wedge b \neq 0$

Beispiel

$f : x \mapsto -2x + 5, x \in \mathbb{R}$	Lineare Funktion mit Definitionsmenge
$y = -2x + 5$	Explizite Form der Funktionsgleichung
$m = -2, t = 5$	Steigungsfaktor, y-Achsenabschnitt
$2x + y - 5 = 0$	Implizite Form der Funktionsgleichung

Der Steigungsfaktor m ist definiert als der **Tangens des Neigungswinkels** α (Winkel zwischen der positiven x-Achse und der Geraden, gegen den Uhrzeigersinn orientiert). Als solcher ist er aus den Katheten im Steigungsdreieck zu berechnen, nämlich als Quotient aus den Differenzen der y-Werte und der x-Werte.

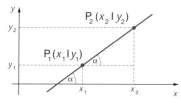

Zur Definition des Steigungsfaktors m

$$\tan \alpha = m = \frac{y_2 - y_1}{x_2 - x_1}$$

Mit den Abkürzungen der Differenzen $y_2 - y_1 = \Delta y$ und $x_2 - x_1 = \Delta x$ lässt sich die Definitionsformel von m auch so schreiben: $\tan \alpha = m = \dfrac{\Delta y}{\Delta x}$. Der Bruch $\dfrac{\Delta y}{\Delta x}$ heißt **Differenzenquotient**.

Beispiel

Die Hypotenuse des Steigungsdreiecks wird von den Punkten M (1; –3) und B (4; 5) begrenzt. Gesucht ist der Steigungsfaktor m und der Neigungswinkel α.

Lösung: $m = \dfrac{5 - (-3)}{4 - 1} = \dfrac{8}{3}, \dfrac{8}{3} = \tan \alpha \Rightarrow \alpha \approx 69{,}44°$

3.1.3 Ermittlung des Graphen einer linearen Funktion

1) Durch geradliniges Verbinden **zweier Punkte,** deren Koordinaten mithilfe der Funktionsgleichung berechnet werden können.

Beispiel

$f : x \mapsto 0,4x - 0,5,\ x \in \mathbb{R}$ mit $f(x) = 0,4x - 0,5$

Angenommen $x_1 = -2 : f(-2) = 0,4 \cdot (-2) - 0,5 = -1,3,\ P_1(-2;\ -1,3)$

Angenommen $x_2 = 3 : f(3) = 0,4 \cdot 3 - 0,5 = 0,7,\ P_2(3;\ 0,7)$

2) Durch Aufstellen eines **Steigungsdreiecks**

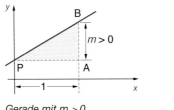 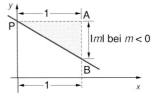

Gerade mit m > 0   *Gerade mit m < 0*

Das Steigungsdreieck konstruiert man folgendermaßen:

● Vom Punkt P (0: $f(0)$) aus trägt man eine Strecke [PA] der Länge 1 nach rechts an.

● Am Ende der Einheitsstrecke trägt man im rechten Winkel dazu die Strecke [AB] der Länge $|m|$ an. (Bei $m > 0$ nach oben, bei $m < 0$ nach unten.)

● Man verbindet P mit B und erhält das rechtwinklige Steigungsdreieck PAB.

● Die Strecke [PB] ist bereits ein Teilstück der gesuchten Geraden.

Beispiele

a) $f : x \mapsto 1,5x,\ x \in \mathbb{R}$. Diese lineare Funktion hat die explizite Funktionsgleichung $y = 1,5x$. Der Steigungsfaktor ist $m = 1,5$ und der y-Achsenabschnitt ist $t = 0$, d.h., die Gerade läuft durch den Ursprung.

b) $f : x \mapsto 1,5x - 1,\ x \in \mathbb{R}$. Der Steigungsfaktor ist $m = 1,5$, der y-Achsenabschnitt ist $t = -1$. Der Graph dieser Funktion ist die um eine Einheit nach unten verschobene Gerade vom Beispiel a).

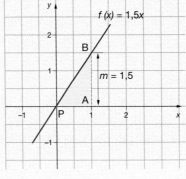 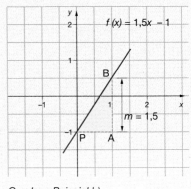

Graph zu Beispiel a)   *Graph zu Beispiel b)*

c) $f : x \mapsto 0{,}4x + 0{,}5$, $x \in \mathbb{R}$. Diese lineare Funktion hat die explizite Funktionsgleichung $y = 0{,}4x + 0{,}5$. Der Steigungsfaktor ist $m = 0{,}4 = \dfrac{2}{5}$. Hier sollte man das Steigungsdreieck ähnlich vergrößert zeichnen, damit die gesuchte Gerade exakt liegt.

d) $f : x \mapsto 2$, $x \in \mathbb{R}$. Die explizite Funktionsgleichung ist $y = 2$, ausführlich $y = 0 \cdot x + 2$. Der Steigungsfaktor ist $m = 0$, d. h., die Gerade läuft parallel zur x-Achse, der y-Achsenabschnitt ist $t = 2$.

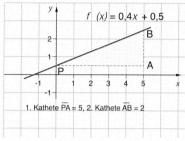

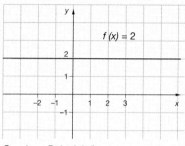

Graph zu Beispiel c)   *Graph zu Beispiel d)*

3.1.4 Geradenscharen

Beispiele

a) Die Funktionsgleichung $y = mx + 1$, $x \in \mathbb{R}$, $m \in \mathbb{R}$ gibt ein **Geradenbüschel** durch den Punkt P $(0; 1)$ an. Einige Geraden des Büschels sind in der folgenden Zeichnung dargestellt.

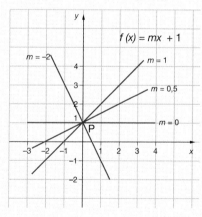

Geradenbüschel

b) Die Funktionsgleichung $y = 1{,}5x + t$, $x \in \mathbb{R}$, $t \in \mathbb{R}$ gibt ein **paralleles Geradenbündel** oder eine **Parallelenschar** mit der gemeinsamen Steigung $m = 1{,}5$ an. Einige Geraden des Bündels sind in der folgenden Zeichnung dargestellt.

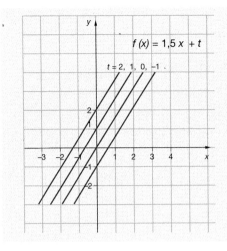

Parallelenschar

Aufgabe

Gerade, die durch 2 Punkte erzeugt wird

1. Zeichnen Sie die Graphen folgender Funktionen mithilfe von einzelnen Punkten:

a) $f : x \mapsto \dfrac{1}{2}x - \dfrac{1}{4}, x \in \mathbb{R}$

c) $y = 0{,}1x + 2, x \in \mathbb{R}$

b) $f : x \mapsto 2x - 2, x \in \mathbb{R}$

d) $2x + 4y - 5 = 0$

Steigungsdreiecke

2. Zeichnen Sie die Graphen folgender durch ihre Gleichungen gegebenen Funktionen mithilfe von Steigungsdreiecken:

a) $f(x) = 3x, x \in \mathbb{R}$

g) $y = 0{,}2x - 0{,}5, x \in \mathbb{R}$

b) $f(x) = -2x, x \in \mathbb{R}$

h) $y = 0{,}3x + 1{,}7, x \in \mathbb{R}$

c) $f(x) = -\dfrac{1}{5}x, x \in \mathbb{R}$

i) $y = -0{,}5x + 3{,}5, x \in \mathbb{R}$

d) $f(x) = -2{,}5x + 2{,}5, x \in \mathbb{R}$

k) $y = -4 + 5{,}5x, x \in \mathbb{R}$

e) $f(x) = -1{,}5x + 5, x \in \mathbb{R}$

l) $y = 2{,}5x + 0{,}2, x \in \mathbb{R}$

f) $f(x) = -2x - 1, x \in \mathbb{R}$

m) $y = 4 - 6x, x \in \mathbb{R}$

3. Zeichnen Sie die Graphen folgender durch ihre Gleichungen gegebenen Funktionen mithilfe von Steigungsdreiecken ($x \in \mathbb{R}$):

a) $x - 2y + 1 = 0$

f) $-2x - y + 2 = 0$

b) $2x - 2y + 3 = 0$

g) $7{,}5x + 5y + 6 = 0$

c) $6x - 4y - 14 = 0$

h) $10x + 2y + 8 = 0$

d) $x - y = 0$

i) $6x + 2y = -1$

e) $4x + 4y = 0$

k) $14x + y = 2$

Strecken

4. Zeichnen Sie die Graphen folgender Funktionen. Geben Sie jeweils auch den Wertebereich W an.

a) $f : x \mapsto 3x - 1,5,\ x \in [-1,5;\ 1,5]$ e) $f : x \mapsto -1,\ x \in [-3;\ 2]$

b) $f : x \mapsto 0,5x + 0,5,\ x \in [0;\ 5]$ f) $f : x \mapsto -x - 1,\ x \in [-3;\ 4]$

c) $f : x \mapsto -x + 1,5,\ x \in [-2;\ 3]$ g) $f : x \mapsto -2x - 2,\ x \in [-1;\ 2]$

d) $f : x \mapsto 1,5x,\ x \in [-1;\ 1,5]$ h) $f : x \mapsto 0,5x + 3,\ x \in [0;\ 4]$

Aufstellen einer Geradengleichung

Gesucht ist die Gleichung einer Geraden G_f, die durch den Punkt A (3; 2) läuft und zur Geraden G_g mit $g(x) = -1,5x + 4$ parallel ist.

Lösung:

Die allgemeine Gleichung der Geraden G_f ist $f(x) = m_f x + t$.

Der Steigungsfaktor der Geraden G_g ist $m_g = -1,5$. G_f ist zu g parallel, also sind die Steigungsfaktoren gleich, $m_f = m_g = -1,5$.

m_f und die Koordinaten von A werden in die allgemeine Gleichung für G_f eingesetzt, um t zu berechnen:

$2 = (-1,5) \cdot 3 + t \Leftrightarrow 2 = -4,5 + t \Leftrightarrow t = 6,5$

Die gesuchte Funktionsgleichung für G_f ist: $f(x) = -1,5x + 6,5$.

Aufstellen einer Geradengleichung   Aufgabe

5. Stellen Sie die expliziten Funktionsgleichungen der Geraden auf, die durch folgende Angaben gegeben sind:

a) Der Steigungsfaktor ist 4,5, die Gerade schneidet bei −5 die y-Achse.

b) Die Gerade läuft durch P (−2; 3) und schneidet bei 3 die y-Achse.

c) Die Gerade läuft durch den Ursprung und durch den Punkt Q (1; −0,5).

d) Die Gerade liegt parallel zur Geraden mit der impliziten Gleichung $3x - 2y + 4 = 0$ und läuft durch den Punkt P (1; −2).

e) Die Gerade läuft durch den Punkt Q (−3; −3) und hat den Steigungsfaktor 2,5.

f) Die Gerade liegt parallel zur Winkelhalbierenden des 2. und 4. Quadranten des Koordinatensystems und läuft durch den Punkt Q (4; 5).

g) Die Gerade schneidet die x-Achse bei $x = 5$ und die y-Achse bei $y = 3$.

h) Die Gerade läuft durch die Punkte P (2; −6) und Q (−3; −14).

i) Die Gerade läuft durch die Punkte P (7,5; 3,5) und Q (−2; −10).

k) Die Gerade läuft durch die Punkte P (3; 3) und Q (−2; −9,5).

6. Ermitteln Sie die Gleichung der linearen Funktion, für deren Graph gilt:

a) Die Gerade hat die Steigung 0,75 und schneidet die x-Achse bei −1.

b) Die Gerade hat die Steigung −1 und schneidet die x-Achse bei 0,75.

c) Die Gerade hat die Steigung 0,2 und schneidet die y-Achse bei 3.

d) Die Gerade hat die Steigung 3 und schneidet die y-Achse bei 0,2.

e) Die Gerade hat die Steigung 0 und geht durch den Ursprung.

f) Die Gerade schneidet die x-Achse bei 3 und die y-Achse bei 5.

Steigungsfaktoren

7. Berechnen Sie die Steigungsfaktoren der Geraden, die folgende Punkte enthalten:

a) P (3; 3), Q (6; 9)

b) P (–2; –2), Q (4; 1)

c) P (–4; 5), Q (2; –3)

d) P (–1; 5), Q (9; 1)

e) P (–0,25; –2,85), Q (3,5; 5,85)

f) P (–5; 5), Q (–1; 3)

g) P (0; 0), Q (10; –6)

h) P (–10; 1), Q (3; 0)

Geradenscharen

8. Stellen Sie das durch $y = \frac{1}{2}mx + \frac{1}{2}$, $x \in \mathbb{R}$, $m \in \mathbb{R}$ gegebene Geradenbündel durch die Geraden mit $m = 1$, $m = 2$, $m = 4$, $m = -3$, $m = -6$ im Koordinatensystem dar.

9. Die Menge aller Geraden, die zu einer Geraden G_g der Gleichung $g(x)$ = $0,5x$ parallel sind, bilden eine Parallelenschar, welche durch die Gleichung $y = 0,5x + t$ beschrieben werden kann. Zeichnen Sie G_g und einige der Parallelen aus der Schar in ein Koordinatensystem.

10. Stellen Sie die Parallelenschar $y = 1,5x + 4t$, $x \in \mathbb{R}$, $t \in \mathbb{R}$ durch die Geraden mit $t = 0$, $t = 0,25$, $t = 0,5$, $t = 1$, $t = -0,25$, $t = -0,75$ im Koordinatensystem dar.

11. Folgende Funktionsgleichungen beschreiben Geradenscharen. Stellen Sie diese Scharen dar, indem Sie die Geraden für $k = -2$, $k = 0$, $k = 1$ und $k = 3$ zeichnen.

a) $f_k(x) = 1,5x + k$, $x \in \mathbb{R}$, $k \in \mathbb{R}$

b) $f_k(x) = \frac{1}{2}kx + 1$, $x \in \mathbb{R}$, $k \in \mathbb{R}$

c) $f_k(x) = \frac{1}{3}x + 2k - 1$, $x \in \mathbb{R}$, $k \in \mathbb{R}$

d) $f_k(x) = (k - 1)x - 2$, $x \in \mathbb{R}$, $k \in \mathbb{R}$

e) $f_k(x) = x + \sqrt{k + 2}$, $x \in \mathbb{R}$, $k \in [-2; +\infty[$

f) $f_k(x) = k \cdot \frac{x - 2}{2}$, $x \in \mathbb{R}$, $k \in \mathbb{R}$

3.2 Lineare Gleichungen

Gegeben ist die lineare Funktion $f : D_f \to \mathbb{R}$. Die Lösung der Gleichung $f(x) = 0$ heißt **Nullstelle** der linearen Funktion. Sie ist der x-Wert (die Abszisse) des Schnittpunkts des Graphen der Funktion mit der x-Achse. Das Berechnen der Nullstelle führt auf eine **lineare Gleichung**.

Beispiel

Gegeben ist die Funktion $f : x \mapsto \frac{5}{4}x - \frac{3}{2}$, $x \in \mathbb{R}$ mit der expliziten Funktionsgleichung $f(x) = \frac{5}{4}x - \frac{3}{2}$. Für die Nullstelle gilt die Bedingung $f(x) = 0$.

Die dadurch entstehende Bestimmungsgleichung $\frac{5}{4}x - \frac{3}{2} = 0$ ist eine lineare Gleichung. Wir lösen sie über zwei äquivalente Umformungen:

$\frac{5}{4}x - \frac{3}{2} = 0 \Leftrightarrow \frac{5}{4}x = \frac{3}{2} \Leftrightarrow x = \frac{6}{5}$. Die gesuchte Nullstelle ist also bei $x = 1{,}2$.

> Eine Bestimmungsgleichung mit der Definitionsmenge $D \subseteq G$ heißt **linear** (oder ersten Grades), wenn sie sich durch die Form $ax + b = 0$ mit $a, b \in \mathbb{R}$ darstellen lässt.

● $a \neq 0$: Um die (einelementige) Lösungsmenge dieser Gleichung allgemein zu bestimmen, formen wir äquivalent um:

$$ax + b = 0 \Leftrightarrow ax = -b \Leftrightarrow x = -\frac{b}{a}, \; \mathbb{L} = \left\{-\frac{b}{a}\right\}$$

● $a = 0, b = 0$: $0 \cdot x = 0$, $\mathbb{L} = \mathbb{R}$
● $a = 0, b \neq 0$: $0 \cdot x = -b$, $\mathbb{L} = \varnothing$

Beispiel

$3(2x - 5) + 4x = 5x - 1 \Leftrightarrow$
$6x - 15 + 4x = 5x - 1 \Leftrightarrow$
$5x = 14 \Leftrightarrow x = \frac{14}{5}, \; \mathbb{L} = \left\{\frac{14}{5}\right\}$

Hinweise: Über Bestimmungsgleichungen als Aussageformen, ihre Grund- und Definitionsmengen sowie ihre äquivalenten Umformungen → Anhang Seite 240).
Ist eine Bestimmungsgleichung über der Grundmenge $G = \mathbb{R}$ definiert, so verzichten wir auf die Angabe der Grundmenge. Ist auch die Definitionsmenge $D = \mathbb{R}$, so wird diese Angabe ebenfalls weggelassen.
Wenn auch lineare Bestimmungsgleichungen sehr einfach aufgebaut und sehr einfach zu lösen sind, kommen sie doch in vielen praktischen Aufgaben aus allen Bereichen der angewandten Mathematik häufig vor.

Gleichungen mit Klammern

Aufgabe

1. Berechnen Sie die Lösungsmenge bei folgenden Gleichungen:

a) $2(3x - 4) - 5(2 - x) = 0$
b) $(11x - 17) \cdot 4 = (7x + 8) \cdot 5$
c) $3 \cdot (x - 5) - 8x = -2(3 + 7x)$
d) $(15x + 8) \cdot 2 + 8x = 46 + (x - 5) \cdot 4$
e) $-5(4x - 10) = 1 - 3(x + 2)$
f) $(x - 2)(x + 3) = x(x + 2)$
g) $(x - 6)(3x - 4) = (x - 3)(3x - 16)$
h) $(x + 12)^2 = (x + 6)(x + 22)$
i) $1 - 6x(x - 2) = 2 + 3x(1 - 2x)$
k) $(2x + 5)(-6x + 1) = (1 + 3x)(-4x + 5)$

Aufgabe Muster

Gleichungen mit Parametern

Gesucht ist die Lösungsmenge der Gleichung $ax + 3 - 3x = 0$ in Abhängigkeit von a:

a ist eine reelle Zahl und heißt **Parameter** der Gleichung.

Lösung:

$ax + 3 - 3x = 0 \Leftrightarrow ax - 3x = -3 \Leftrightarrow x(a - 3) = -3$

1. Fall: $a \neq 3 \Rightarrow x = \dfrac{-3}{a - 3}$, $\mathbb{L} = \left\{ \dfrac{-3}{a - 3} \right\}$

2. Fall: $a = 3 \Rightarrow x \cdot 0 = -3$, $\mathbb{L} = \varnothing$

Aufgabe

Gleichungen mit Parametern

2. Berechnen Sie die Lösungen folgender Gleichungen. Führen Sie Fallunterscheidungen durch (die Parameter sind reelle Zahlen):

a) $b(2x + b) = 0$

b) $16c + 9cx = 5cx - 12$

c) $ax + a = bx + b$

d) $ax + a = bx - b$

e) $ax + ab = a^2 + bx$

f) $mx - m^2 - 1 = x - 2m$

g) $6x + 3p + 5q = 9x - p + 3q$

Gleichungen mit rationalen Koeffizienten

3. Berechnen Sie die Lösungen folgender Gleichungen. Führen Sie bei den Aufgaben g) und h) auch Fallunterscheidungen durch:

a) $\dfrac{x}{9} + \dfrac{x}{3} - \dfrac{x}{6} = 10$

b) $\dfrac{4}{3}x + \dfrac{5}{3}x - \dfrac{1}{2}x = 75$

c) $\dfrac{2x}{5} - \dfrac{3x}{2} - \dfrac{7x}{10} = -9$

d) $\dfrac{x + 2}{3} + \dfrac{x - 2}{3} - \dfrac{x + 1}{5} = \dfrac{5}{3}$

e) $\dfrac{2}{3}(x - 4) + x = 4$

f) $\dfrac{5}{6}(3 + 7x) = 4x + \dfrac{1}{3}$

g) $\dfrac{x}{a} + c = \dfrac{x}{c} + a$

h) $\dfrac{x - a}{b} = \dfrac{x - b}{a}$

Vermischte Aufgaben

4. Berechnen Sie die Achsenschnittpunkte folgender Geradenscharen:

a) $f(x) = tx - 3t$, $t \in \mathbb{R} \setminus \{0\}$

b) $f(x) = t(2x + 1)$, $t \in \mathbb{R} \setminus \{0\}$

c) $f(x) = \dfrac{-3x + 2}{t}$, $t \in \mathbb{R} \setminus \{0\}$

d) $f(x) = \dfrac{1}{2}tx - \dfrac{3}{4}t$, $t \in \mathbb{R} \setminus \{0\}$

5. Gegeben ist die Geradenschar: $g_t(x) = \dfrac{1}{3}(t^2 - 3)(x - t) + \dfrac{1}{9}(t^2 - 9)$, $x \in \mathbb{R}$, $t \in \mathbb{R}$

   a) Zeichnen Sie die Graphen der Funktionen g_0 und g_3 in ein Koordinatensystem.
   b) Berechnen Sie den Schnittpunkt der Graphen von g_0 und g_3. (**Hinweis:** Für den x-Wert des Schnittpunkts gilt die Gleichung $g_0(x) = g_3(x)$.)
   c) Berechnen Sie den Flächeninhalt des Dreiecks, das von den Graphen von g_0, g_3 und der y-Achse gebildet wird.
   d) Geben Sie die Schnittpunkte des Graphen von g_3 mit den Koordinatenachsen an.

6. Gegeben ist eine Geradenschar durch die Funktionsgleichung:
   $g_t(x) = -2tx + t^2 + 1$, $x \in \mathbb{R}$, $t \in \mathbb{R} \setminus \{0\}$

   a) Geben Sie die Nullstellen der Funktionen in Abhängigkeit von t an.
   b) Geben Sie die y-Achsenabschnitte in Abhängigkeit von t an.
   c) Für welche Werte von t ist der Schnittpunkt der Geraden mit der y-Achse P (0; 5)?
   d) Zeichnen Sie die Graphen der Funktionen g_{-1} und g_1 in ein Koordinatensystem.
   e) Berechnen Sie die Koordinaten des Schnittpunkts der Graphen von g_{-1} und g_1.
   Hinweis: Für den x-Wert des Schnittpunkts gilt die Gleichung $g_{-1}(x) = g_1(x)$.

Textaufgaben

7. Das Achtfache einer Zahl ist um 18 kleiner als ihr Zwölffaches. Wie lautet die Zahl?

8. Das Siebenfache einer um 11 verminderten Zahl ist gleich dem Doppelten der um 4 vergrößerten Zahl. Um welche Zahl handelt es sich?

9. Die Summe zweier Zahlen ist 100, ihre Differenz ist 48. Welche Zahlen sind gemeint?

10. Ein Vater ist heute dreimal so alt wie seine Tochter. Vor fünf Jahren war er viermal so alt wie sie. Wie alt sind beide zurzeit?

11. Bei einem Rechteck verhalten sich die Längen der Seiten wie 5 : 2. Der Umfang des Rechtecks beträgt 35 cm. Welche Maße hat das Rechteck?

12. Ein Pkw fährt mit einer konstanten Geschwindigkeit von 80 km/h. Ein zweiter Pkw fährt mit 85 km/h zwei Minuten später los. Nach welcher Strecke hat der zweite Pkw den ersten eingeholt?

13. Der Online-Dienst A bietet für 9 EUR monatliche Grundgebühr einen Zugang zum Internet incl. 5 Freistunden an. Jede weitere Nutzerstunde kostet 3 EUR. Der Provider B verlangt keine Grundgebühr, jedoch 4,25 EUR pro Stunde.
    a) Berechnen Sie die Kosten für 12 Stunden Internet-Nutzung in einem Monat bei beiden Anbietern.
    b) Bei welcher Online-Zeit sind die Kosten bei beiden Anbietern gleich groß?

14. Ein Automobilhersteller bietet einen Pkw mit Dieselmotor und einen Pkw mit Benzinmotor vergleichbarer Leistung und Ausstattung an. Das Diesel-fahrzeug hat einen höheren Kaufpreis und eine höhere Kfz-Steuer, jedoch einen geringeren Kraftstoffverbrauch. Wie viele Kilometer müsste man durchschnittlich pro Jahr fahren, damit sich innerhalb von 6 Jahren die Mehrkosten bei der Anschaffung des Dieselfahrzeugs amortisieren? Die Einzelkosten sind der Tabelle zu entnehmen.

	Kaufpreis	Jahressteuer	Verbrauch auf 100 km	Literpreis
Diesel-Pkw	45900 EUR	609,00 EUR	7,2 Liter	1,32 EUR
Benzin-Pkw	42370 EUR	252,00 EUR	9,8 Liter	1,69 EUR

Formeln

15. Stellen Sie folgende Formeln um:
    a) Kraftgesetz: $F = m \cdot a$ nach m (nach a)
    b) Geschwindigkeit: $v = \dfrac{s}{t}$ nach s (nach t)
    c) Geschwindigkeit: $v = v_0 - g\,t$ nach g (nach t)
    d) Gesetz nach Boyle-Mariotte: $V_1 \cdot p_1 = V_2 \cdot p_2$ nach p_1 (nach p_2)
    e) Arbeit bei Reibung: $W = mas + \mu mgs$ nach s (nach m, nach a)
    f) Temperaturmischung: $m_1 c_1 (\vartheta_1 - \vartheta_m) = m_2 c_2 (\vartheta_m - \vartheta_2)$ nach c_1 (nach ϑ_m)

3.3 Lineare Ungleichungen

Beispiel
Die Aussageform $y \geq -0,5x + 0,5$ lässt sich in die lineare Funktion $y = -0,5x + 0,5$ und die Relation $y > -0,5x + 0,5$ zerlegen. Der Graph der linearen Funktion ist die Gerade G, der Graph der Relation ist die Halb-ebene H, die über der Geraden G liegt und von ihr begrenzt wird. Alle Punkte, die in dieser Halbebene liegen, haben Koordinaten, welche die Re-lation zur wahren Aussage machen, wenn man sie in die Relation einsetzt.

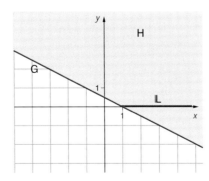

*Graph der Relation $y \geq -0,5x + 0,5$
mit Lösungsmenge der Ungleichung
$0 > -0,5x + 0,5$*

Setzt man $y = 0$, so wird aus der Relation eine **lineare Ungleichung:** $0 > -0,5x + 0,5$ Die Lösungsmenge lässt sich in der Zeichnung ablesen, es handelt sich um da Intervall auf der x-Achse (denn nur dort ist $y = 0$), das in der Halbebene H liegt.

> Eine Ungleichung mit der Definitionsmenge $D \subseteq G$ heißt **linear** oder **ersten Grades,** wenn sie in der Form $ax + b < 0$ ($ax + b > 0$) mit $a, b \in \mathbb{R}$ und $a \neq 0$ darstellbar ist. Ist keine Grundmenge und Definitionsmenge angegeben, dann ist $G = D = \mathbb{R}$ gemeint.

Die **Lösungsmenge** einer linearen Ungleichung kann angegebenen werden durch:
* die beschreibende Form ($\rightarrow$ Seite 229)
* ein Zahlenintervall
* ein Intervall am Zahlenstrahl

Äquivalente Umformungen bei Ungleichungen als Aussageformen $\rightarrow$ Anhang Seite 240.

Beispiele

a) $2x - 6 < 0 \Leftrightarrow 2x < 6 \Leftrightarrow x < 3$;

$\quad \mathbb{L} = \{x \mid x \in \mathbb{R} \wedge x < 3\}$ beschreibende Form

$\quad \mathbb{L} =]-\infty; 3[$ Zahlenintervall

Intervall am Zahlenstrahl

b) $3x + 5 > 4x - 7 \Leftrightarrow -x > -12 \Leftrightarrow x < 12$

$\quad \mathbb{L} = \{x \mid x \in \mathbb{R} \wedge x < 12\}$ beschreibende Form

$\quad \mathbb{L} =]-\infty; 12[$ Zahlenintervall

Intervall am Zahlenstrahl

c) $\dfrac{x + 1}{3} < \dfrac{1 - 2x}{6} \Leftrightarrow 2(x + 1) < 1 - 2x \Leftrightarrow$

$\quad 2x + 2 < 1 - 2x \Leftrightarrow 4x < -1 \Leftrightarrow x < -\dfrac{1}{4}$

$\quad \mathbb{L} = \{x \mid x \in \mathbb{R} \wedge x < -0{,}25\}$ beschreibende Form

$\quad \mathbb{L} =]-\infty; -0{,}25[$ Zahlenintervall

Intervall am Zahlenstrahl

Äquivalente Ungleichungen

Aufgabe

1. Untersuchen Sie, ob folgende Ungleichungen äquivalent umgeformt wurden:

a) $3x + 2 < 4x - 5$ zu $-x + 2 < -5$ e) $\dfrac{2}{3}x < \dfrac{3}{2}$ zu $x < \dfrac{9}{4}$

b) $-3x < -6$ zu $x > 2$ f) $\dfrac{2}{x - 1} < 4$ zu $2 < 4(x - 1)$, $D = \mathbb{Q} \setminus \{1\}$

c) $\dfrac{2x + 4}{-5} < x$ zu $2x + 4 > -5x$ g) $\dfrac{1}{x} < 0$ zu $1 < 0$, $D = \mathbb{Q} \setminus \{0\}$

d) $-x > 2$ zu $x < -2$

Lineare Ungleichungen

2. Berechnen Sie die Lösungsmengen bei folgenden Ungleichungen ($D = \mathbb{R}$):

a) $2x - 7 < 5$

g) $\dfrac{x}{4} - \dfrac{2x}{5} < \dfrac{x}{2} + 1$

b) $\dfrac{x + 3}{4} > 1$

h) $155 - 45x > 355 + 30x$

c) $4x + \dfrac{1}{2} \leq 3x + 5$

i) $-2x < -4$

d) $x - 4 \geq \dfrac{2x + 3}{2}$

k) $3(x + 5) \leq 0$

e) $4(-x + 2) < 3x + 2 - (x - 5)$

l) $-\dfrac{1}{2}(4x - 6) + \dfrac{1}{3}(9x - 12) > 0$

f) $\dfrac{5 - x}{2} \geq 4x + 1$

m) $4(2x - 4)(-1) < 0$

Doppelungleichungen

3. Bestimmen Sie die Lösungsmengen folgender Doppelungleichungen ($D = \mathbb{R}$). Beachten Sie die Umwandlung $a < x < b \Leftrightarrow a < x \land x < b$!

a) $-2x + 3 \leq 0{,}25x - 0{,}25 \leq 2x + 1$ c) $4x - 2 \leq 5x - 6 \leq x + 10$

b) $1{,}5x + 4 \geq 3x > -3x + 2$ d) $3x + 0{,}5 > 5x - 3 > x + 4{,}5$

Graphen von Relationen

4. Bei den Graphen der folgenden Relationen in $\mathbb{R} \times \mathbb{R}$ handelt es sich um Halbebenen.

Geben Sie diese jeweils an. Bei welchen Halbebenen gehört ihr Rand auch zum Graph der Relation?

Geben Sie weiterhin jeweils den Schnitt der Halbebene mit der x-Achse an.

a) $y > x - 2$

f) $x \leq 0$

b) $y < 2x - 1$

g) $y > x$

c) $y \leq \dfrac{1}{4}x + \dfrac{3}{2}$

h) $y \leq -x$

d) $y \geq 1{,}5x + 0{,}5$

i) $2y > 4x + 0{,}5$

e) $y \geq 0$

k) $y \geq 1 - x$

3.4 Quadratische Funktionen

3.4.1 Definition

> *Eine Funktion der Form $f : x \mapsto ax^2 + bx + c$, $x \in D \subseteq \mathbb{R}$ heißt **quadratische Funktion**, wobei $a, b, c \in \mathbb{R} \land a \neq 0$.*

Die Funktionsgleichungen haben die Form $f(x) = ax^2 + bx + c$ bzw. $y = ax^2 + bx + c$.

Der Graph einer quadratischen Funktion mit $D = \mathbb{R}$ ist eine **Parabel** mit einer Symmetrieachse, die parallel zur y-Achse liegt. Die Kenntnis der Abszisse des Scheitels der Parabel ist nötig, um die Symmetrieachse zeichnen zu können. Zunächst werden einfache Sonderfälle der quadratischen Funktion betrachtet.

3.4.2 Sonderfälle

1. $f : x \mapsto x^2, x \in \mathbb{R}$

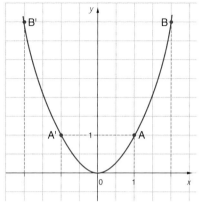

Der Graph dieser Funktion wird **Normalparabel** genannt. An der Stelle $x = 0$ erreicht die Funktion ihren kleinsten Funktionswert $f(0) = 0$.

Die Normalparabel hat den „Tiefpunkt" S (0; 0), man nennt ihn den **Scheitelpunkt.** Weitere zur Erstellung des Graphen wichtige Punkte sind A (1; 1) und B (2; 4) sowie die dazu symmetrisch liegenden Punkte A' (–1; 1) und B' (–2; 4).

Normalparabel

2. $f : x \mapsto ax^2, x \in R, a \in \mathbb{R} \setminus \{0\}$

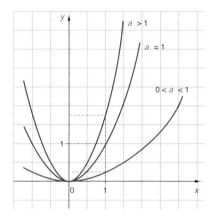

a) Für $a = 1$ erhält man die Normalparabel.

b) Für $a > 1$ ergeben sich nach oben geöffnete „gestreckte" Parabeln. Ihre Scheitel liegen bei S (0; 0) und es sind „Tiefpunkte".

c) Für $0 < a < 1$ erhält man nach oben geöffnete, „gestauchte" Parabeln. Ihre Scheitel liegen bei S (0; 0) und es sind „Tiefpunkte".

Parameter a > 0

d) Für $a = –1$ erhält man eine an der x-Achse gespiegelte Normalparabel, deren Scheitel S (0; 0) ein „Hochpunkt" ist.

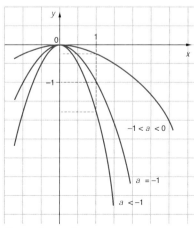

e) Für $a < –1$ ergeben sich „gestreckte" und nach unten geöffnete Parabeln, die Scheitel S (0; 0) sind „Hochpunkte".

f) Für $–1 < a < 0$ erhält man „gestauchte" und nach unten geöffnete Parabeln. Die Scheitel S (0; 0) sind „Hochpunkte".

Parameter a < 0

> 3. $f : x \mapsto x^2 + c,\ x \in \mathbb{R},\ c \in \mathbb{R}$

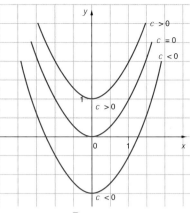

a) Für $c = 0$ erhält man die Normalparabel.

b) Für $c > 0$ ergeben sich nach oben verschobene Normalparabeln, deren Scheitel $S\,(0;\,c)$ „Tiefpunkte" sind.

c) Für $c < 0$ erhält man nach unten verschobene Normalparabeln, deren Scheitel $S\,(0;\,c)$ „Tiefpunkte" sind.

Parameter $c \in \mathbb{R}$

> 4. $f : x \mapsto (x - x_S)^2,\ x \in \mathbb{R},\ x_S \in \mathbb{R}$

a) Für $x_S = 0$ erhält man die Normalparabel.

b) Für $x_S > 0$ erhält man nach rechts verschobene Normalparabeln, mit den Scheiteln $S\,(x_S;\,0)$.

c) Für $x_S < 0$ erhält man nach links verschobene Normalparabeln.

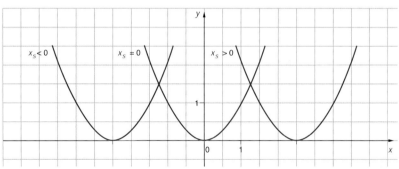

Parameter $x_S \in \mathbb{R}$

3.4.3 Allgemeiner Fall

> $f : x \mapsto ax^2 + bx + c,\ x \in \mathbb{R};\ a, b,\ c \in \mathbb{R} \wedge a \neq 0.$

Um den Scheitel zu berechnen, formen wir $f(x)$ um:

$f(x) = ax^2 + bx + c \Leftrightarrow$ c ausklammern

$f(x) = a\,(x^2 + \dfrac{b}{a}\,x + \dfrac{c}{a}) \Leftrightarrow$ quadratisch ergänzen

$f(x) = a\,(x^2 + \dfrac{b}{a}\,x + (\dfrac{b}{2a})^2 - (\dfrac{b}{2a})^2 + \dfrac{c}{a}) \Leftrightarrow$ binomische Formel (1)

$$f(x) = a\left[\left(x + \frac{b}{2a}\right)^2 - \frac{b^2}{4a^2} + \frac{c}{a}\right] \Leftrightarrow$$

Hauptnenner bei den letzten

beiden Gliedern aufstellen

$$f(x) = a\left[\left(x + \frac{b}{2a}\right)^2 + \frac{4ac - b^2}{4a^2}\right] \Leftrightarrow$$

eckige Klammer auflösen

$$f(x) = a\,(x + \frac{b}{2a})^2 + \frac{4ac - b^2}{4a}$$

Mit $-\dfrac{b}{2a} = x_s$ und $\dfrac{4ac - b^2}{4a} = y_s$

erhält man die Scheitelform: $f(x) = a\,(x - x_s)^2 + y_s$

Die Gleichung $f(x) = a\,(x - x_s)^2 + y_s$ heißt **Scheitelgleichung** der quadratischen Funktionen, deren Graphen den Scheitel $S\,(x_s;\,y_s)$ haben.

Beispiele

a) $f(x) = x^2 - 4x + 3$

$a = 1, b = -4, c = 3 \Rightarrow x_s = -\dfrac{-4}{2} = 2, \quad y_s = \dfrac{4 \cdot 1 \cdot 3 - (-4)^2}{4_2 \cdot 1} = -1$

Scheitel: S (2; –1),

Scheitelgleichung:
$f(x) = (x - 2)^2 - 1$

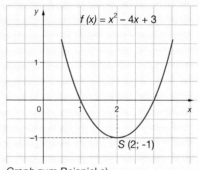

Graph zum Beispiel a)

b) $f(x) = -x^2 - 2x - 1$

$a = -1, \ b = -2, \ c = -1 \Rightarrow$

$x_s = -1, \ y_s = 0$

Scheitel: S (–1; 0),

Scheitelgleichung:
$f(x) = -(x + 1)^2$

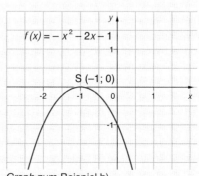

Graph zum Beispiel b)

c) $f(x) = 2x^2 - 2x + 2$

$a = 2, b = -2, c = 2 \Rightarrow x_s = \dfrac{1}{2}, \quad y_s = \dfrac{3}{2}$

Scheitel: $S\left(\dfrac{1}{2}; \dfrac{3}{2}\right)$; Scheitelgleichung: $f(x) = 2\left(x - \dfrac{1}{2}\right)^2 + \dfrac{3}{2}$

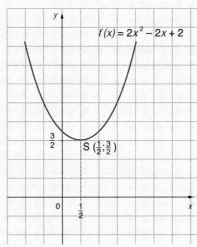

Graph zum Beispiel c)

d) $f(x) = -\dfrac{1}{2}x^2 - 2x - 1$

$a = -\dfrac{1}{2}, b = -2, c = -1 \Rightarrow x_s = -2, \quad y_s = 1$

Scheitel: $S(-2; 1)$; Scheitelgleichung: $f(x) = -\dfrac{1}{2}(x + 2)^2 + 1$

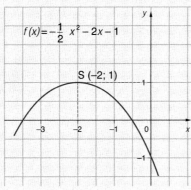

Graph zum Beispiel d)

Aufgabe

Parabeln zeichnen

1. Zeichnen Sie die Graphen folgender quadratischer Funktionen in ein gemeinsames Koordinatensystem:

a) $f : x \mapsto -x^2, x \in \mathbb{R}$

b) $f : x \mapsto x^2 + 1, x \in \mathbb{R}$

c) $f : x \mapsto -x^2 - 1, x \in \mathbb{R}$

d) $f : x \mapsto x^2 - \dfrac{1}{2}, x \in \mathbb{R}$

2. Zeichnen Sie die Graphen in ein gemeinsames Koordinatensystem:

a) $y = \dfrac{1}{2}x^2,\, x \in \mathbb{R}$

c) $y = -\dfrac{1}{3}x^2 + \dfrac{1}{2},\, x \in \mathbb{R}$

b) $y = 2x^2 + 1,\, x \in \mathbb{R}$

d) $y = -2x^2 - \dfrac{1}{2},\, x \in \mathbb{R}$

3. Zeichnen Sie die Graphen folgender quadratischer Funktionen in ein gemeinsames Koordinatensystem:

a) $f : x \mapsto (x - 2)^2 + 1,\, x \in \mathbb{R}$

c) $f : x \mapsto (x + 2)^2 - 1,\, x \in \mathbb{R}$

b) $f : x \mapsto -(x + 1)^2 + 2,\, x \in \mathbb{R}$

d) $f : x \mapsto -(x - 3)^2 + 1,5,\, x \in \mathbb{R}$

4. Zeichnen Sie die Graphen:
   (Bestimmen Sie die Scheitelpunkte und stellen Sie eine Wertetabelle auf.)

a) $y = \dfrac{1}{2}x^2 - \dfrac{5}{2}x + 3,\, x \in \mathbb{R}$

f) $y = \dfrac{1}{2}x^2 - \dfrac{1}{2}x + 2,\, x \in \mathbb{R}$

b) $y = 2x^2 + x - 1,\, x \in \mathbb{R}$

g) $y = \dfrac{1}{4}x^2 - x,\, x \in \mathbb{R}$

c) $y = -x^2 + 2x + 1,\, x \in \mathbb{R}$

h) $y = 1,5x^2 - 2x,\, x \in \mathbb{R}$

d) $y = -2x^2 - 4x - 2,\, x \in \mathbb{R}$

i) $y = 3x^2 - x - 4,\, x \in \mathbb{R}$

e) $y = 2,5x^2 - x + 1,\, x \in \mathbb{R}$

k) $y = 0,5x^2 - 2x + 1,\, x \in \mathbb{R}$

5. Zeichnen Sie die Graphen folgender Funktionen für die angegebene Definitionsmenge:

a) $f : x \mapsto x^2,\, x \in [-2; 1]$

d) $f : x \mapsto \dfrac{1}{2}(x - 1)^2 - 2,\, x \in [-2; 3]$

b) $f : x \mapsto -x^2 + 2,\, x \in [-1; 2]$

e) $f : x \mapsto -\dfrac{1}{2}x^2 + \dfrac{3}{2},\, x \in\,]-1; 3]$

c) $f : x \mapsto -\dfrac{1}{4}x^2 + 2,\, x \in\,]-2; 3[$

f) $f : x \mapsto x^2 - 2,\, x \in [-2,5; 1,5\,[$

Extremwerte

6. Ermitteln Sie, an welchen Stellen die Funktion ihren kleinsten bzw. größten Wert annimmt $(D = \mathbb{R})$:

a) $y = 4x^2 - x + 1$

d) $y = -\dfrac{1}{4}x^2 + 6x - 1$

b) $y = -3x^2 + x - 2$

e) $y = \dfrac{1}{10}x^2 + \dfrac{1}{5}x - 1$

c) $y = \dfrac{1}{2}x^2 - 4$

f) $y = -0,4x^2 - 1$

7. Ermitteln Sie, an welchen Stellen die Funktion ihren kleinsten bzw. größten Wert annimmt $(D = \mathbb{R})$:

a) $y = 2x^2 - 3x + 2,\, x \in [-1; 5]$

e) $f(x) = 2x^2 + 4x + 3,\, x \in [-2; 0]$

b) $y = -x^2 - 6x + 3,\, x \in [-2; 1]$

f) $f(x) = -\dfrac{1}{4}x^2 + 4x - 7,\, x \in [0; 5]$

c) $y = \dfrac{1}{2}x^2 + 2x - 2,\, x \in [1; 4]$

g) $f(x) = \dfrac{1}{2}x^2 + 2x - 1,\, x \in [-4; 1]$

d) $y = 2x^2 + 4x - 1,\, x \in [-3; 2]$

h) $f(x) = \dfrac{1}{9}x^2 + \dfrac{2}{3}x + 1,\, x \in [1; 4]$

Aufgabe Muster

Vermischte Aufgaben

Es soll die Funktionsgleichung der Parabel bestimmt werden, die durch die Punkte A (1; 2), B (3; 0) und C (–2; –2,5) läuft.

Lösung:

$y = ax^2 + bx + c$	Allgemeine Funktionsgleichung
$2 = a \cdot 1^2 + b \cdot 1 + c$	A liegt auf der Parabel
$0 = a \cdot 3^2 + b \cdot 3 + c$	B liegt auf der Parabel
$-2,5 = a \cdot (-2)^2 + b \cdot (-2) + c$	C liegt auf der Parabel

Es entsteht ein System aus drei linearen Gleichungen mit den drei Unbekannten a, b, c.

$$\begin{cases} a + b + c = 2 \\ 9a + 3b + c = 0 \\ 4a - 2b + c = -2,5 \end{cases}$$

Nach dem Eliminationsverfahren von Gauß ($\rightarrow$ Kapitel 7.2.4) hat das System die Lösung $a = -0,5$, $b = 1$, $c = 1,5$

$y = -0,5x^2 + x + 1,5$	Gesuchte Gleichung der Parabel

Aufgabe

Vermischte Aufgaben

8. Bestimmen Sie jeweils die Gleichung der Parabel, welche

   a) die Punkte A (1; 0), B (3; 10) und C (–2; 7,5) enthält;

   b) den Scheitel bei $x_s = -1,5$ hat, die y-Achse bei 3,5 schneidet und den Punkt Q (2; 6,5) enthält;

   c) Nullstellen bei 1 und –3 besitzt und die Gerade mit $y = -0,75x - 3$ an der Stelle $x = -2$ schneidet.

9. Die Parabel P wird durch die Punkte A (–3; –4), B (2; –4) und C (3; –10) bestimmt.

   a) Geben Sie die Funktionsgleichung an. (Ergebnis: $y = -x^2 - x + 2$)

   b) In welchem Bereich der x-Achse sind die Funktionswerte größer als 1,25?

   c) Bestimmen Sie den Scheitel der Parabel.

   d) Zeichnen Sie die Parabel in das Achsensystem.

   e) Spiegelt man die Parabel P an der x-Achse, so erhält man eine Parabel P'. Verschiebt man P' um eine Längeneinheit nach unten, so erhält man P''. Zeichnen Sie P' und P'' in das vorhandene Achsensystem ein und geben Sie ihre Funktionsgleichungen an.

10. Gegeben sind die Punkte A (–2; –8), B (3; –3) und C (–3; –15).

   a) Bestimmen Sie die Gleichung der Parabel P, die diese Punkte enthält. (Ergebnis: $y = -x^2 + 2x$)

   b) Wo schneidet P die Koordinatenachsen?

   c) Bestimmen Sie den Scheitel von P.

   d) Zeichnen Sie P in ein Achsensystem ein.

11. Gegeben sind die Punkte $A\left(0; \frac{5}{4}\right)$, $B\left(1; \frac{5}{4}\right)$, $C\left(2; \frac{13}{4}\right)$.

    a) Bestimmen Sie die Funktionsgleichung der Parabel, auf der diese Punkte liegen. $\left(\text{Ergebnis: } y = x^2 - x + \frac{5}{4}\right)$

    b) Bestimmen Sie den Scheitelpunkt der Parabel.

    c) Zeichnen Sie die Parabel in das Achsensystem ein.

    d) Wie lautet die Funktionsgleichung der Parabel, die man durch eine Achsenspiegelung der gegebenen Parabel an der x-Achse und eine anschließende Parallelverschiebung um eine Längeneinheit nach links erhält?

12. Gegeben sind die Punkte $A(-1; -12)$, $B(2; 12)$, $C(-3; -8)$.

    a) Bestimmen Sie die Gleichung der Parabel P, die diese Punkte enthält. (Ergebnis: $y = 2x^2 + 6x - 8$)

    b) Bestimmen Sie den Scheitel von P.

3.5 Quadratische Gleichungen

Muss man die Nullstellen von quadratischen Funktionen oder die Schnittpunkte von zwei Parabeln berechnen, so entstehen in vielen Fällen quadratische Gleichungen, die man lösen muss. Quadratische Gleichungen haben aber auch in anderen Bereichen der Mathematik eine wichtige Bedeutung.

3.5.1 Hauptform

> *Eine Gleichung mit der Definitionsmenge $D \subseteq G$ heißt quadratisch oder zweiten Grades, wenn sie auf die Form $ax^2 + bx + c = 0$ mit $a, b, c \in \mathbb{R}$, $a \neq 0$ **(Hauptform)** gebracht werden kann.*

Die Bedingung $a \neq 0$ ist notwendig, denn wäre $a = 0$, dann läge eine lineare Gleichung vor.

Ist die quadratische Gleichung in der Hauptform gegeben, dann lässt sich diese in folgende Gleichung äquivalent umformen: $x = \dfrac{-b \pm \sqrt{b^2 - 4ac}}{2a}$,

sofern $b^2 - 4ac \geq 0$ ist.

Daraus ergeben sich die Lösungen $x_1 = \dfrac{-b + \sqrt{b^2 - 4ac}}{2a}$, $x_2 = \dfrac{-b - \sqrt{b^2 - 4ac}}{2a}$.

Hinweis: Beachten Sie den Unterschied zwischen x als Lösungsvariable und x_1, x_2 als Lösungen.

Die Lösungsformel erhält man aus der Hauptform durch eine quadratische Ergänzung:

$ax^2 + bx + c = 0 \Leftrightarrow$

$$x^2 + \frac{b}{a}x + \frac{c}{a} = 0 \Leftrightarrow \qquad \text{Gleichung wurde durch } a \text{ geteilt}$$

$$\left(x + \frac{b}{2a}\right)^2 - \frac{b^2}{4a^2} + \frac{c}{a} = 0 \Leftrightarrow \qquad \text{Quadratische Ergänzung}$$

$$\left(x + \frac{b}{2a}\right)^2 - \frac{b^2 - 4ac}{4a^2} = 0 \Leftrightarrow \qquad \text{Hauptnenner außerhalb der Klammer}$$

$$\left(x + \frac{b}{2a}\right)^2 = \frac{b^2 - 4ac}{4a^2} \Leftrightarrow \qquad \text{Gleichung wurde umgestellt}$$

$$x + \frac{b}{2a} = \pm \sqrt{\frac{b^2 - 4ac}{4a^2}} \Leftrightarrow \qquad \text{Auf beiden Seiten die Wurzel gezogen}$$

$$x = \frac{-b \pm \sqrt{b^2 - 4ac}}{2a} \qquad \text{Lösungsformel}$$

Diskriminante bei der Hauptform

Der Term $b^2 - 4ac = \Delta_h$ unter der Wurzel in der Lösungsformel heißt **Diskriminante** bei der Hauptform. Setzt man die Koeffizienten aus der Hauptform in den Term ein und berechnet den Termwert, so lässt sich aus der Art des Vorzeichens des Termwerts auf die Anzahl der Lösungen schließen:

$$\Delta_h = 0 \Rightarrow 1 \text{ Lösung}, \quad \Delta_h > 0 \Rightarrow 2 \text{ Lösungen}, \quad \Delta_h < 0 \Rightarrow \text{ keine Lösung.}$$

Beispiele

a) $2x^2 - 4x + 6 = 0 \Rightarrow \Delta_h = (-4)^2 - 4 \cdot 2 \cdot 6 < 0 \qquad$ keine Lösung

b) $2x^2 - 4x - 6 = 0 \Rightarrow \Delta_h = (-4)^2 - 4 \cdot 2 \cdot (-6) > 0 \qquad$ zwei Lösungen

3.5.2 Normalform

Eine Gleichung der Form $x^2 + px + q = 0$ mit $p, q \in \mathbb{R}$ mit der Definitionsmenge $D \subseteq G$ heißt normierte quadratische Gleichung, die Form heißt **Normalform.**

Hinweis: Teilt man die Hauptform auf beiden Seiten durch a, so erhält man die Normalform:

$$ax^2 + bx + c = 0 \Leftrightarrow x^2 + \frac{b}{a}x + \frac{c}{a} = 0 \Rightarrow x^2 + px + q = 0, \text{ wobei } p = \frac{b}{a} \text{ und } q = \frac{c}{a}.$$

Ist die quadratische Gleichung in der Normalform gegeben, dann kann man die Lösungen durch folgende Terme bestimmen:

$$x_1 = -\frac{p}{2} + \sqrt{\left(\frac{p}{2}\right)^2 - q}, \quad x_2 = -\frac{p}{2} - \sqrt{\left(\frac{p}{2}\right)^2 - q}, \quad \text{falls } \left(\frac{p}{2}\right)^2 - q \geqq 0 \text{ ist.}$$

Diskriminante bei der Normalform

Der Term unter der Wurzel in der Lösungsformel $\left(\frac{p}{2}\right)^2 - q = \Delta_n$ heißt **Diskriminante** bei der Normalform. Setzt man die Koeffizienten aus der Normalform in den Term ein und berechnet den Termwert, so lässt sich aus der Art des Vorzeichens des Termwerts auf die Anzahl der Lösungen schließen:

$$\Delta_n = 0 \Rightarrow 1 \text{ Lösung}, \quad \Delta_n > 0 \Rightarrow 2 \text{ Lösungen}, \quad \Delta_n < 0 \Rightarrow \text{ keine Lösung.}$$

Beispiele

a) $x^2 - 5x + 6 = 0 \Rightarrow \Delta_n = \left(-\frac{5}{2}\right)^2 - 6 > 0 \qquad$ 2 Lösungen

b) $x^2 - 5x + 10 = 0 \Rightarrow \Delta_n = \left(-\frac{5}{2}\right)^2 - 10 < 0 \qquad$ keine Lösung

3.5.3 Sonderfälle

Ist in der Hauptform oder in der Normalform einer quadratischen Gleichung das lineare Glied nicht vorhanden (also $b = 0$ bzw. $p = 0$), dann nennt man diese Gleichung **reinquadratisch.** Man kann sie einfacher durch direktes Wurzelziehen lösen.

Beispiele

a) $2x^2 - 0,5 = 0 \Leftrightarrow 2x^2 = 0,5 \Leftrightarrow x^2 = 0,25 \Leftrightarrow x = \pm\, 0,5 \Leftrightarrow \mathbb{L} = \{-\,0,5,\ 0,5\}$

b) $4x^2 + 5 = 0 \Leftrightarrow 4x^2 = -\,5 \Leftrightarrow x^2 = -\frac{5}{4} \Rightarrow \mathbb{L} = \varnothing$

Fehlt in einer quadratischen Gleichung das x-freie Glied ($c = 0$ bzw. $q = 0$), dann findet man leicht die Lösung, wenn man x ausklammert.

Beispiel

$18x^2 - 9x = 0 \Leftrightarrow x\,(18x - 9) = 0 \Leftrightarrow x = 0 \lor 18x - 9 = 0 \Leftrightarrow x = 0 \lor x = 0,5 \Rightarrow$
$\mathbb{L} = \{0,\ 0,5\}$

3.5.4 Beziehungen zwischen Lösungen und Koeffizienten (Satz von Vieta)

> Hat die quadratische Gleichung $x^2 + px + q = 0$ die Lösungen x_1, x_2, so ist $x_1 + x_2 = -\,p$, $x_1 \cdot x_2 = q$.

Beweis:

$$x_1 + x_2 = -\frac{p}{2} + \sqrt{\left(\frac{p}{2}\right)^2 - q} + \left(-\frac{p}{2}\right) - \sqrt{\left(\frac{p}{2}\right)^2 - q} = 2 \cdot \left(-\frac{p}{2}\right) = -p$$

$$x_1 \cdot x_2 = \left[-\frac{p}{2} + \sqrt{\left(\frac{p}{2}\right)^2 - q}\right] \cdot \left[-\frac{p}{2} - \sqrt{\left(\frac{p}{2}\right)^2 - q}\right]$$

$$= \left(-\frac{p}{2}\right)^2 - \left(\sqrt{\left(\frac{p}{2}\right)^2 - q}\right)^2 \qquad \text{Binomische Formel (3) wurde angewandt}$$

$$= \left(-\frac{p}{2}\right)^2 - \left(\left(-\frac{p}{2}\right)^2 - q\right) = q$$

Beispiele

a) Die quadratische Gleichung $x^2 - 3x - 10 = 0$ mit $p = -3$ und $q = -10$ hat die Lösungen $x_1 = -2$, $x_2 = 5$.

Wir rechnen $x_1 + x_2 = -2 + 5 = 3 = -p$, $x_1 \cdot x_2 = (-2) \cdot 5 = -10 = q$

b) Die quadratische Gleichung $x^2 - \dfrac{4}{3}x - \dfrac{2}{3} = 0$ mit $p = -\dfrac{4}{3}$ und $q = -\dfrac{2}{3}$ hat

die Lösungen $x_1 = \dfrac{2 + \sqrt{10}}{3}$, $x_2 = \dfrac{2 - \sqrt{10}}{3}$.

Wir rechnen $x_1 + x_2 = \dfrac{2 + \sqrt{10}}{3} + \dfrac{2 - \sqrt{10}}{3} = \dfrac{2 + \sqrt{10} + 2 - \sqrt{10}}{3} = \dfrac{4}{3} = -p$

$x_1 \cdot x_2 = \dfrac{(2 + \sqrt{10})\,(2 - \sqrt{10})}{9} = \dfrac{4 - 10}{9} = -\dfrac{2}{3} = q$

3.5.5 Zerlegung in Linearfaktoren

Hat die quadratische Gleichung $x^2 + px + q = 0$ die Lösungen x_1, x_2, so kann man den linken Teil der Gleichung nach dem Satz von Vieta folgendermaßen umformen:

$x^2 - (x_1 + x_2) \cdot x + x_1 \cdot x_2$ Klammer aufgelöst

$= x^2 - x_1 \cdot x - x_2 \cdot x + x_1 x_2$ x und x_2 ausgeklammert

$= x\,(x - x_1) - x_2\,(x - x_1)$ Klammer ausgeklammert

$= (x - x_2)\,(x - x_1)$

> **Zusammengefasst:** $x^2 + px + q = (x - x_2)\,(x - x_1)$

Sowohl $x - x_1$ als auch $x - x_2$ heißen **Linearfaktoren,** da die Variable x mit der Potenz 1 vorkommt, also linear ist. Mithilfe der Lösungen kann demnach die als Summe dargestellte Normalform der quadratischen Gleichung in Linearfaktoren zerlegt werden.

Beispiele

a) Gesucht ist die Linearfaktorzerlegung des Terms auf der linken Seite der Gleichung $x^2 - 5x + 6 = 0$.

Lösung:

$x^2 - 5x + 6 = 0$ Normalform

$x_1 = 2$, $x_2 = 3$ Lösungen der Gleichung

$x^2 - 5x + 6 = (x - 2)\,(x - 3)$ Linearfaktorzerlegung

b) Gesucht ist die Linearfaktorzerlegung des Terms auf der linken Seite der Gleichung $3x^2 + 45x + 150 = 0$.

Lösung:

$3x^2 + 45x + 150 = 0$ Hauptform

$3\,(x^2 + 15x + 50) = 0$ Es wurde die Zahl 3 ausgeklammert, in der Klammer steht jetzt die Normalform

$x_1 = -5$, $x_2 = -10$ Lösungen der Normalform

$3x^2 + 45x + 150 = 3\,(x + 5)\,(x + 10)$ Linearfaktorzerlegung

Reinquadratische Gleichungen   Aufgabe

1. Berechnen Sie jeweils die Lösungen der folgenden Gleichungen:

   a) $x^2 - 1,69 = 0$ d) $2x^2 - 12,5 = 0$

   b) $0,2x^2 = 2,45$ e) $(x - 2a)^2 = 4 \ (a \in \mathbb{R})$

   c) $-kx^2 + k^3 = 0 \ (k \neq 0)$ f) $2(x - t)^2 = 0 \ (t \in \mathbb{R})$

Gemischtquadratische Gleichungen

2. Berechnen Sie jeweils die Lösungen der folgenden Gleichungen:

   a) $x^2 + x - 12 = 0$ f) $x^2 + 7x - 12 = 0$

   b) $x^2 - x - 6 = 0$ g) $x^2 - 12x + 35 = 0$

   c) $x^2 - 8x + 2 = 0$ h) $x^2 - \dfrac{1}{k}x + kx - 1 = 0 \ (k \neq 0)$

   d) $x^2 + 3ax + 2a^2 = 0 \ (a \in \mathbb{R})$ i) $x^2 - 3,25x + 2,5 = 0$

   e) $x^2 + 9x - 10 = 0$ k) $x^2 - 2tx + t^2 = 0 \ (t \neq 0)$

3. Berechnen Sie jeweils die Lösungen der folgenden Gleichungen:

   a) $\dfrac{2}{3}x^2 + x - 3 = 0$ g) $5x^2 + 0,4x = 17,29$

   b) $4x^2 - 3x + \dfrac{1}{2} = 0$ h) $-30x^2 + 14x + 44 = 0$

   c) $-\dfrac{1}{6}x^2 - \dfrac{1}{3}x + \dfrac{21}{2} = 0$ i) $-0,5 (1 + x^2) = x$

   d) $\dfrac{1}{3}x^2 - 2x + 3 = 0$ k) $x (x - 8) = -12$

   e) $3x^2 - 9x + 6 = 0$ l) $\dfrac{2}{3}x^2 - \dfrac{5}{3}x + \dfrac{3}{2} = 0$

   f) $\dfrac{1}{4}x^2 + \dfrac{1}{3}x - 11 = 0$ m) $3x^2 - 5x = -2$

4. Berechnen Sie jeweils die Lösungen der folgenden Gleichungen:

   a) $-\dfrac{5}{6}x^2 + \dfrac{3}{4}x = 0$ d) $\dfrac{2}{3}x^2 + 2x = -\dfrac{2}{3}x^2 + 4x$

   b) $6x^2 = -5x$ e) $5kx^2 + 4kx = 0 \ (k \neq 0)$

   c) $\dfrac{1}{a}x^2 + x = 0, \ (a \neq 0)$ f) $\dfrac{1}{m}x^2 - mx = mx^2 + \dfrac{1}{m}x$

                                               $(m \in \mathbb{R} \setminus \{0, 1\})$

5. Zeigen Sie allgemein: Aus $x^2 + px + q = 0$ folgt durch äquivalente Umfor-

   mungen die Lösungsformel $x = -\dfrac{p}{2} \pm \sqrt{\left(\dfrac{p}{2}\right)^2 - q}$, falls $\dfrac{p}{2} - q \geq 0$ ist.

Aufgabe Muster

Gleichungen mit Brüchen

Gesucht sind maximale Definitionsmenge und Lösung
der Bruchgleichung $\dfrac{2}{x-1} + \dfrac{x}{x+1} - \dfrac{8}{3} = 0$.

Lösung:

$\dfrac{2}{x-1} + \dfrac{x}{x+1} - \dfrac{8}{3} = 0$	Bruchgleichung mit der Definitionsmenge $D = \mathbb{R} \setminus (-1, 1)$
$3\,(x-1)\,(x+1)$	Hauptnenner (Seite 18)
$\dfrac{2 \cdot 3\,(x+1) + 3x\,(x-1) - 8\,(x^2-1)}{3\,(x-1)\,(x+1)} = 0$	Erweiterte Bruchgleichung
$2 \cdot 3\,(x+1) + 3x\,(x-1) - 8\,(x^2-1) = 0 \Leftrightarrow$	Ein Bruch ist 0, wenn der Zähler 0 ist.
$6x + 6 + 3x^2 - 3x - 8x^2 + 8 = 0 \Leftrightarrow$	Die Klammern wurden ausgerechnet.
$-5x^2 + 3x + 14 = 0 \Leftrightarrow$	Quadratische Gleichung
$x = \dfrac{-3 \pm \sqrt{9 - 4 \cdot (-5) \cdot 14}}{-10}$	Lösungsformel
$x_1 = -1{,}4,\ x_2 = 2$	Die Lösungen der quadratischen Gleichungen liegen in der Definitionsmenge.

Aufgabe

6. Bestimmen Sie die maximale Definitionsmenge und die Lösungsmenge bei folgenden Gleichungen:

a) $\dfrac{x-2}{15} = \dfrac{1}{x}$

b) $x + \dfrac{5}{6} = -\dfrac{1}{6x}$

c) $x + \dfrac{8}{x} = 6$

d) $x - \dfrac{10}{x} = 3$

e) $\dfrac{1}{x} + \dfrac{2}{x-4} = \dfrac{1}{3}$

f) $\dfrac{2x+4}{3x+3} = \dfrac{x+6}{4x+1}$

g) $\dfrac{1}{x+5} + \dfrac{1}{x} = \dfrac{3}{10}$

h) $\dfrac{4}{3x} - \dfrac{3}{x+4} = \dfrac{1}{6}$

i) $\dfrac{x+1}{2x+3} = \dfrac{4x-8}{x+6}$

k) $\dfrac{2x-7}{-x+7} = \dfrac{4x+1}{3x-1}$

l) $\dfrac{1}{x^1} + \dfrac{2}{x^2} = \dfrac{3}{x^3}$

7. Bestimmen Sie die maximalen Definitionsmengen und die Lösungsmengen bei folgenden Gleichungen:

a) $\dfrac{1}{x} + \dfrac{1}{2x} = \dfrac{x+1}{4}$

c) $1 - \dfrac{x}{2} + \dfrac{2}{x} = -\dfrac{19}{5}$

b) $\dfrac{3}{x} - \dfrac{4}{x-1} = -1$

d) $\dfrac{2}{x} - \dfrac{5}{x} + x = \dfrac{13}{4}$

8. Geben Sie maximalen Definitionsmengen und Lösungsmengen bei folgenden Gleichungen an:

a) $3x - 5 = \dfrac{70}{2x+6}$ (2 Dez. gerundet)

c) $\dfrac{2x-7}{4-x} + \dfrac{4x+3}{3x+6} = 0$

b) $\dfrac{x+3}{x-4} = \dfrac{x+19}{x-2}$

d) $\dfrac{4x-4}{x^2-2x-3} + \dfrac{-3-1}{-x+3} = 0$

9. Geben Sie Definitionsmengen und Lösungsmengen bei folgenden Gleichungen an: Führen Sie Fallunterscheidungen durch. Welche Werte darf der Parameter nicht annehmen?

a) $\dfrac{x-a}{a} = \dfrac{a}{x-a}$

c) $\dfrac{x}{3} = \dfrac{1}{ax+2}$

b) $\dfrac{1}{2ax} + \dfrac{1}{3ax} = \dfrac{5}{6a}$

d) $\dfrac{b(2-x)}{b-x} + \dfrac{b+x}{b^2-x^2} = \dfrac{x-1}{2b-2x}$

Hinweis: Kürzen Sie den zweiten Bruch!

Linearfaktorzerlegung

10. Zerlegen Sie folgende quadratische Terme in Linearfaktoren:

a) $T(x) = x^2 + x - 6$

e) $T(x) = 6x^2 - 13x - 5$

b) $T(x) = x^2 - 8x + 16$

f) $T(x) = -20x^2 + 14x - 2$

c) $T(x) = x^2 - 7x - 30$

g) $T(x) = \dfrac{1}{2}x^2 + \dfrac{11}{8}x + \dfrac{3}{4}$

d) $T(x) = 25x^2 - 9$

h) $T(x) = 10x^2 - 3x - 4$

Parameter in der Diskriminante

11. Bestimmen Sie die Werte des Parameters $k \in \mathbb{R} \setminus \{0\}$, für die die Gleichungen zwei, genau eine bzw. keine Lösungen haben:

a) $2x^2 + 4x - 3k = 0$

c) $4x^2 + 3kx - k^2 = 0$

b) $kx^2 + 6x + 1 = 0$

d) $kx^2 - x + \dfrac{1}{3} = 0$

12. Bestimmen Sie die Werte des Parameters $m \in \mathbb{R}$, für die die Gleichungen eine einelementige Lösungsmenge haben. Geben Sie für diesen Fall die Lösungsmenge an.

a) $2x^2 - 6mx + 8 = 0$

c) $3x^2 + 5mx + m = 0$

b) $mx^2 + 2mx - 3 = 0$

d) $mx^2 - x + \dfrac{9}{4} = 0$

Vermischte Aufgaben

13. Gegeben ist die Gleichung $\dfrac{m}{x-2} = \dfrac{x}{x^2+1}$ mit der Variablen x, $m \in \mathbb{R}$.

    a) Geben Sie die Definitionsmenge der Gleichung an.

    b) Für welchen Wert vom m lässt sich die Gleichung in eine lineare Gleichung umformen?

    c) Setzen Sie für m den Wert 1 ein und lösen Sie die erhaltene Gleichung.

    d) Für $m \neq 1$ lässt sich die Gleichung in eine quadratische Gleichung umformen. Berechnen Sie ihre Diskriminante.

    e) Bestimmen Sie die Werte von m, für die die Gleichung eine einelementige Lösungsmenge hat.

    f) Setzen Sie $m = \dfrac{1+\sqrt{5}}{2}$ und lösen Sie die erhaltene Gleichung.

    g) Lösen Sie die Gleichung, wenn $m = 0{,}5$ ist.

    h) Zeigen Sie, dass für $m = 2$ die Lösungsmenge der Gleichung leer ist.

    i) Setzen Sie $m = \dfrac{3}{2}$ und bringen Sie die Gleichung auf die Hauptform.

    Führen Sie eine Linearfaktorzerlegung durch.

14. Gegeben ist die Gleichung $m(x^2 + 1) + 2(m + 2)x = 0$ mit der Variablen x, $m \in \mathbb{R}$.

    a) Für welchen Wert von m ist die Gleichung linear? Geben Sie die Lösungsmenge dieser linearen Gleichung an.

    b) Setzen Sie $m = 3$ und lösen Sie die erhaltene Gleichung.

    c) Für welchen Wert von m hat die Gleichung eine einelementige Lösungsmenge?

    d) Zeigen Sie, dass für $m = -2$ die Gleichung eine leere Lösungsmenge hat.

    e) Für $m = 8$ erhält man die Gleichung $8(x^2 + 1) + 20x = 0$. Zerlegen Sie den Term auf der linken Seite der Gleichung in Linearfaktoren.

Nullstellen von quadratischen Funktionen

15. Berechnen Sie die Nullstellen folgender Funktionen:

    a) $f : x \mapsto x^2 - 2x - 8,\ x \in \mathbb{R}$

    b) $f : x \mapsto 2x^2 - 18x - 20,\ x \in \mathbb{R}$

    c) $f : x \mapsto x^2 - 7x + 10,\ x \in \mathbb{R}$

    d) $f : x \mapsto \dfrac{1}{2}x^2 - 2x - 16,\ x \in \mathbb{R}$

    e) $f : x \mapsto -\dfrac{1}{3}x^2 + x + \dfrac{4}{3},\ x \in \mathbb{R}$

    f) $f : x \mapsto \dfrac{1}{10}x^2 - 1{,}4x + 4{,}8,\ x \in \mathbb{R}$

16. Berechnen Sie die Achsenschnittpunkte der Graphen:

    a) $f(x) = 0{,}5x^2 + 0{,}5x - 1$

    b) $f(x) = 2x^2 - 4x + \dfrac{3}{2}$

    c) $f(x) = \dfrac{1}{3}x^2 - 3x + 3$

    d) $f(x) = -x^2 + x - 2$

Schnittpunkte von Graphen

17. Berechnen Sie die Koordinaten der Schnittpunkte der Graphen von folgenden Funktionen:

a) $f : x \mapsto 2, x \in \mathbb{R}; g : x \mapsto x^2 - x, x \in \mathbb{R}$

b) $f : x \mapsto 3x^2 + 5x - 2, x \in \mathbb{R}; g : x \mapsto 2x^2 + 6x - 2, x \in \mathbb{R}$

c) $f : x \mapsto 2x^2 - 4x + 1, x \in \mathbb{R}; g : x \mapsto x^2 + 3x - 5, x \in \mathbb{R}$

d) $f : x \mapsto x^2 - 2x + 1, x \in \mathbb{R}; g : x \mapsto x + 5, x \in \mathbb{R}$

e) $f : x \mapsto 4x + 6, x \in \mathbb{R}; g : x \mapsto x^2 + 3x + 4, x \in \mathbb{R}$

f) $f : x \mapsto x^2 - 8, x \in \mathbb{R}; g : x \mapsto -4, x \in \mathbb{R}$

g) $f : x \mapsto 2x^2 + 5x + 7, x \in \mathbb{R}; g : x \mapsto x^2 - 4x - 1, x \in \mathbb{R}$

18. Berechnen Sie die Koordinaten der Schnittpunkte der Graphen von f und g in Abhängigkeit des Parameters:

a) $f_a : x \mapsto x^2 - ax + 4, x \in \mathbb{R}; g : x \mapsto 3x + 4, x \in \mathbb{R}$

b) $f_a : x \mapsto 2x^2 + 3ax - 2, x \in \mathbb{R}; g : x \mapsto x - 2, x \in \mathbb{R}$

c) $f_a : x \mapsto ax^2 - 1, x \in \mathbb{R}; g : x \mapsto 3, x \in \mathbb{R} \; (a \neq 0)$

d) $f_a : x \mapsto ax(ax - 4), x \in \mathbb{R}; g : x \mapsto -4, x \in \mathbb{R} \; (a \neq 0)$

e) $f : x \mapsto \dfrac{1}{2}x^2 + 2x - 1, x \in \mathbb{R}; g_m : x \mapsto mx - 1, x \in \mathbb{R}$

f) $f : x \mapsto 3x^2 - 4x + 2, x \in \mathbb{R}; g_m : x \mapsto -4x + m, x \in \mathbb{R}$

g) $f : x \mapsto -\dfrac{3}{2}x^2 + 2x, x \in \mathbb{R}; g_m : x \mapsto -mx, x \in \mathbb{R}$

19. Untersuchen Sie, für welche Werte des Parameters $t \in \mathbb{R}$ die Graphen der Funktionen f und g keinen, genau einen oder zwei gemeinsame Punkte haben:

a) $f_t : x \mapsto 2x^2 + x + t, x \in \mathbb{R}; g : x \mapsto x + 2, x \in \mathbb{R}$

b) $f : x \mapsto -3x^2 + 2x + 1, x \in \mathbb{R}; g_t : x \mapsto 2x + t, x \in \mathbb{R}$

c) $f_t : x \mapsto 2x^2 + tx + 2, x \in \mathbb{R}; g_t : x \mapsto t(x + 2), x \in \mathbb{R}$

d) $f_t : x \mapsto 2x^2 + 2tx - 4t, x \in \mathbb{R}; g_t : x \mapsto 6x - 0{,}5t^2, x \in \mathbb{R}$

e) $f_t : x \mapsto x^2 + 3tx - 4t^2, x \in \mathbb{R}; g_t : x \mapsto -x^2 + x(t + 6), x \in \mathbb{R}$

Textaufgaben

20. Einem Kreis mit dem Durchmesser 5,0 cm ist ein Rechteck mit dem Umfang von 14 cm einzubeschreiben. Berechnen Sie die Länge und Breite des Rechtecks.

21. Berechnen Sie die Länge und Breite eines Rechtecks mit dem Umfang von 27 cm und dem Flächeninhalt von 45 cm^2.

22. Die Länge eines Rechtecks ist um 7 cm größer als die Breite. Der Flächeninhalt beträgt 450 cm^2. Wie lang sind die Seiten?

23. Verlängert man die eine Seite eines Quadrats um 4 m und verkürzt die andere um 3 m, so entsteht ein Rechteck, dessen Flächeninhalt so groß wie die des ursprünglichen Quadrats ist. Berechnen Sie die Seitenlänge des Quadrats.

24. Welche Zahl ist um 0,45 größer als ihr Kehrwert?

25. Zwei Flugzeuge legen einen Weg von 900 km bei konstanter Geschwindigkeit zurück. Bestimmen Sie die Geschwindigkeit der Flugzeuge und die Flugzeit, wenn das zweite um 50 $\dfrac{\text{km}}{\text{h}}$ schneller war als das erste und deshalb eine Viertelstunde früher ankam.

26. An einer Seite eines zweiarmigen Hebels greift eine Gewichtskraft vom Betrag 40 N im Abstand 3,0 dm vom Drehpunkt an. Sie hält einer unbekannten Last auf der anderen Seite das Gleichgewicht. Vergrößert man die Last um 20 N und schiebt sie um 1,0 dm näher an den Drehpunkt, so ist das Gleichgewicht wieder hergestellt. Berechnen Sie den Betrag der Last und ihren anfänglichen Abstand vom Drehpunkt.

27. In welcher Zeit und zu welchem Zinssatz trägt ein Kapital von 20 000 EUR einfache Zinsen in der Höhe von 2 800 EUR, wenn bei einem um 1,5 % kleineren Zinssatz 3 Jahre mehr dazu benötigt werden?

28. Bei einem Kapital von 10 000 EUR wurden die Zinsen am Ende des ersten Jahres nicht abgehoben. Im zweiten Jahr gewährte die Bank einen um 1 % höheren Zinssatz. Zu wie viel Prozent wurde das Kapital im ersten Jahr verzinst, wenn am Ende des zweiten Jahres 10 712 EUR auf dem Konto lagen?

29. Ein Unternehmer stellt zwei Massenartikel A und B her. Es stellt sich heraus, dass die Abhängigkeit der Absatzmengen $d_1(t)$ und $d_2(t)$ von der Zeit durch folgende Funktionen beschrieben wird: A: $d_1(t) = 2t + 9$; B: $d_2(t) = -t^2 + 8t + 4$.
    a) Zu welchen Zeitpunkten sind die beiden Absatzmengen gleich?
    b) Wann erreicht die Absatzmenge $d_2(t)$ ihr Maximum?
    c) Zeichnen Sie die Diagramme der beiden Absatzmengen.

3.6 Quadratische Ungleichungen

Eine quadratische Funktion sei durch ihre Gleichung $y = f(x)$ gegeben, jedoch ihr Graph sei nicht gezeichnet. Sehr oft stellt sich die Frage, in welchen Intervallen der x-Achse die Funktionswerte positiv bzw. negativ sind. Um diese Frage zu beantworten, müssen die quadratischen Ungleichungen $f(x) > 0$ bzw. $f(x) < 0$ gelöst werden.

3.6.1 Definition

> Eine Ungleichung über der Definitionsmenge $D \subseteq G$ heißt **quadratisch** oder **zweiten Grades,** wenn sie die Form $ax^2 + bx + c < 0$ bzw. $ax^2 + bx + c > 0, a \neq 0$ hat.

Hinweis: Die Form $ax^2 + bx + c \geq 0$ ist die Disjunktion ($\rightarrow$ Seite 223) der Ungleichung $ax^2 + bx + c < 0$ und der Gleichung $ax^2 + bx + c = 0$.

Die Lösungsmethoden der quadratischen Ungleichungen sind durch die folgenden Beispiele erklärt.

3.6.2 Lösung durch Fallunterscheidung

Beispiele

a) $(x - 4)(2x + 1) > 0$, $D = \mathbb{R}$

Zur Lösung der Ungleichung führt man eine Fallunterscheidung gemäß folgender Zerlegung durch: $a \cdot b > 0 \Leftrightarrow (a > 0 \wedge b > 0) \vee (a < 0 \wedge b < 0)$, d.h., ein Produkt ist genau dann größer als Null, wenn entweder beide Faktoren größer als Null oder beide Faktoren kleiner als Null sind.

Lösung:

$(x - 4 > 0 \wedge 2x + 1 > 0) \vee (x - 4 < 0 \wedge 2x + 1 < 0) \Leftrightarrow$	Fallunterscheidung
$(x > 4 \wedge 2x > -1) \qquad \vee (x < 4 \wedge 2x < -1) \Leftrightarrow$	Vereinfachungen
$(x > 4 \wedge 2x > -\dfrac{1}{2}) \qquad \vee (x < 4 \wedge x < -\dfrac{1}{2})$	Auflösung nach x
$\mathbb{L}_1 = \,]\,4;\, +\infty\,[\qquad \mathbb{L}_2 = \,]-\infty;\, -\dfrac{1}{2}\,[$	Teillösungen
$\mathbb{L} = \mathbb{L}_1 \cup \mathbb{L}_2 = \,]-\infty;\, -\dfrac{1}{2}\,[\,\cup\,]\,4;\, +\infty\,[$	Vereinigung der Teillösungen
$= \mathbb{R} \setminus \left[-\dfrac{1}{2};\, 4\right]$	Vereinfachte Darstellung der Gesamtlösung

b) $(-x + 2)(x - 3) \leq 0$, $D = \mathbb{R}$

Zur Lösung der Ungleichung führt man eine Fallunterscheidung gemäß folgender Zerlegung durch: $a \cdot b \leq 0 \Leftrightarrow (a \leq 0 \wedge b \geq 0) \vee (a \geq 0 \wedge b \leq 0)$, d.h., ein Produkt ist genau dann kleiner oder gleich als Null, wenn jeweils ein Faktor kleiner oder gleich und der andere Faktor größer oder gleich Null ist. Die Fälle $a = 0$ oder $b = 0$ sind in der Zerlegung bereits enthalten.

Lösung:

$(-x + 2 \leq 0 \wedge x - 3 \geq 0) \vee (-x + 2 \geq 0 \wedge x - 3 \leq 0) \Leftrightarrow$	Fallunterscheidung
$(x \geq 2 \wedge x \geq 3) \qquad \vee (x \leq 2 \wedge x \leq 3)$	Auflösung nach x
$\mathbb{L}_1 = [\,3;\, +\infty\,[\qquad \mathbb{L}_2 = \,]-\infty;\, 2\,]$	Teillösungen
$\mathbb{L} = \mathbb{L}_1 \cup \mathbb{L}_2 = \,]-\infty;\, 2\,] \cup [\,3;\, +\infty[$	Vereinigung der Teillösungen
$= \mathbb{R} \setminus \,]\,2;\, 3[$	Vereinfachte Darstellung der Gesamtlösung

3.6.3 Lösung durch eine Vorzeichentabelle

Beispiele

a) $\dfrac{1}{2}x^2 - x - 4 > 0$, $D = \mathbb{R}$

Die Lösung dieser Ungleichung gibt die Antwort auf die Frage, für welche Bereiche der x-Achse der Graph von $y = \dfrac{1}{2}x^2 - x - 4$ (Parabel) über der x-Achse liegt.

Lösung:

Zunächst wird man die Nullstellen der quadratischen Funktion berechnen:

$$\frac{1}{2}x^2 - x - 4 = 0 \Leftrightarrow x = \frac{1 \pm \sqrt{1 - 4 \cdot \frac{1}{2} \cdot (-4)}}{2 \cdot \frac{1}{2}} \Leftrightarrow x = 1 \pm \sqrt{9} \Leftrightarrow x = -2 \vee x = 4$$

Nullstellen: $x_1 = -2$, $x_2 = 4$

Da der Koeffizient von x^2 positiv ist, ist die Parabel nach oben geöffnet, also liegt ihr Scheitel zwischen den Nullstellen und unterhalb der x-Achse.

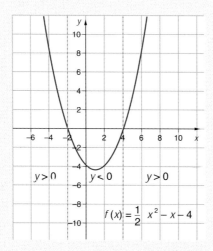

Aufgrund der Skizze ergibt sich die folgende Tabelle:

x			-2			4	
$sgn\ y$	....	$+1$	0	....	-1	0	.... $+1$ ....
		positiv			negativ		positiv

Zur Bedeutung von *sgn* → Seite 121.

Die Bereiche, in denen das Vorzeichen von y positiv ist, gehören zur Lösungsmenge der Ungleichung. Die Lösungsmenge der Ungleichung ist demnach $\mathbb{L} = \mathbb{L}_1 \cup \mathbb{L}_2 = \,]-\infty; -2\,[\, \cup\,]4; +\infty\,[$ oder $\mathbb{L} = \mathbb{R}\setminus[-2; 4]$.

b) Gesucht ist die Lösungsmenge der Ungleichung $2x^2 - 4x + 3 > 0$, $D = \mathbb{R}$.

Lösung:

Die Diskriminante der Gleichung $2x^2 - 4x + 3 = 0$ ist $\Delta = 16 - 4 \cdot 2 \cdot 3 = -8 < 0$, daher hat die quadratische Funktion $y = 2x^2 - 4x + 3$ keine Nullstellen. Da der Koeffizient von x^2 positiv ist, ist die Parabel nach oben geöffnet, also liegt ihr Scheitel oberhalb der x-Achse. Daraus folgt, dass die Funktionswerte für alle x positiv sein müssen. Die Lösungsmenge der Ungleichung ist $\mathbb{L} = \mathbb{R}$.

The following graph shows the parabola.

y-axis labeled with values 6, 5, 4, 3, 2, 1, −1, −2; x-axis labeled −4, −3, −2, −1, 1, 2, 3, 4.

$$f(x) = 2x^2 - 4x + 3$$

c) Gesucht ist die Lösungsmenge der Ungleichung $2x^2 - 4x + 3 < 0$, $D = \mathbb{R}$.

Lösung:

Nach den Ergebnissen von Beispiel b) kann es keine negativen Funktionswerte der dazu gehörenden quadratischen Funktion geben, also ist $\mathbb{L} = \varnothing$.

Fallunterscheidung

1. Lösen Sie folgende Ungleichungen ($D = \mathbb{R}$) und geben Sie die Lösungsmenge an:

a) $(4 + x)(2 - x) \le 0$

e) $(3x + 1)(-2)(-2 + x) < 0$

b) $\left(\dfrac{1}{2}x + \dfrac{3}{2}\right)\left(4x - \dfrac{5}{2}\right) > 0$

f) $(2x - 50)(4x + 25) > 0$

c) $(-2x + 4)(x - 5) < 0$

g) $8x^2 + 4x < 0$

d) $-3 \cdot (x + 6)(x - 2) \ge 0$

h) $-2x^2 - 6x > 0$

Gesucht ist die Lösungsmenge folgender Ungleichung:

$x^2 - 3x - 4 < 0$, $D = \mathbb{R}$

Lösung:

$x^2 - 3x - 4 = 0$	Normalform der dazu gehörenden quadratischen Gleichung
$x_1 = 4$, $x_2 = -1$	Lösungen der Gleichung
$(x - 4)(x + 1) < 0$	Ungleichung in Linearfaktoren zerlegt
$(x - 4 > 0 \wedge x + 1 < 0) \vee (x - 4 < 0 \wedge x + 1 > 0)$	Fallunterscheidung
$(x > 4 \wedge x < -1) \quad \vee \quad (x < 4 \wedge x > -1)$	Vereinfachungen
$\mathbb{L}_1 = \varnothing \qquad\qquad \mathbb{L}_2 = \,]-1; 4\,[$	Teillösungen
$\mathbb{L} = \mathbb{L}_2 = \,]-1; 4\,[$	Gesamtlösung

Aufgabe

2. Lösen Sie folgende Ungleichungen, indem Sie den quadratischen Term in Linearfaktoren zerlegen ($D = \mathbb{R}$):

a) $x^2 - 14x + 24 > 0$

d) $x^2 - 2x + \dfrac{7}{16} \geq 0$

b) $\dfrac{1}{4}x^2 + \dfrac{3}{2}x - 10 \geq 0$

e) $\dfrac{1}{5}x^2 - \dfrac{1}{25}x < 0$

c) $-x^2 + \dfrac{19}{3}x - 2 < 0$

f) $\dfrac{1}{4}x^2 + 5x + 18,75 \leq 0$

Vorzeichentabelle

3. Lösen Sie folgende Ungleichungen ($D = \mathbb{R}$) durch Anlegen einer Vorzeichentabelle:

a) $x^2 - 3x + 2 > 0$

i) $2(x - 3)^2 \leq 18$

b) $x^2 + 2x - 35 > 0$

k) $\dfrac{1}{2}(x + 5)^2 > 8$

c) $x^2 - x + 5 \leq 0$

d) $-x^2 + 10x - 21 < 0$

l) $\dfrac{x^2 + 5x}{2} \leq 25$

e) $2x^2 - 6x - 80 \geq 0$

f) $0,5x^2 - 8x + 7,5 \leq 0$

m) $-x^2 + 4,5x > 2$

g) $6x^2 - 24 < 0$

n) $(x - 2)^2 \geq 2$

h) $x^2 - 9 \geq 0$

o) $81 > (3x - 1)^2$

4. Geben Sie an, ob die Lösungsmenge $\mathbb{R}$ oder $\varnothing$ ist:

a) $x^2 + 1 > 0$

d) $-2(x - 3)^2 - 8 > 0$

b) $(4x + 5)^2 < -4$

e) $\dfrac{1}{10}x^2 - \dfrac{5}{2}x + \dfrac{9}{2} > 0$

c) $x^2 - 4x + 5 > 0$

f) $-5x^2 - 20x - 25 > 0$

Aufgabe
Muster

Doppelungleichungen

$-1 < x^2 - 2x < 24, \ D = \mathbb{R}$

Diese Doppelungleichung ist eine Konjunktion von den zwei Ungleichungen
(1) $-1 < x^2 - 2x$ und (2) $x^2 - 2x < 24$

Lösung von (1):

$-1 < x^2 - 2x \Leftrightarrow x^2 - 2x + 1 > 0 \Leftrightarrow$	Umstellung
$(x - 1)^2 > 0$	Binomische Formel links
$\mathbb{L}_1 = \mathbb{R} \setminus \{1\}$	Teillösung

Lösung von (2):

$x^2 - 2x < 24 \Leftrightarrow x^2 - 2x - 24 < 0 \Leftrightarrow$	Normalform
$(x - 6)(x + 4) < 0$	Linearfaktorzerlegung
$(x - 6)(x + 4) < 0 \Leftrightarrow$	Produktungleichung
$(x - 6 < 0 \wedge x + 4 > 0) \vee (x - 6 > 0 \wedge x + 4 < 0)$	Linearfaktorzerlegung
$(x < 6 \wedge x > -4) \vee (x > 6 \wedge x < -4)$	Vereinfachungen
$\mathbb{L}_2 = \ ]-4; 6[\qquad \mathbb{L}_3 = \varnothing$	Teillösungen
$\mathbb{L} = \mathbb{L}_1 \cap (\mathbb{L}_2 \cup \mathbb{L}_3) = \ ]-4; 6[\ \setminus \{1\}$	Gesamtlösung aus (1) und (2)

5. Ermitteln Sie die Lösungsmengen folgender quadratischer Doppelungleichungen ($D = \mathbb{R}$):

a) $4 \leq x^2 \leq 9$

c) $15 \geq x^2 - 1 \geq 3$

b) $16 \leq (x - 3)^2 \leq 49$

d) $-52 \leq x^2 - 8x - 4 \leq -20$

Vermischte Aufgaben

6. Gegeben ist der Term $T_m(x) = mx^2 + 2x - 3$ mit der Variablen $x \in \mathbb{R}$ und dem reellen Parameter m.

a) Setzen Sie $m = 0$ und lösen Sie die Ungleichung $T_0(x) \leq 5$.

b) In welchem Bereich von $\mathbb{R}$ hat der Term $T_1(x) = x^2 + 2x - 3$ positive Werte?

c) Die Gleichung $T_m(x) = 0$ ist für $m \neq 0$ quadratisch. Bestimmen Sie deren Diskriminante.

d) Bestimmen Sie m so, dass die Gleichung $T_m(x) = 0$ zwei gleiche Lösungen hat.

e) In welchem Bereich von $\mathbb{R}$ darf m Werte annehmen, damit die Gleichung $T_m(x) = 0$ zwei reelle Lösungen hat?

7. Gegeben ist der Term $T_m(x) = mx^2 + 2x + m$ mit der Variablen $x \in \mathbb{R}$ mit dem reellen Parameter m.

a) Setzen Sie $m = 0$ und lösen Sie die Ungleichung $3T_0(x) - 5 \geq T_0(x) + 1$.

b) Zeigen Sie, dass der Term $T_2(x) = 2x^2 + 2x + 2$ für alle $x \in \mathbb{R}$ positiv ist.

c) Lösen Sie die Ungleichung $T_1(x) \leq 5$.

d) Für $m \neq 0$ ist die Gleichung $T_m(x) = 0$ quadratisch. Bestimmen Sie deren Diskriminante.

e) In welchem Bereich von $\mathbb{R}$ darf m Werte annehmen, damit die Gleichung $T_m(x) = 0$ zwei verschiedene reelle Lösungen hat?

f) Bestimmen Sie m so, dass $T_m(x) = 0$ eine einelementige Lösungsmenge hat.

3.7 Bruchungleichungen

3.7.1 Definition

> Ungleichungen der Form $\dfrac{ax + b}{cx + d} > 0$ oder $\dfrac{ax + b}{cx + d} < 0$ mit $c \neq 0$ und $x \in D$
>
> sind lineare **Bruchungleichungen.**

Die Aussageform $\dfrac{ax + b}{cx + d} \geq 0$ bzw. $\dfrac{ax + b}{cx + d} \leq 0$ ist die Disjunktion einer Bruchgleichung und einer Bruchungleichung.

3.7.2 Lösungsverfahren

Die Lösung der Bruchungleichung erfolgt über eine Fallunterscheidung unter Berücksichtigung, dass ein Bruch insgesamt positiv (> 0) ist, wenn Zähler und Nenner das **gleiche** Vorzeichen haben, und ein Bruch insgesamt negativ (< 0) ist, wenn Zähler und Nenner **verschiedene** Vorzeichen haben:

$$\frac{ax + b}{cx + d} > 0 \Leftrightarrow (ax + b > 0 \wedge cx + d > 0) \vee (ax + b < 0 \wedge cx + d < 0)$$

$$\frac{ax + b}{cx + d} < 0 \Leftrightarrow (ax + b > 0 \wedge cx + d < 0) \vee (ax + b < 0 \wedge cx + d > 0)$$

Hinweis: Beachten Sie die Ähnlichkeit der Lösungsverfahren für quadratische Ungleichungen und Bruchungleichungen.

Beispiele

a) $\dfrac{-x + 6}{x - 1} \geq 0, D = \mathbb{R} \setminus \{1\}$ Bruchungleichung

$\dfrac{-x + 6}{x - 1} \geq 0 \Leftrightarrow (-x + 6 > 0 \wedge x - 1 > 0)$ Fallunterscheidung
$\vee (-x + 6 < 0 \wedge x - 1 < 0)$
$\vee (-x + 6 = 0)$

$(x < 6 \wedge x > 1) \vee (x > 6 \wedge x < 1) \vee (x = 6)$ Vereinfachungen

$\mathbb{L} = \,] \, 1; 6 \, [\, \cup \, \varnothing \, \cup \{6\} = \,] \, 1; 6 \,]$ Lösungsmenge

Zum Gebrauch der Zeichen $\wedge$ und $\vee \to$ Anhang Seite 206.

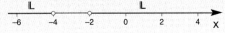

Lösungsmenge am Zahlenstrahl

b) $\dfrac{x - 2}{x + 2} < 3, D = \mathbb{R} \setminus \{-2\}$ Bruchungleichung

$\dfrac{x - 2}{x + 2} - 3 < 0 \Leftrightarrow \dfrac{-2x - 8}{x + 2} < 0$ Die Ungleichung wurde so umgeformt, dass rechts die 0 entsteht.

$\dfrac{-2x - 8}{x + 2} < 0 \Leftrightarrow (-2x - 8 > 0 \wedge x + 2 < 0)$ Fallunterscheidung
$\vee (-2x - 8 < 0 \wedge x + 2 > 0)$

$(x < -4 \wedge x < -2) \vee (x > -4 \wedge x > -2) \Leftrightarrow$ Ungleichungen wurden vereinfacht.

$(x < -4) \vee (x > -2)$ Die beiden Konjunktionen wurden ausgeführt.

$\mathbb{L} = \,] -\infty; -4 \, [\, \cup \,] -2; +\infty \, [\, = \mathbb{R} \setminus [-4; -2]$ Lösungsmenge

Zum Gebrauch der Zeichen $\wedge$ und $\vee \to$ Anhang Seite 224.

Lösungsmenge am Zahlenstrahl

Bruchungleichungen Aufgabe

1. Geben Sie die Definitionsmengen und die Lösungsmengen folgender Ungleichungen an:

   a) $\dfrac{2x + 1}{3x - 4} < 0$

   b) $\dfrac{x - 5}{6x + 1} > 0$

   c) $\dfrac{-3x - 5}{x + 2} \le 0$

   d) $\dfrac{7}{x - 4} > 0$

   e) $\dfrac{\frac{1}{4}x + \frac{3}{4}}{-\frac{4}{3}x + \frac{1}{2}} \le 0$

   f) $\dfrac{7 - 2x}{3x} \ge 0$

2. Geben Sie die Definitionsmengen und die Lösungsmengen folgender Ungleichungen an:

   a) $\dfrac{2x - 3}{4 + x} < 1$

   b) $\dfrac{x + 3}{2x - 1} > 1$

   c) $\dfrac{6x - 4}{x + 2} \le 2$

   d) $\dfrac{12x - 6}{4x + 1} \ge 2$

   e) $\dfrac{4x - 1}{x + 1} \le \dfrac{3}{2}$

   f) $\dfrac{-4x - 2}{3 + x} > \dfrac{4}{3}$

3. Geben Sie die Definitionsmengen und die Lösungsmengen folgender Ungleichungen an:

   a) $\dfrac{\frac{1}{3}x - \frac{1}{4}}{2x - 1} \le \dfrac{1}{8}$

   b) $\dfrac{-\frac{2}{5}x - \frac{1}{8}}{x + 3} \ge 2$

   c) $\dfrac{-\frac{1}{6}x + 3}{x - 2} \ge -\dfrac{1}{5}$

   d) $\dfrac{5}{\frac{1}{8}x - 4} \ge 0$

   e) $\dfrac{8 - 6x}{3 + x} \ge 4$

   f) $2 \le \dfrac{4x - 0,5}{2x + 6}$

4. In welchen Intervallen der x-Achse liegt der Graph folgender Funktionen
   unter der x-Achse?

   a) $f(x) = \dfrac{3x - 1}{x + 2}$

   b) $f(x) = \dfrac{3}{2x + 4}$

   c) $f(x) = 1 - \dfrac{x + 1}{x - 1}$

   d) $f(x) = -3 + \dfrac{x - 3}{x + 1}$

4 Potenzfunktionen

4.1 Potenzen und Wurzeln

Die Abschnitte 4.1.1 bis 4.1.4 enthalten lediglich eine Zusammenfassung von Regeln aus der Potenzlehre, die für die Bearbeitung der weiteren Inhalte dieses Buches wichtig sind. Auf Beweise und methodische Darstellung wird deswegen verzichtet.

4.1.1 Potenzen mit natürlichen Exponenten

Potenzen sind als abkürzende Schreibweise für Produkte aus n gleichen Faktoren ($n \in \mathbb{N}^*$) definiert. Der **Exponent** n gibt dabei die Anzahl der (gleichen) Faktoren a an.

$$a^n = \underbrace{a \cdot a \cdot a \cdot a \ldots a}_{n \text{ Faktoren}}$$

Hinweis: a nennt man die **Basis**, es ist $a^1 = a$.

Aus dieser Definition ergeben sich für $a, b \in \mathbb{R}$ und $m, n \in \mathbb{N}^*$ folgende Vorzeichenregel und folgende Rechenregeln:

Vorzeichenregel: $\quad (-a)^n = \begin{cases} a^n, & \text{falls } n \text{ gerade} \\ -a^n, & \text{falls } n \text{ ungerade} \end{cases}$

Rechenregeln (Potenzgesetze):

(1) $a^m \cdot a^n = a^{m+n}$

(2) $\dfrac{a^m}{a^n} = a^{m-n}$, wenn $m > n, a \neq 0$

(3) $a^n \cdot b^n = (ab)^n$

(4) $\dfrac{a^n}{b^n} = \left(\dfrac{a}{b}\right)^n, b \neq 0$

(5) $(a^m)^n = a^{mn}$

Potenzen können beim Multiplizieren und Dividieren nur dann zusammengefasst werden, wenn sie entweder **gleiche Basis** oder **gleiche Exponenten** haben.
Es gilt $(ab)^2 = a^2 \cdot b^2$, aber $(a + b)^2 \neq a^2 + b^2$

4.1.2 Potenzen mit ganzen Exponenten

$$a^{-n} = \frac{1}{a^n} = \left(\frac{1}{a}\right)^n \text{ für } a \neq 0 \text{ und } n \in \mathbb{N}^*$$

$$a^0 = 1 \text{ für } a \neq 0$$

Eine Potenz mit negativem Exponent ist also der **Kehrwert** der entsprechenden Potenz mit positivem Exponent.
Es gelten auch hier die Regeln (1) bis (5), wobei die Einschränkung $m > n$ bei Regel (2) wegfällt.

Beispiele

a) $a^2 : a^5 = \dfrac{a \cdot a}{a \cdot a \cdot a \cdot a \cdot a} = \dfrac{1}{a \cdot a \cdot a} = \dfrac{1}{a^3}$ oder kürzer

$a^2 : a^5 = a^{2-5} = a^{-3} = \dfrac{1}{a^3}$

b) $5^{3-3} = \dfrac{5^3}{5^3} = 1 \Rightarrow 5^0 = 1$

4.1.3 Die n-te Wurzel

Für $a \in \mathbb{R}_0^+$ ist die n-te Wurzel aus a (kurz: $\sqrt[n]{a}$) die nicht negative Lösung der Gleichung $x^n = a \cdot (n \in \mathbb{N} \setminus \{0, 1\})$

Die nicht negative reelle Zahl a heißt **Radikand**, die natürliche Zahl n heißt **Wurzelexponent**.
Für $n = 2$ erhält man wieder die Quadratwurzel $\sqrt{a}$ aus 1.6.

Beispiele

a) $x^3 = 27 \Rightarrow x = \sqrt[3]{27} = 3$

b) $x^3 = -64 \Rightarrow x = -\sqrt[3]{64} = -4$

c) $x^4 = \dfrac{16}{625} \Leftrightarrow x = \pm\sqrt[4]{\dfrac{16}{625}} = \pm\dfrac{2}{5}$

d) $x^5 = 0 \Rightarrow x = \sqrt[5]{0} = 0$

4.1.4 Potenzen mit rationalen Exponenten

Nach der ersten Erweiterung des Potenzbegriffs in 4.1.2 soll jetzt auch ein rationaler Exponent zugelassen werden. Die Potenzgesetze (1) mit (5) sollen dann auch für diese Exponenten gelten.

$$a^{\frac{1}{n}} = \sqrt[n]{a},\ a \geq 0,\ n \in \mathbb{N}^*$$

Nach 4.1.3 ist $\sqrt[n]{a}$ eine nicht negative Lösung der Gleichung $x^n = a$. Aber auch $a^{\frac{1}{n}}$ ist Lösung derselben Gleichung, denn es gilt $(a^{\frac{1}{n}})^n = a^{\frac{1 \cdot n}{n}} = a$. Das rechtfertigt die genannte Definition.

Für $a \geq 0$ und $m, n \in \mathbb{N}^*$ gilt:

$$a^{\frac{m}{n}} = (a^m)^{\frac{1}{n}} = \sqrt[n]{a^m} \, , \quad a^{\frac{m}{n}} = (a^{\frac{1}{n}})^m = (\sqrt[n]{a})^m$$

Alle Rechenregeln für Wurzeln lassen sich demnach auf die Potenzgesetze zurückführen.

Beispiele

a) $\sqrt[3]{16} \cdot \sqrt{8} \cdot \sqrt[6]{2} = 16^{\frac{1}{3}} \cdot 8^{\frac{1}{2}} \cdot 2^{\frac{1}{6}} = 2^{\frac{4}{3}} \cdot 2^{\frac{3}{2}} \cdot 2^{\frac{1}{6}} = 2^{\frac{4}{3} + \frac{3}{2} + \frac{1}{6}} = 2^{\frac{18}{6}} = 2^3$

b) $\sqrt[4]{\sqrt{c^3} \cdot c^5} = (c^{\frac{3}{2}} \cdot c^5)^{\frac{1}{4}} = c^{\left(\frac{3}{2} + \frac{10}{2}\right) \cdot \frac{1}{4}} = c^{\frac{13}{8}} = \sqrt[8]{c^{13}}$

c) $\dfrac{\sqrt[3]{2} \cdot \sqrt{5}}{\sqrt[4]{10}} = 2^{\frac{1}{3}} \cdot 5^{\frac{1}{2}} \cdot (2 \cdot 5)^{-\frac{1}{4}} = 2^{\frac{1}{3} - \frac{1}{4}} \cdot 5^{\frac{1}{2} - \frac{1}{4}} = 2^{\frac{1}{12}} \cdot 5^{\frac{1}{4}} \cdot \sqrt[12]{2} \cdot \sqrt[4]{5}$

Hinweis: Die Ausdehnung des Potenzbegriffs auf irrationale Exponenten wie z.B. a^π oder $x^{\sqrt{2}}$ ist möglich, das Thema geht aber über den Rahmen des Lehrplans hinaus.

Aufgabe

Ausklammern von Potenzen

1. Klammern Sie gemeinsame Faktoren aus und fassen Sie dann so weit wie möglich zusammen:

a) $5 \cdot 3^a - 2 \cdot 3^a$

g) $54 \cdot 3^{k-3} + 2 \cdot 3^{k+2} - 24 \cdot 3^{k-1} - 4 \cdot 3^{k+1}$

b) $2^{x+2} + 6 \cdot 2^{x+1}$

h) $3^{2x+1} : 3^{x+1} + 8 \cdot 3^x$

c) $3 \cdot 2^x + 5 \cdot 2^2$

i) $3 \cdot 2^{a-1} + 4 \cdot 2^{a-1} + 2^{a+2} - 5 \cdot 2^{a-2}$

d) $3^{a+1} + 6 \cdot 3^a$

k) $3^p - \dfrac{2}{3} \cdot 3^p + \dfrac{5}{3} \cdot 3^{p+1}$

e) $9^{x+1} : 3^{x+2} + 8 \cdot 3^x$

l) $ax^r - x^r$

f) $3 \cdot 3^{x+2} + 2 \cdot 3^{x-1}$

m) $7x^4 - 5x^3 - 6x^4 + 6x^3$

Potenzregeln

2. Fassen Sie jeweils zu einer Potenz zusammen:

a) $a \cdot a^6 \cdot a^0 \cdot a^{-2}$

e) $x^k \cdot x^{3-k}$

i) $9^{-3} \cdot \left(\dfrac{1}{3}\right)^{-5}$

b) $\dfrac{x^3 \cdot x^{-4} \cdot x \cdot x^{-1}}{y^4 \cdot y^{-2} \cdot y^{-3} \cdot y}$

f) $e^{m-1} : e^{m+1}$

k) $(7^{-2})^-$

$4 : (7^4)^{-3}$

c) $b^3 : b^{-4}$

g) $27 \cdot 3^{-5}$

l) $(-8)^6 : (-4^3)^{-2}$

3. Fassen Sie jeweils zu einer Potenz zusammen:

a) $y^3 : y^{-5}$

e) $8 \cdot 2^{-6}$

i) $(-4)^6 : (-8^3)^{-2}$

b) $x^{-3} \cdot x^{-2}$

f) $\dfrac{1}{16} \cdot 2^{-3}$

k) $y^{3k} \cdot y^{k-1}$

c) $a^x : a^{2+x}$

g) $25^{-3} \cdot \left(\dfrac{1}{5}\right)^{-4}$

l) $z^{2m} \cdot z^{1-m}$

d) $a^{b+2} : a^{3-b}$

h) $(6^{-3})^5 : (6^{-4})^{-3}$

m) $u^{6n} \cdot u^{4n+1} \cdot u^{-9n}$

4. Fassen Sie so weit wie möglich zusammen und schreiben Sie die Ergebnisse ohne Brüche:

a) $\dfrac{(mn)^3 p}{(mp)^3 n^4}$

e) $\dfrac{p^{-3} \cdot q^2}{(2x)^3} \cdot \dfrac{(4xy)^4}{p^4 q^3}$

b) $\dfrac{(3^{-2}cd^3e^0)^{-4}}{2(c^{-1}d)^{-2}} : \left(9 \cdot \dfrac{c}{d^2}\right)^3$

f) $\dfrac{28x^3 y^m}{u^{-4} \cdot 25v} : \dfrac{7x^4 \cdot y^{m-1}}{u^{-5} \cdot 5 \cdot v^{-1}}$

c) $\dfrac{(25ab^{-1})^{-3}}{3\,(b^2ca^{-2})^5} : \left(\dfrac{5^{-2}a^3b}{3a^0b^{-2}}\right)^3$

g) $\dfrac{x^3 \cdot y^{-2}}{z^{-4} \cdot w^{-5}} : \dfrac{z^{-6} \cdot w^{-1}}{x^{-3} \cdot y^{-3}}$

d) $\dfrac{(36x^{-1}y)^{-3}}{3\,(x^2y^{-2})^5} : \left(\dfrac{6^{-2}x^3y}{6x^0y^{-2}}\right)^2$

h) $\dfrac{(2p)^{-2}}{(3q)^{-4}} : \dfrac{(8p^2)^{-1}}{(9q)^2}$

5. Schreiben Sie in möglichst einfacher Form:

a) $(-x^{-3})^{-2}$

c) $(-c^5)^{-3}$

e) $(2^{-2}a^{-3})^4$

b) $(-y^4)^3$

d) $(-u^{-1})^{-3}$

f) $(x^3)^{2a}$

6. Schreiben Sie in der Form $z \cdot 10^n$, wobei $z \neq 0$ nur eine Ziffer vor dem Komma haben soll (Gleitkommadarstellung):

a) $5 \cdot 10^{-3} \cdot 6 \cdot 10^2$

e) $9{,}23 \cdot 10^4 \cdot (-7{,}46) \cdot 10^{-5} \cdot 10$

b) $2{,}5 \cdot 10^2 \cdot 4 \cdot 10^{-3}$

f) $3{,}8 \cdot 10^8 \cdot 4{,}35 \cdot 10^{-7} \cdot 60$

c) $6{,}5 \cdot 10^4 \cdot 1{,}5 \cdot 10^{-4} \cdot 2 \cdot 10^3$

g) $\dfrac{6 \cdot 10^{-5} \cdot 18 \cdot 10^4}{9 \cdot 10^{-6} \cdot 30 \cdot 10^5}$

d) $0{,}4 \cdot 10^3 \cdot 2{,}5 \cdot 10^{-4}$

h) $\dfrac{15 \cdot 10^{-3}}{2{,}5 \cdot 10^{-4}} \cdot 10^0$

4.2 Funktionen

4.2.1 Definition

Funktionen der Form $f : x \mapsto x^{\alpha}$, $x \in D$ mit $\alpha \in \mathbb{R}$ und $D \subset \mathbb{R}$ heißen
Potenzfunktionen.

Die maximale Definitionsmenge D hängt von der Funktion ab, die durch den jeweiligen Exponenten α gegeben ist.

Spezialfälle:

a) $\alpha = 0 \Rightarrow f : x \mapsto x^0$, $x \in \mathbb{R} \setminus \{0\}$

Funktionsgleichung: $y = 1$, $x \in \mathbb{R} \setminus \{0\}$
Die Funktion hat für alle x außer 0
den Wert 1, daher besteht ihr Graph
aus zwei Halbgeraden, die parallel
zur x-Achse laufen.
Der Graph ist achsensymmetrisch
zur y-Achse.

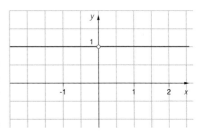

Graph von f (x) = x⁰

b) $\alpha = 1 \Rightarrow f : x \mapsto x$, $x \in \mathbb{R}$

Funktionsgleichung: $y = x$, $x \in \mathbb{R}$
Der Funktionswert y ist stets gleich
dem x-Wert, daher ist der Graph die
Winkelhalbierende des I. und III.
Quadranten des Koordinatensys-
tems.
Der Graph ist punktsymmetrisch zur
y-Achse.

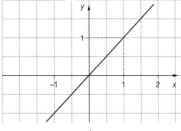

Graph von f (x) = x¹

c) $\alpha = 2 \Rightarrow f : x \mapsto x^2$, $x \in \mathbb{R}$

Funktionsgleichung: $y = x^2$, $x \in \mathbb{R}$
Der Graph ist die Normalparabel
($\rightarrow$ siehe Seite 61) und damit achsensymmetrisch zur y-Achse.

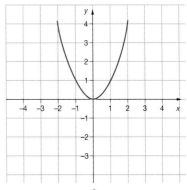

Graph von f (x) = x²

Ist der Exponent α eine **natürliche Zahl,** lassen sich zwei Funktionsfamilien
unterscheiden, deren Graphen untereinander gleiche Eigenschaften aufwei-

sen: die Familie mit ungeraden Exponenten 3, 5, 7, … sowie die Familie mit geraden Exponenten 2, 4, 6, 8, …
Jede Potenzfunktion mit natürlicher Zahl (außer 0) als Exponent gehört zu den ganzrationalen Funktionen ($\rightarrow$ siehe Seite 95).

4.2.2 Funktionsfamilie mit ungeraden natürlichen Exponenten

● $\alpha = 3 \Rightarrow f : x \mapsto x^3, x \in \mathbb{R}$

Funktionsgleichung: $y = x^3, x \in \mathbb{R}$
Die Funktion hat eine Nullstelle im Ursprung. Der Graph ist echt monoton steigend und punktsymmetrisch zum Ursprung. Er wird häufig „Wendeparabel" oder auch „kubische Parabel" genannt.

Weitere Funktionen aus dieser Familie:
● $\alpha = 5 \Rightarrow f : x \mapsto x^5, x \in \mathbb{R}$
● $\alpha = 7 \Rightarrow f : x \mapsto x^7, x \in \mathbb{R}$

…

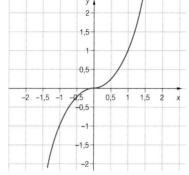

Graph der Funktion f (x) = x^3

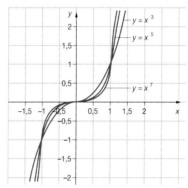

Graphenschar der Funktionsfamilie der ungeraden Exponenten

4.2.3 Funktionsfamilie mit geraden natürlichen Exponenten

● $\alpha = 2 \Rightarrow f : x \mapsto x^2, x \in \mathbb{R}$

Weitere Funktionen aus dieser Familie:
● $\alpha = 4 \Rightarrow f : x \mapsto x^4, x \in \mathbb{R}$
● $\alpha = 6 \Rightarrow f : x \mapsto x^6, x \in \mathbb{R}$

…

Jede der Funktionen hat eine Nullstelle im Ursprung. Die Graphen dieser Funktionsfamilie verlaufen im I. und II. Quadranten des Koordinatensystems. Sie sind achsensymmetrisch zur y-Achse. Die Graphen nennt man auch „Parabel 2., 4., 6. … Ordnung".

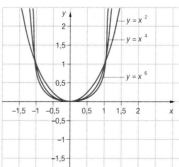

Graphenschar der Funktionsfamilie der geraden Exponenten

Ist der Exponent eine **negative ganze Zahl,** dann lassen sich wieder zwei Funktionsfamilien unterscheiden, deren Graphen untereinander gleiche Eigenschaften aufweisen: die Familie mit den Exponenten $-1, -3, -5, \ldots$, sowie die Familie mit den Exponenten $-2, -4, -6, \ldots$ Diese Funktionen gehören zu den „gebrochenrationalen Funktionen".

4.2.4 Funktionsfamilie mit ungeraden negativen Exponenten

● $\alpha = -1 \Rightarrow f : x \mapsto x^{-1}, x \in \mathbb{R} \setminus \{0\}$

Funktionsgleichung:

$f(x) = \dfrac{1}{x}, x \in \mathbb{R} \setminus \{0\}.$

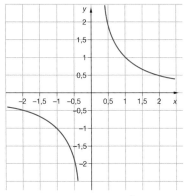

Die Funktion hat keine Nullstellen. Nähert man sich auf der x-Achse von links an $x = 0$, so wachsen die negativen Funktionswerte auf unbeschränkt hohe Beträge an.

Nähert man sich dagegen von rechts an $x = 0$ an, so wachsen die y-Werte auf unbeschränkt hohe positive Werte an. Für immer größer werdende Beträge der x-Werte nähern sich die y-Werte immer mehr an 0 an. Der Graph ist in jedem Teilintervall von D echt monoton fallend.

Graph der Funktion $f(x) = \dfrac{1}{x}$

Die Koordinatenachsen haben hier die Funktion von „Stützgeraden" **(Asymptoten)** des Graphen.

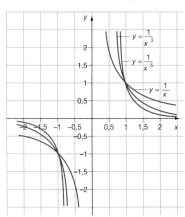

Die Funktion ist wegen

$f(-x) = \dfrac{1}{-x} = -\dfrac{1}{x} = -f(x)$

punktsymmetrisch zum Ursprung. Den Graphen nennt man ungerade **Hyperbel.**

Graphenschar der Funktionsfamilie mit ungeraden negativen Exponenten

Hinweis: Wenn zwei Größen $x > 0$ und $y > 0$ **umgekehrt proportional** zueinander sind, dann kann man diese Eigenschaft durch die Potenzfunktion $y = \dfrac{c}{x}, x \in \mathbb{R} \setminus \{0\}$ beschreiben ($c \neq 0$).

Weitere Funktionen aus dieser Familie:
● $\alpha = -3 \Rightarrow f : x \mapsto x^{-3}, x \in \mathbb{R} \setminus \{0\}$
● $\alpha = -5 \Rightarrow f : x \mapsto x^{-5}, x \in \mathbb{R} \setminus \{0\}$
usw.

4.2.5 Funktionsfamilie mit geraden negativen Exponenten

● $\alpha = -2 \Rightarrow f : x \mapsto x^{-2}, x \in \mathbb{R} \setminus \{0\}$
Funktionsgleichung:
$f(x) = \dfrac{1}{x^2}, x \in \mathbb{R} \setminus \{0\}$.

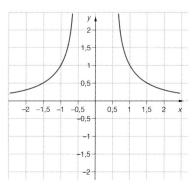

Die Funktion hat keine Nullstellen. Nähert man sich auf der x-Achse von links oder von rechts an $x = 0$, so wachsen die y-Werte auf unbeschränkt hohe positive Werte an.
Für immer größer werdende Beträge der x-Werte nähern sich die y-Werte immer mehr an 0 an.
Die Koordinatenachsen haben auch hier die Funktion von „Stützgeraden" **(Asymptoten)** des Graphen.

Die Funktion ist wegen
$f(-x) = \dfrac{1}{(-x)^2} = \dfrac{1}{x^2} = f(x)$

achsensymmetrisch zur y-Achse. Den Graphen nennt man gerade **Hyperbel.**

Graph der Funktion $f(x) = \dfrac{1}{x^2}$

Weitere Funktionen aus dieser Familie:
● $\alpha = -4 \Rightarrow f : x \mapsto x^{-4}, x \in \mathbb{R} \setminus \{0\}$
● $\alpha = -6 \Rightarrow f : x \mapsto x^{-6}, x \in \mathbb{R} \setminus \{0\}$
usw.

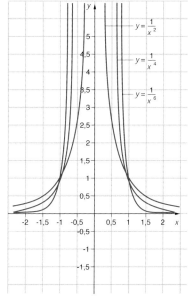

Graphenschar der Funktionsfamilie mit geraden negativen Exponenten

---

Graphen

Aufgabe

1. Erstellen Sie eine Wertetabelle und zeichnen Sie den Graphen im Bereich $-3 \le x \le 3$:

a) $f(x) = \dfrac{1}{4} x^3$

d) $f(x) = 2 \cdot x^{-1}$

b) $f(x) = -\dfrac{1}{9} x^4$

e) $f(x) = -x^{-1}$

c) $f(x) = \dfrac{1}{8} x^4$

f) $f(x) = \dfrac{1}{3} x^{-2}$

2. Fertigen Sie jeweils eine Wertetabelle mit folgenden x-Werten an: ± 1; $\pm 0{,}5$; $\pm 0{,}1$; $\pm 0{,}01$; $\pm 0{,}001$. Was lässt sich aufgrund der Wertetabelle über den Verlauf des Graphen aussagen?

a) $f(x) = x^{-1}$

c) $f(x) = x^{-3}$

b) $f(x) = x^{-2}$

d) $f(x) = -x^{-2}$

3. Fertigen Sie jeweils eine Wertetabelle mit folgenden x-Werten an: ± 1; ± 10; ± 100; ± 1000. Was lässt sich aufgrund der Wertetabelle über den Verlauf des Graphen aussagen?

a) $f(x) = x^{-1}$

c) $f(x) = x^{-3}$

b) $f(x) = x^{-2}$

d) $f(x) = -x^{-2}$

4. Erstellen Sie eine Wertetabelle und zeichnen Sie den Graphen im Bereich $0 \le x \le 4$:

a) $f(x) = \sqrt{x}$

d) $f(x) = -\dfrac{1}{2} x^{\frac{3}{2}}$

b) $f(x) = x^{\frac{3}{2}}$

e) $f(x) = x^{\frac{2}{3}}$

c) $f(x) = \dfrac{1}{4} x^{\frac{5}{2}}$

f) $f(x) = \sqrt[3]{x^4}$

5. Zeichnen Sie die Funktionen f und g mit $f(x) = x^3$ und $g(x) = x$ in ein gemeinsames Koordinatensystem.
Für welche x-Werte gilt $f(x) < g(x)$, $f(x) > g(x)$, $f(x) = g(x)$?

6. Zeichnen Sie die Funktionen f und g mit $f(x) = \dfrac{1}{16} x^4$ und $g(x) = x$ in ein gemeinsames Koordinatensystem.
Für welche x-Werte gilt $f(x) < g(x)$, $f(x) > g(x)$, $f(x) = g(x)$?

Funktlonen gesucht

7. Bestimmen Sie die Konstante k so, dass der Graph der Funktion f den Punkt P enthält:

a) $f(x) = kx^3$, P $(-0{,}5; -0{,}5)$

d) $f(x) = kx^3$, P $(-3; 1)$

b) $f(x) = -kx^4$, P $(2; -4)$

e) $f(x) = -\dfrac{1}{k} x^5$, P $(5; -125)$

c) $f(x) = \dfrac{1}{k} x^5$, P $(1{,}5; 0{,}759375)$

f) $f(x) = (k+1) x^3$, P $(0{,}8; 1{,}024)$

8. Bestimmen Sie die Konstante k so, dass der Graph der Funktion f den Punkt P enthält:

a) $f(x) = k \cdot x^{-1}$, P $(0,5; 4)$

d) $f(x) = (k + 2) \cdot x^{-4}$, P $(1; -2)$

b) $f(x) = k \cdot x^{-2}$, P $(3; \frac{1}{12})$

e) $f(x) = -\dfrac{k^2}{x^2}$, P $(0,1; -0,04)$

c) $f(x) = -k \cdot x^{-3}$, P $(2,5; 0,512)$

f) $f(x) = \dfrac{3k}{x}$, P $(0,25; 6)$

Anwendungsbezogene Aufgaben

9. Stellen Sie die Abhängigkeit des Flächeninhalts A des Kreises vom Radius r durch einen Graph dar, und zwar für Radien von 0 bis 10 cm.

10. Stellen Sie die Abhängigkeit des Würfelvolumens V von der Kantenlänge a durch einen Graph dar, und zwar für Kantenlängen von 0 bis 1 dm.

11. Stellen Sie die Abhängigkeit des Kugelvolumens V vom Radius r der Kugel dar, und zwar für Radien von 0 bis 1 dm.

12. Eine abgeschlossene Gasmenge mit dem Volumen von 2,0 l hat einen absoluten Druck von 1,5 bar. Das Volumen wird unter Beibehaltung der Temperatur auf 1,0 l reduziert. Stellen Sie die Zunahme des Drucks in einem Diagramm dar. Auf welchen Wert ist der höchste Druck angestiegen? (Formel: $V_1 p_1 = V_2 p_2$)

Umgekehrte Proportionalitäten

Aufgabe Muster

Ein Rechteck hat die Länge 120 cm und die Breite 50 cm. Wie breit ist es jeweils bei der Länge 20 cm, 40 cm, 60 cm und 600 cm, wenn der Flächeninhalt gleich bleiben soll?

Lösung:

x sei die Länge, y sei die Breite eines Rechtecks. Nach der Voraussetzung ist $x \cdot y = A = $ konstant. Man kommt so zur Funktionsgleichung $y = \dfrac{A}{x} = A \cdot \dfrac{1}{x}$, die eine indirekte Proportionalität der Größen x und y ausdrückt.

Proportionalitätsfaktor A $\quad y = A \cdot \dfrac{1}{x} \Leftrightarrow A = x \cdot y$

$$A = 120 \text{ cm} \cdot 50 \text{ cm} = 6000 \text{ cm}^2$$

Potenzfunktion: $\qquad y = 6000 \text{ cm}^2 \cdot \dfrac{1}{x}, x \in\,]\,0; 6000 \text{ cm}\,[$

Länge 20 cm: $\qquad y = 6000 \text{ cm}^2 \cdot \dfrac{1}{20 \text{ cm}}, = 300 \text{ cm}$

Länge 40 cm: $\qquad y = 6000 \text{ cm}^2 \cdot \dfrac{1}{40 \text{ cm}}, = 150 \text{ cm}$

Länge 60 cm: $\qquad y = 6000 \text{ cm}^2 \cdot \dfrac{1}{60 \text{ cm}}, = 100 \text{ cm}$

Länge 600 cm: $\qquad y = 6000 \text{ cm}^2 \cdot \dfrac{1}{600 \text{ cm}}, = 10 \text{ cm}$

Aufgabe

13. Ein Quader hat bei der Grundfläche von 300 cm² eine Höhe von 15 cm. Welche Grundfläche hätte ein volumengleicher Quader bei einer Höhe von 30 cm, 60 cm, 120 cm und 2 cm? Stellen Sie dazu eine entsprechende Potenzfunktion auf.

14. Eine Druckkraft wirkt auf einen Kolben mit dem Flächeninhalt 50 cm² und erzeugt damit in der Flüssigkeit des Zylinders einen Druck von $0,4 \frac{N}{cm^2}$. Welchen Druck würde die Flüssigkeit haben, wenn bei gleicher Druckkraft die Kolbenfläche 10 cm², 80 cm², 120 cm² groß wäre? Stellen Sie dazu eine entsprechende Potenzfunktion auf.

15. Für eine bestimmte Strecke braucht ein Flugzeug 2,5 h, wenn es mit der konstanten Geschwindigkeit von $800 \frac{km}{h}$ fliegt. Wie lang braucht es für dieselbe Strecke, wenn es mit $600 \frac{km}{h}$ bzw. $900 \frac{km}{h}$ fliegt? Wie schnell ist es, wenn es dafür 4 h brauchen würde? Stellen Sie dazu eine entsprechende Potenzfunktion auf.

16. Bei einer Heizanlage reicht der Ölvorrat 150 Tage, wenn der Ölverbrauch 50 l pro Tag beträgt. Wie lang reicht der Ölvorrat bei einem Verbrauch von 40 l pro Tag und bei einem Verbrauch von 60 l pro Tag? Wie viel Öl pro Tag darf nur verbraucht werden, wenn der Ölvorrat 180 Tage reichen muss? Stellen Sie dazu eine entsprechende Potenzfunktion auf.

5   Ganzrationale Funktionen

5.1   Polynomfunktionen

5.1.1   Definition

> Eine Funktion, die man auf die Form
> $$f : x \mapsto a_n x^n + a_{n-1} x^{n-1} + \ldots + a_2 x^2 + a_1 x + a_0, \, x \in \mathbb{R} \text{ bringen kann, heißt}$$
> **ganzrationale Funktion** n-ten Grades.
> Die Koeffizienten $a_0, a_1, a_2, \ldots, a_n$ mit $a_n \neq 0$ sind reelle Konstanten, n ist eine natürliche Zahl.

Der Funktionsterm von $f(x) = a_n x^n + a_{n-1} x^{n-1} + \ldots + a_2 x^2 + a_1 x + a_0$, also die rechte Seite dieser Gleichung wird **Polynom** n-ten Grades genannt (bezeichnet mit $P(x)$, $Q(x)$, $R(x)$ ...), daher heißt die ganzrationale Funktion auch **Polynomfunktion.**
Jede Konstante kann als Polynom vom Grad Null angesehen werden; die konstanten Funktionen heißen dann auch ganzrationale Funktionen vom Grad Null.

Jede ganzrationale Funktion hat $\mathbb{R}$ als maximale Definitionsmenge.

- Die ganzrationale Funktion 1. Grades f mit $f(x) = a_1 x + a_0$ ist identisch mit der **linearen** Funktion $f(x) = mx + t$.

- Die ganzrationale Funktion 2. Grades f mit $f(x) = a_2 x^2 + a_1 x + a_0$ ist identisch mit der **quadratischen** Funktion $f(x) = ax^2 + bx + c$.

- Jede **Potenzfunktion** $f : x \mapsto x^n$, $x \in D_f$ mit $n \in \mathbb{N}^*$ ist eine ganzrationale Funktion.

Beispiele

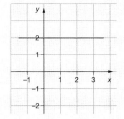

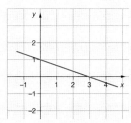

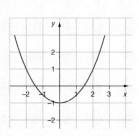

Grad 0: $f(x) = 2$ Grad 1: $f(x) = -\dfrac{1}{3}x + 1$ Grad 2: $f(x) = \dfrac{1}{2}x^2 - 1$

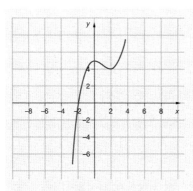

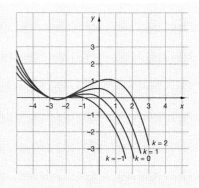

Grad 3: $f(x) = \dfrac{1}{4}(x^3 - 3x^2 + 20)$

Grad 3 mit Parameter k ($k = -1, 0, 1, 2$)

$$f(x) = -\dfrac{1}{12}(x^3 + (5-k)x^2 + (6-5k)x - 6k)$$

Grad 4: $f(x) = -\dfrac{1}{8}(x^4 - 6x^2 + 5)$

5.1.2 Gerade und ungerade Funktionen

(1) Eine ganzrationale Funktion ist genau dann eine **gerade Funktion,** wenn alle Potenzen mit der Basis x gerade Exponenten haben (das x-freie Glied a_0 kann dabei von Null verschieden sein).

(2) Eine ganzrationale Funktion ist genau dann eine **ungerade Funktion,** wenn alle Potenzen mit der Basis x ungerade Exponenten haben (das x-freie Glied a_0 muss dabei Null sein).

Gerade und ungerade Funktionen → Seite 42

Hinweis zur Begründung der Regeln:

(1) Es gilt $x^2 = (-x)^2$, $x^4 = (-x)^4$, ... $x^{2n} = (-x)^{2n}$ für alle $n \in \mathbb{N}$

(2) Es gilt $-x = (-x)^1$, $-x^3 = (-x)^3$, ... $-x^{2n+1} = (-x)^{2n+1}$ für alle $n \in \mathbb{N}$

Beispiele

a) $f : x \mapsto \dfrac{1}{2}x^4 - 3x^2 - 2$, $x \in \mathbb{R}$ ist eine gerade Funktion

b) $f : x \mapsto x^3 - x$, $x \in \mathbb{R}$ ist eine ungerade Funktion

c) $f : x \mapsto x^4 - 5x^3 - 2x^2 - 4$, $x \in \mathbb{R}$ ist weder eine gerade noch eine ungerade Funktion

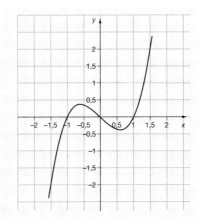

Graph der geraden Funktion

$f(x) = \dfrac{1}{2}x^4 - 3x^2 - 2$

Graph der ungeraden Funktion

$f(x) = x^3 - x$

Funktionswerte

1. Berechnen Sie die Werte $f(0)$, $f(-2)$, $f(-0,5)$, $f(2,5)$ bei folgenden Polynomfunktionen:

   a) $f : x \mapsto 2x^3 + x^2 - 8x - 4,\ x \in \mathbb{R}$

   c) $f : x \mapsto -\dfrac{1}{2}x^4 + \dfrac{1}{4}x^2 - 2,\ x \in \mathbb{R}$

   b) $f : x \mapsto 4x^5 + 2x^4 - 6x + 1,\ x \in \mathbb{R}$

   d) $f : x \mapsto 5x^6 - 3x^3 - 2x,\ x \in \mathbb{R}$

2. Berechnen Sie die Werte $f(-2,4)$, $f(1,2)$, $f(\sqrt{2})$ bei folgenden Polynomfunktionen auf drei Stellen nach dem Komma gerundet:

   a) $f : x \mapsto x^6 - x^4 - x^2 - 2,\ x \in \mathbb{R}$

   c) $f_a : x \mapsto ax^3 - 4x^2 + 2,\ x \in \mathbb{R},\ a \in \mathbb{R}$

   b) $f : x \mapsto (x^2 - 2)(x^2 - 3),\ x \in \mathbb{R}$

   d) $f_a : x \mapsto 3x^4 - (a + 1)x^3,\ x \in \mathbb{R},\ a \in \mathbb{R}$

Symmetrie

3. Untersuchen Sie folgende Funktionen auf Achsensymmetrie zur y-Achse und auf Punktsymmetrie zum Ursprung. Führen Sie ggf. Fallunterscheidungen durch ($k \in \mathbb{R}$)

   a) $f : x \mapsto 4x^4 - 2x^2 + 1,\ x \in \mathbb{R}$

   h) $f : x \mapsto 3x^7 - 4x^3,\ x \in [1;\,4]$

   b) $f : x \mapsto x^3 - 5x + 1,\ x \in \mathbb{R}$

   i) $f_k : x \mapsto k^2 x^3 - 2k^3 x,\ x \in \mathbb{R}$

   c) $f : x \mapsto \dfrac{1}{2}x^5 - \dfrac{1}{3}x^3 + x,\ x \in \mathbb{R}$

   k) $f_k : x \mapsto (1 - k)x^4 - k^2 x^2 + k^3 - 3,\ x \in \mathbb{R}$

   d) $f : x \mapsto -3x^6 - 5x^4,\ x \in \mathbb{R}$

   l) $f_k : x \mapsto (k^2 - 1)x^3 + kx^2 + (1 + k)x,\ x \in \mathbb{R}$

   e) $f : x \mapsto -\dfrac{1}{7}x^6 - \dfrac{3}{8}x^4 + \dfrac{5}{6},\ x \in \mathbb{R}$

   f) $f : x \mapsto 8x^5 - 10x^3 + 16x,\ x \in \mathbb{R}$

   g) $f : x \mapsto 2x^4 + 5x^2,\ x \in [-2;\,5]$

5.2 Operationen mit Polynomfunktionen

Die Polynomfunktionen lassen sich wie Zahlen addieren, subtrahieren und multiplizieren, dividieren und außerdem noch verketten.

Beispiele

a) $f : x \mapsto -x^3 + x^2 - 3x + 2, x \in \mathbb{R}$ $\qquad$ $g : x \mapsto \sqrt{2}\ x^2 + 4x + 1, x \in \mathbb{R}$

$f + g : x \mapsto -x^3 + (1 + \sqrt{2})\, x^2 + x + 3, x \in \mathbb{R}$ $\qquad$ Addition

$f - g : x \mapsto -x^3 + (1 - \sqrt{2})\, x^2 - 7x + 1, x \in \mathbb{R}$ $\qquad$ Subtraktion

b) $f : x \mapsto 1 - 3x, x \in \mathbb{R}$ $\qquad$ $g : x \mapsto 2x^3 - x^2 + x + 3, x \in \mathbb{R}$

$f \cdot g : x \mapsto (1 - 3x) \cdot (2x^3 - x^2 + x + 3), x \in \mathbb{R}$ $\qquad$ Multiplikation

$f \cdot g : x \mapsto -6x^4 + 5x^3 - 4x^2 - 8x + 3, x \in \mathbb{R}$ $\qquad$ mit aufgelösten Klammern geschrieben

$\dfrac{g}{f} : x \mapsto \dfrac{2x^3 - x^2 + x + 3}{1 - 3x}, x \in \mathbb{R} \setminus \left\{ \dfrac{1}{3} \right\}$ $\qquad$ Division

c) $f : x \mapsto 2x + 4, x \in \mathbb{R}$ $\qquad$ $g : x \mapsto 4x^2 + 2x + 1, x \in \mathbb{R}$

$f \circ g : x \mapsto 2\,(4x^2 + 2x + 1) + 4, x \in \mathbb{R}$ $\qquad$ Verkettung

$g \circ f : x \mapsto 4\,(2x + 4)^2 + 2\,(2x + 4) + 1, x \in \mathbb{R}$ $\qquad$ Verkettung

Hinweis:

Jede ganzrationale Funktion kann man durch Additionen, Subtraktionen oder Multiplikationen aus der konstanten Funktion $f : x \mapsto 1, x \in \mathbb{R}$ und der identischen Funktion $id : x \mapsto x, x \in \mathbb{R}$ aufbauen.

Aufgabe

1. Gegeben sind die beiden Polynomfunktionen $f : x \mapsto x^3 - 4x + 5, x \in \mathbb{R}$ und $g : x \mapsto x^2 + 1, x \in \mathbb{R}$. Geben Sie die Funktionen $f + g, f - g, g - f, f \cdot g, f \circ g$, $g \circ f, f \circ f$ und $f \circ f$ an.

2. Gegeben sind die Funktionen $f : x \mapsto 4x^4 + 3x^3 + x\sqrt{2} - 2, x \in \mathbb{R}$ und $g : x \mapsto 2, x \in \mathbb{R}$. Geben Sie die Funktionen $f + g, f - g, f \cdot g, f \circ g$ und $g \circ f$ an.

3. Gegeben ist die konstante Funktion $k : x \mapsto 1, x \in \mathbb{R}$ und die identische Funktion $g : x \mapsto x, x \in \mathbb{R}$. Geben Sie die Operationen an, mit denen sich damit folgende Polynomfunktionen aufbauen lassen:

a) $f : x \mapsto 2x^2, x \in \mathbb{R}$ $\qquad$ c) $f : x \mapsto x^3 + 4x^2 + 2, x \in \mathbb{R}$

b) $f : x \mapsto x^2 - 3x, x \in \mathbb{R}$ $\qquad$ d) $f : x \mapsto 2\,(x + 1)^2, x \in \mathbb{R}$

5.3 Polynomdivision

Für die folgenden Kapitel wird eine Termumformung benötigt, bei der zwei Polynome dividiert werden müssen (Polynomdivision). Sind die zwei Polynome $P_1(x)$ und $P_2(x)$ zu dividieren, so gibt es die Fälle:

● $\dfrac{P_1(x)}{P_2(x)} = Q(x)$ $\qquad\qquad$ Division ohne Rest

● $\dfrac{P_1(x)}{P_2(x)} = Q(x) + \dfrac{R(x)}{P_2(x)}$ $\qquad\qquad$ Division mit Rest

Das in der Praxis verwendete Rechenverfahren ähnelt der Division mit Zahlen.

5.3.1 Polynomdivision ohne Rest

Beispiel

$\dfrac{x^3 - x^2 - 14x + 8}{x - 4}$ soll berechnet werden.

Lösung:

$(x^3 - x^2 - 14x + 8) : (x - 4)$ $x^3 : x = x^2$

$- (x^3 - 4x^2)$ $x^2 \cdot (x - 4) = (x^3 - 4x^2)$

                   Differenz

      $3x^2 - 14x + 8$ $3x^2 : x = 3x$

      $- (3x^2 - 12x)$ $3x \cdot (x - 4) = (3x^2 - 12x)$

                   Differenz

          $- 2x + 8$ $- 2x : x = - 2$

          $- (- 2x + 8)$ $- 2 \cdot (x - 4) = (- 2x + 8)$

                   Differenz

            0 Rest 0

Also gilt: $\dfrac{x^3 - x^2 - 14x + 8}{x - 4} = x^2 + 3x - 2 \Leftrightarrow$

$$x^3 - x^2 - 14x + 8 = (x^2 + 3x - 2) \cdot (x - 4)$$

Hinweis: Wir beschränken uns hier auf lineare Divisoren.

5.3.2 Polynomdivision mit Rest

Beispiel

$\dfrac{x^4 - 3x^2 - x + 2}{x - 1}$ soll berechnet werden.

Lösung:

$(x^4 - 3x^2 - x + 2) : (x - 1)$ $x^4 : x = x^3$

$- (x^4 - x^3)$ $x^3 \cdot (x - 1) = (x^4 - x^3)$

                   Differenz

      $x^3 - 3x^2 - x + 2$ $x^3 : x = x^2$

      $- (x^3 - x^2)$ $x^2 \cdot (x - 1) = (x^3 - x^2)$

                   Differenz

        $- 2x^2 - x + 2$ $- 2x^2 : x = - 2x$

        $- (- 2x^2 + 2x)$ $- 2x \cdot (x - 1) = - 2x^2 + 2x$

                   Differenz

           $- 3x + 2$ $- 3x : x = - 3$

           $- (- 3x + 3)$ $- 3 \cdot (x - 1) = (- 3x + 3)$

                   Differenz

             $- 1$ Rest

Also ist $\dfrac{x^4 - 3x^2 - x + 2}{x - 1} = x^3 + x^2 - 2x - 3 + \dfrac{-1}{x - 1}$

Aufgabe

Führen Sie folgende Polynomdivisionen aus. (Die Divisionen der Aufgaben a) bis g) haben keinen Rest.)

a) $(x^3 - 2x^2 - 9x - 2) : (x + 2)$

h) $(x^4 - 3x^2 + x + 1) : (x - 5)$b)

b) $(-x^3 + 6x^2 - 8x + 3) : (x - 1)$

i) $(-x^3 + 6x^2 - 5x + 1) : (2x + 1)$

c) $(2x^3 - 12x^2 + 18x - 8) : (x - 4)$

k) $(2x^4 - 6x^2 + 4) : (4x - 2)$

d) $(6x^3 + 10x^2 - 19x + 5) : (3x - 1)$

l) $(-\frac{1}{2}x^3 + \frac{3}{2}x^2 - \frac{5}{2}x + 2) : (x + 1)$

e) $(3x^4 + 11x^3 + 6x^2 - 4x - 12) : (x + 3)$

m) $(x^2 - 2) : (x^2 + 2)$

f) $(-30x^3 + 6x^2 + 10x - 2) : (5x - 1)$

n) $(2x + 1) : (4x - 1)$

g) $(-x^4 + 5x^3 + 5x^2 - x) : (x + 1)$

o) $(x^3 + 3x) : (x^2 - 1)$

5.4 Nullstellen

5.4.1 Definition

> *Gegeben ist* $f : x \mapsto a_n x^n + a_{n-1} x^{n-1} + \ldots + a_2 x^2 + a_1 x + a_0$, $x \in \mathbb{R}$. *Die Lösungen der Gleichung* $a_n x^n + a_{n-1} x^{n-1} + \ldots + a_2 x^2 + a_1 x + a_0 = 0$ *mit der Definitionsmenge* $\mathbb{R}$ *heißen die* **Nullstellen** *von f.*

Geometrisch bedeuten die Nullstellen die Abszissen der Schnitt- oder Berührpunkte des Graphen mit der *x*-Achse, siehe Beispiele bei 5.4.3.

5.4.2 Zerlegungssatz

Gegeben ist eine ganzrationale Funktion (Polynomfunktion) *n*-ten Grades:
$f(x) = a_n x^n + a_{n-1} x^{n-1} + \ldots + a_2 x^2 + a_1 x + a_0$, $x \in \mathbb{R}$
Ist x_1 eine Nullstelle dieser Funktion, dann ist folgende **Zerlegung in Faktoren** möglich:
$f(x) = (x - x_1) \cdot g(x)$, wobei $g(x)$ ein Polynom $(n - 1)$-ten Grades ist. $f(x)$ ist also durch $(x - x_1)$ ohne Rest teilbar.

Beweis:

(1) $f(x) = a_n x^n + a_{n-1} x^{n-1} + \ldots + a_2 x^2 + a_1 x + a_0$
Ist x_1 eine Nullstelle und setzt man diese in (1) ein, so ergibt sich:
(2) $0 = a_n x_1^n + a_{n-1} x_1^{n-1} + \ldots + a_2 x_1^2 + a_1 x_1 + a_0$
Nun bildet man die Differenz (1) – (2):
(1) – (2) $f(x) = a_n(x^n - x_1^n) + a_{n-1}(x^{n-1} - x_1^{n-1}) + \ldots + a_2(x^2 - x_1^2) + a_1(x - x_1)$

Die Klammern auf der rechten Seite von (1) – (2) lassen sich mithilfe von binomischen Formeln umformen:

$(x^2 - x_1^2) = (x - x_1)(x - x_1)$

$(x^3 - x_1^3) = (x - x_1)(x^2 + x x_1 + x_1^2)$

$(x^4 - x_1^4) = (x - x_1)(x^3 + x^2 x_1 + x x_1^2 + x_1^3)$

$(x^5 - x_1^5) = (x - x_1)(x^4 + x^3 x_1 + x^2 x_1^2 + x x_1^3 + x_1^4)$ usw.

Die Richtigkeit dieser Zerlegungen kann man auch durch Ausmultiplizieren der Klammern bestätigen.

Bei allen Summanden auf der rechten Seite von (1) – (2) lässt sich der Faktor $(x - x_1)$ ausklammern, die übrig bleibenden Teile der Summanden kann man zu einem Polynom $(n - 1)$-ten Grades $g(x)$ zusammenfassen.

Lässt sich der Faktor $(x - x_1)$ genau m-mal ausklammern, so nennt man x_1 eine **m-fache Nullstelle,** wobei m die **Vielfachheit der Nullstelle** bedeutet.
Es gilt $f(x) = (x - x_1)^m \cdot g(x)$, wobei $g(x)$ ein Polynom $(n - m)$-ten Grades mit $g(x_1) \neq 0$ ist. $f(x)$ ist also durch $(x - x_1)^m$ teilbar.

Da man ein Polynom n. Grades höchstens in n lineare Faktoren zerlegen kann, gilt für die **Anzahl der Nullstellen** einer Polynomfunktion:

Eine ganzrationale Funktion vom Grad n hat höchstens n reelle Nullstellen, wobei mehrfache Nullstellen auch mehrfach gezählt werden.

Beim Bestimmen der Nullstellen treten in der Praxis sehr oft immer wieder dieselben **Lösungsverfahren** von Gleichungen auf. Sie sind in den folgenden Beispielen beschrieben.

Beispiele

a) Lineare Gleichung

$f(x) = 2x + 3, x \in \mathbb{R}$ Polynomfunktion f 1. Grades

$2x + 3 = 0 \Leftrightarrow x = -\dfrac{3}{2}$ Lineare Gleichung mit Lösung

f hat die einfache Nullstelle $x_1 = -\dfrac{3}{2}$

b) Reinquadratische Gleichung

$f(x) = \dfrac{9}{4}x^2 - 1, x \in \mathbb{R}$ Polynomfunktion f 2. Grades

$\dfrac{9}{4}x^2 - 1 = 0 \Leftrightarrow x^2 = \dfrac{4}{9}$ Quadratische Gleichung

$|x| = \dfrac{2}{3} \Leftrightarrow x = \pm \dfrac{2}{3}$ Wurzelziehen

f hat zwei einfache Nullstellen $x_1 = \dfrac{2}{3}, x_2 = -\dfrac{2}{3}$

$f(x) = (x - \dfrac{2}{3})(x + \dfrac{2}{3})$ Linearfaktorzerlegung

c) Reinquadratische Gleichung

$f(x) = 4x^2, x \in \mathbb{R}$ Polynomfunktion f 2. Grades
$4x^2 = 0 \Leftrightarrow$ Quadratische Gleichung
$x^2 = 0 \Leftrightarrow x = 0 \vee x = 0$ (doppelt)   Wurzelziehen
f hat die doppelte Nullstelle $x_{1,2} = 0$ (auch Nullstellen
     2. Ordnung genannt)

$f(x) = 4(x - 0)^2$ Linearfaktorzerlegung

d) Gemischt quadratische Gleichung

$f(x) = x^2 - 6x + 5, x \in \mathbb{R}$ Polynomfunktion f 2. Grades
$x^2 - 6x + 5 = 0 \Leftrightarrow$ Quadratische Gleichung

$$x = \frac{6 \pm \sqrt{36 - 4 \cdot 1 \cdot 5}}{2} \Leftrightarrow x = \frac{6 \pm 4}{2} \qquad \text{Lösungsformel}$$

f hat die einfachen Nullstellen $x_1 = 1$, $x_2 = 5$.
$f(x) = (x - 1)(x - 5)$ Linearfaktorzerlegung

e) Gleichung 3. Grades ohne x-freies Glied

$f(x) = 4x^3 - 6x^2, x \in \mathbb{R}$ Polynomfunktion f 3. Grades
$f(x) = 4(x^3 - 1{,}5x^2)$ Faktor 4 ausgeklammert
$x^3 - 1{,}5x^2 = 0 \Leftrightarrow$ Gleichung 3. Grades
$x^2(x - 1{,}5) = 0 \Leftrightarrow$ x^2 ausgeklammert
$x = 0 \lor x = 0 \lor x - 1{,}5 = 0$ Faktoren Null gesetzt
$x_{1,2} = 0$ (doppelt), $x_3 = 1{,}5$ (einfach)   Lösungen

f hat die doppelte Nullstelle $x_{1,2} = 0$ und die einfache Nullstelle $x_3 = 1{,}5$
$f(x) = 4(x - 0)^2(x - 1{,}5)$ Linearfaktorzerlegung

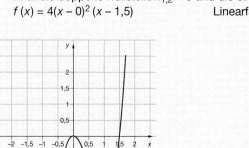

Graph zur Polynomfunktion
f (x) = 4x³ – 6x², x ∈ ℝ

Bei der einfachen Nullstelle schneidet der Graph die x-Achse, bei der zweifachen Nullstelle berührt der Graph die x-Achse.

f) Gleichung 3. Grades ohne x-freies Glied

$f(x) = x^3 + x^2 + x, x \in \mathbb{R}$ Polynomfunktion f 3. Grades
$x^3 + x^2 + x = 0 \Leftrightarrow$ Gleichung 3. Grades
$x(x^2 + x + 1) = 0 \Leftrightarrow$ x ausgeklammert
$x = 0 \lor x^2 + x + 1 = 0$ Faktoren Null gesetzt
Da die quadratische Gleichung keine reelle Lösungen hat, hat f nur die einfache Nullstelle $x_1 = 0$.

g) Biquadratische Gleichung

$f(x) = x^4 - 5x^2 + 4, x \in \mathbb{R}$ Polynomfunktion f 4. Grades, symmetrisch zur y-Achse

$x^4 - 5x^2 + 4 = 0$ Gleichung 4. Grades für x

$z = x^2$ Substitution

$z^2 - 5z + 4 = 0$ Quadratische Gleichung für z

$z = \dfrac{5 \pm \sqrt{25 - 16}}{2} \Leftrightarrow z = 1 \vee z = 4$ Lösungsformel

$1 = x^2 \vee 4 = x^2$ Rücksubstitution

$x = -1 \vee x = 1 \vee x = -2 \vee x = 2$ Wurzelziehen

f hat die einfachen Nullstellen $x_{1,2} = \pm 1$, $x_{3,4} = \pm 2$

$f(x) = (x + 2)(x + 1)(x - 1)(x - 2)$ Linearfaktorzerlegung

h) Gleichung aus Linearfaktoren

$f(x) = \dfrac{1}{10} \cdot (x - 3)^3 \cdot (x + 1)^2, x \in \mathbb{R}$ Polynomfunktion f 5. Grades

$(x - 3)^3 \cdot (x + 1)^2 = 0 \Leftrightarrow$ Faktorisierte Gleichung 5. Grades

$x = 3 \vee x = 3 \vee x = 3 \vee x = -1 \vee x = -1$ Faktoren wurden 0 gesetzt

f hat die dreifache Nullstelle $x_{1,2,3} = 3$ und die doppelte Nullstelle $x_{4,5} = -1$

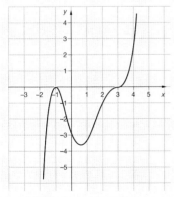

Graph zur Polynomfunktion f mit $f(x) = \dfrac{1}{10} \cdot (x - 3)^3 \cdot (x + 1)^2, x \in \mathbb{R}$

Bei der zweifachen Nullstelle berührt der Graph die x-Achse, bei der dreifachen Nullstelle berührt und durchsetzt der Graph die x-Achse.

Aufgabe

Bestimmen Sie die Nullstellen und ihre Vielfachheiten:

a) $f(x) = x^3 - 4x$

h) $f(x) = x^3 - \frac{3}{4}x^2 + \frac{1}{5}x$

b) $f(x) = x^4 - 5x^2 + 4$

i) $f(x) = \frac{1}{16}x^4 - 1$

c) $f(x) = x^4 - 8x^2 + 16$

k) $f(x) = \frac{3}{4}x^5 + 6x^4 - 9x^3$

d) $f(x) = x^4 - x^2$

l) $f_k(x) = 2kx^4 - k^2x^2$, $k > 0$

e) $f(x) = 2x^3 - 20x^2 + 32x$

m) $f_k(x) = x^4 - 3kx^2 + 2k^2$, $k > 0$

f) $f(x) = \frac{4}{3}x^4 - \frac{1}{8}x^3$

n) $f_k(x) = (k^2 - 4)x^3$, $k \in \mathbb{R} \setminus \{-2, 2\}$

g) $f(x) = 3x^5 - 12x^3 + 12x$

o) $f_k(x) = x^3 - \frac{k^2 + 1}{k}x^2 + x$, $k > 0$

5.5 Aufsuchen von Nullstellen durch Polynomdivision

5.5.1 Polynomfunktion 3. Grades, eine Nullstelle ist ganzzahlig

Gegeben ist eine Polynomfunktion 3. Grades $f : x \mapsto a_3x^3 + a_2x^2 + a_1x + a_0$, $x \in \mathbb{R}$, mit $a_0 \neq 0$, von der bekannt ist, dass sie mindestens eine ganzzahlige Nullstelle x_1 hat. Diese wird man durch Probieren ermitteln. Als Hilfe dazu benützt man die Information aus dem verallgemeinerten Satz von Vieta, dass bei $a_3 = 1$ und ganzzahligen Koeffizienten die gesuchte Nullstelle ein Teiler des x-freien Glieds a_0 ist. Man wird also der Reihe nach die positiven und negativen ganzzahligen Teiler von a_0 in den Funktionsterm einsetzen, bis man den Funktionswert 0 erhält.

Der Zerlegungssatz erlaubt dann das Aufsuchen der weiteren Nullstellen, falls sie existieren. Dazu teilt man das Polynom von $f(x)$ durch den Linearfaktor $x - x_1$. Der Quotient ist das Polynom 2. Grades $g(x)$, dessen Nullstellen (falls sie vorhanden sind) man durch Lösen der quadratischen Gleichung $g(x) = 0$ findet.

Beispiel

Gesucht sind die Nullstellen der Polynomfunktion f mit
$f(x) = -x^3 - 3x^2 + 4x + 12$.

Lösung:

$f(2) = -2^3 - 3 \cdot 2^2 + 4 \cdot 2 + 12 = 0$	Durch Probieren stößt man
$\Rightarrow x_1 = 2$	auf die Nullstelle 2.
$(x - 2)$	Linearfaktor
$(-x^3 - 3x^2 + 4x + 12) : (x - 2)$	Zerlegungssatz
$= -x^2 - 5x - 6$	Die Polynomdivision geht auf
$(x - 2)(-x^2 - 5x - 6) = 0 \Leftrightarrow$	
$(x - 2) = 0 \vee$	führt auf x_1
$-x^2 - 5x - 6 = 0$	führt auf evtl. weitere Nullstellen

$$x = 5 \pm \frac{\sqrt{25 - 4 \cdot (-1) \cdot (-6)}}{-2} \Leftrightarrow$$

$$x = \frac{5 \pm 1}{-2} \Leftrightarrow x = -3 \vee x = -2$$

f hat die einfachen Nullstellen $x_1 = 2$, $x_2 = -3$, $x_3 = -2$

$f(x) = -(x + 3)(x + 2)(x - 2)$ Linearfaktorzerlegung

5.5.2 Polynomfunktion 4. Grades, zwei Nullstellen sind ganzzahlig

Von der Polynomfunktion 4. Grades $f : x \mapsto a_4x^4 + a_3x^3 + a_2x^2 + a_1x + a_0$, $x \in \mathbb{R}$ mit $a_0 \neq 0$ sei bekannt, dass sie mindestens zwei ganzzahlige Nullstellen x_1 und x_2 habe. Zunächst ermittelt man diese Nullstellen durch Probieren. Daraufhin kann man zwei Polynomdivisionen ausführen: $f(x) : (x - x_1) = g(x)$, $g(x) : (x - x_2) = h(x)$. $g(x)$ ist vom 3. Grad und $h(x)$ ist vom 2. Grad. $h(x) = 0$ ist dann eine quadratische Gleichung.

Anmerkung:
Alternativ zu dieser Lösungsmethode kann man auch zuerst nur **eine** ganzzahlige Lösung suchen, eine Polynomdivision durchführen, vom Quotientenpolynom, das nun vom Grad 3 ist, **wieder eine** ganzzahlige Lösung suchen, dann die zweite Polynomdivision durchführen.

Beispiel
Gesucht sind die Nullstellen der Polynomfunktion f mit
$f(x) = x^4 + x^3 - 5x^2 - 3x + 6$.

Lösung:
$f(1) = 1^4 + 1^3 - 5 \cdot 1^2 - 3 \cdot 1 + 6 = 0 \Rightarrow$

$x_1 = 1$ Probieren

$(x - 1)$ Linearfaktor

$f(-2) = (-2)^4 + (-2)^3 - 5 \cdot (-2)^2 - 3 \cdot (-2) + 6 = 0 \Rightarrow$

$x_2 = -2$ Probieren

$(x + 2)$ Linearfaktor

$f(x) = (x^4 + x^3 - 5x^2 - 3x + 6) : (x - 1)$ 1. Polynomdivision
$= x^3 + 2x^2 - 3x - 6$ $g(x)$

$(x^3 + 2x^2 - 3x - 6) : (x + 2)$ 2. Polynomdivision
$= x^2 - 3$ $h(x)$

$x^2 - 3 = 0 \Leftrightarrow x = -\sqrt{3} \vee x = \sqrt{3}$ Quadratische Gleichung

Die Funktion f hat vier einfache Nullstellen: $x_1 = 1$, $x_2 = 2$, $x_3 = -\sqrt{3}$, $x_4 = \sqrt{3}$

$f(x) = (x + 2)(x - 1)(x + \sqrt{3})(x - \sqrt{3})$ Linearfaktorzerlegung

---

Bestimmen Sie die Nullstellen, indem Sie zunächst eine ganzzahlige Nullstelle suchen:

Aufgabe

a) $f(x) = x^3 - 2x^2 + 2x - 1$ d) $f(x) = -6x^3 + 23x^2 + 6x - 8$

b) $f(x) = -x^3 - 3x^2 + 4x + 12$ e) $f(x) = x^4 + 2x^3 - 13x^2 - 14x + 24$

c) $f(x) = x^4 + x^3 - 8x^2 - 9x - 9$

5.6 Felderabstreichen

Durch die Kenntnis der Nullstellen lassen sich schon erste grobe Aussagen über den Verlauf des Graphen machen, denn zusammen mit den Nullstellen kennt man auch die Vorzeichenverteilung der Funktionswerte beiderseits der Nullstelle. Die Vorzeichenverteilung wird man schrittweise mithilfe einer **Vorzeichentabelle** (eine sehr ungenaue Wertetabelle) erhalten. Daraus kann man das Koordinatensystem in solche Bereiche aufteilen, in denen sich der Graph befindet, und in solche, in denen sich der Graph nicht befindet. Letztere wird man durch Schraffur entwerten **(Felderabstreichen)**.

Beispiel

Gesucht ist die Vorzeichenverteilung der Polynomfunktion f mit
$f(x) = x^2 \cdot (x + 2)(x - 3)$.

Lösung:

Da der Funktionsterm bereits in Linearfaktoren zerlegt ist, lassen sich die Nullstellen sofort ablesen. (x^2 enthält zwei Linearfaktoren, nämlich $x \cdot x$.) Die Nullstellen sind: $x_{1,2} = 0$ (doppelt), $x_3 = -2$ (einfach), $x_4 = 3$ (einfach). Die Vorzeichenverteilung der Funktionen findet man schrittweise durch die Vorzeichen der Faktoren.

Vorzeichentabelle							
x		-2		0		3	
$sgn\ x^2$ $sgn\ (x+2)$ $sgn\ (x-3)$	$+1$ -1 *) -1	 0 	$+1$ $+1$ -1	0 	$+1$ $+1$ -1	 0	$+1$ $+1$ $+1$ **)
$sgn\ f(x)$	$+1$	0	-1	0	-1	0	$+1$

Hinweise:

Zum Zeichen *sgn* → Seite 121 ; +1 bedeutet positives Vorzeichen, −1 negatives Vorzeichen.

Da die Funktionswerte einer Polynomfunktion höchstens an einer Nullstelle ihr Vorzeichen ändern, ist zwischen zwei Nullstellen $sgn\ f(x)$ konstant. Es genügt also mittels einer Teststelle im betrachteten Intervall $sgn\ f(x)$ zu bestimmen.

*) Man wählt eine Teststelle im angegebenen Bereich, z. B. $x = -3$, dann ist
$sgn\ (-3 + 2) = sgn\ (-1) = -1$

**) Man wählt eine Teststelle im angegebenen Bereich, z. B. $x = 4$, dann ist
$sgn\ (4 - 3) = sgn\ (1) = +1$

Die erste und letzte Zeile zeigt, in welchen Bereichen des Koordinatensystems sich der Graph befindet bzw. nicht befindet (schraffiert).

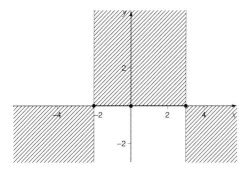

Felderabstreichen

Hinweis:

Beiderseits einer einfachen Nullstelle sind die Vorzeichen von $f(x)$ verschieden, beiderseits einer zweifachen Nullstelle sind die Vorzeichen von $f(x)$ gleich.

Felderabstreichen

Aufgabe

1. Geben Sie die ungefähre Lage der Graphen folgender Polynomfunktionen f im Koordinatensystem durch Felderabstreichen an. Geben Sie auch jeweils den Grad der Polynomfunktion an.

a) $f(x) = 3(x+3)^2 \cdot x \cdot (x-1)$

b) $f(x) = \dfrac{1}{2}x^2 \cdot (x^2-1)$

c) $f(x) = -x(x-2)(x+1)$

d) $f(x) = (x+2)(x+1)^2(x-1)^2(x-3)$

e) $f(x) = -\dfrac{1}{4}x(x+1)^2(x-2)^3$

f) $f(x) = (x+1{,}5)(-2x^2)(x-0{,}5)^2$

Aufstellen von Funktionsgleichungen

Aufgabe
Muster

Gesucht ist die Gleichung einer Polynomfunktion 3. Grades, deren Graph durch die Punkte A (1; 5), B (0; 2), C (2; 20) und D (–1; 5) verläuft.

Lösung:

$f(x) = a_3x^3 + a_2x^2 + a_1x + a_0$	Allgemeiner Ansatz
$5 = a_3 + a_2 + a_1 + a_0$	Punkt A eingesetzt, $f(1) = 5$
$2 = a_0$	Punkt B eingesetzt, $f(0) = 2$
$20 = 8a_3 + 4a_2 + 2a_1 + a_0$	Punkt C eingesetzt, $f(2) = 20$
$5 = -a_3 + a_2 - a_1 + a_0$	Punkt D eingesetzt, $f(-1) = 5$
$2 = a_0$	Eingesetzt in die anderen Gleichungen
$3 = a_3 + a_2 + a_1$	
$18 = 8a_3 + 4a_2 + 2a_1$	
$3 = -a_3 + a_2 - a_1$	

Lösungsverfahren von linearen Gleichungssystemen → Seite 55.

$a_1 = -1$, $a_2 = 3$, $a_3 = 1$	Lösung des Gleichungssystems
$f(x) = x^3 + 3x^2 - x + 2$	Gesuchte Funktionsgleichung

Aufgabe

Aufstellen von Funktionsgleichungen

2. Ermitteln Sie die Gleichung einer Polynomfunktion 3. Grades, die durch folgende Wertepaare gegeben ist:

   a) $(1; 0)$, $(0; 2)$, $(2; 4)$, $(-1; 4)$

   b) $(1; -1)$, $(-1; -5)$, $(2; 4)$, $(-2; -28)$

3. Ermitteln Sie die Gleichung einer Polynomfunktion 4. Grades, deren Graph symmetrisch zur y-Achse ist und der durch folgende Punkte verläuft:

   a) A $(0; 2)$, B $(1; 2)$, C $(2; 14)$

   b) A $(1; -2)$, B $(2; 16)$, C $(3; 86)$

4. Ermitteln Sie die Gleichung einer Polynomfunktion 3. Grades, deren Graph durch folgende Punkte verläuft:

   a) A $(0; 1)$, B $(1; 0)$, C $(-1; 2)$, D $(2; 5)$

   b) A $(0; 2)$, B $(1; 2)$, C $(-2; 20)$, D $(-1; 4)$

Vermischte Aufgaben

5. a) Ermitteln Sie die Gleichung einer Polynomfunktion 3. Grades, die durch folgende Wertepaare gegeben ist: $(1; 2)$, $(-2; -40)$, $(3; 0)$, $(-1; -12)$.

   b) Untersuchen Sie die erhaltene Funktion auf Achsensymmetrie zur y-Achse und Punktsymmetrie zum Ursprung.

   c) Berechnen Sie die Funktionswerte $f(0,7)$, $f(2,1)$ und $f(-2,3)$.

   d) Berechnen Sie die Nullstellen der Funktion.

6. a) Ermitteln Sie die Gleichung einer Polynomfunktion 3. Grades, deren Graph punktsymmetrisch zum Ursprung ist und durch die Punkte A $(-1; 3)$ und B $(3; 15)$ verläuft.

   b) Berechnen Sie die Funktionswerte $f(1,7)$ und $f(-2,5)$.

   c) Bestimmen Sie die Nullstellen der Funktion und geben Sie den Funktionsterm als Produkt von Linearfaktoren an.

   d) Berechnen Sie die Koordinaten der Schnittpunkte der Graphen von f und g mit $g(x) = x^2 - 4$.

6 Funktionen mit geteilten Definitionsbereichen

6.1 Abschnittsweise definierte Funktionen

6.1.1 Einführendes Beispiel

Einführendes Beispiel

Im Bezugsjahr 2003 wurden folgende Gebühren für Briefe für die Beförderung im Inland festgelegt:

Standardbrief	Masse bis 20 g	0,55 EUR
Kompaktbrief	Masse von über 20 g bis 50 g	1,00 EUR
Großbrief	Masse von über 50 g bis 500 g	1,44 EUR
Maxibrief	Masse von über 500 g bis 1000 g	2,20 EUR

Hinweis: Die einzelnen Briefarten müssen noch Auflagen über die Abmessungen erfüllen, die aber hier nicht interessieren.

Die Abhängigkeit der Gebühr $f(x)$ (in EUR) von der Masse x (in g) ist eine Funktion, deren Vorschrift folgendermaßen darstellbar ist:

$$f(x) = \begin{cases} 0,55 \text{ EUR}, & x \in {]}0 \text{ g}; 20 \text{ g}] \\ 1,00 \text{ EUR}, & x \in {]}20 \text{ g}; 50 \text{ g}] \\ 1,44 \text{ EUR}, & x \in {]}50 \text{ g}; 500 \text{ g}] \\ 2,20 \text{ EUR}, & x \in {]}500 \text{ g}; 1000 \text{ g}] \end{cases}$$

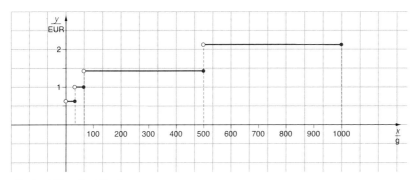

„Postgebührenfunktion"

6.1.2 Verallgemeinerung

In der Praxis kommen sehr oft Funktionen vor, die sich nur dann darstellen lassen, wenn man den Definitionsbereich in Teilintervalle aufteilt und für jedes Teilintervall eine eigene Funktionsvorschrift angibt. Entsprechend besteht der Graph aus aneinander gesetzten Teillinien. Eine derartige Funktion heißt **abschnittsweise definiert**.

Beispiele

a) Gegeben ist die abschnittsweise definierte Funktion:

$$f(x) = \begin{cases} \dfrac{1}{x}, & x \in \mathbb{R}^- \\ x^2, & x \in [0; 2] \\ 3 - x, & x \in \,]2; +\infty[\end{cases}$$

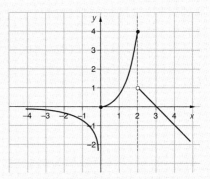

Graph einer abschnittsweise definierten Funktion, Beispiel a)

Der Graph besteht aus einem Ast einer Hyperbel, aus einem Teil der Normalparabel (→ Seite 61) mit definierten Funktionswerten an beiden Enden und einer Halbgeraden (→ Seite 49) mit offenem Ende.

b)

$$f(x) = \begin{cases} -1, & x \in [-2; -1[\\ 0, & x \in [-1; 1[\\ 1,5, & x \in [1; 2,5[\\ 3, & x \in [2,5; 4,5[\end{cases}$$

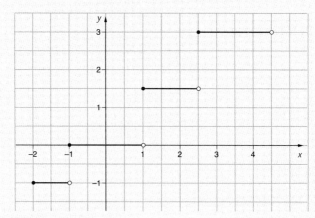

Graph zum Beispiel b)

Der Graph besteht aus vier Strecken, die parallel zur *x*-Achse laufen. Wegen des stufenförmigen Verlaufs des Graphen, heißt die Funktion eine **Treppenfunktion.**

Hinweise:

Beim Zeichnen von Graphen von abschnittsweise definierten Funktionen empfiehlt es sich, die Koordinatenebene zuerst durch gestrichelte Linien in Felder einzuteilen, entsprechend den Teilintervallen. Dann erst zeichnet man die Teilgraphen, wobei man sorgfältig auf die Art des Zusammenstoßens von zwei Graphen jeweils an den Trennstellen der Felder achten muss (Sprünge, Knicke, Lücken usw.).

Dabei verwendet man folgende kennzeichnende Symbole:

o————   *Kein Funktionswert am Ende*

•————   *Funktionswert am Ende*

6.1.3 Beispiele aus Physik und Wirtschaft

Beispiele

a) Ein Wagen bewegt sich in den ersten 2,0 Sekunden mit konstanter Beschleunigung aus der Ruhe bis zur Endgeschwindigkeit 4,0 $\frac{m}{s}$. Die nächsten 2,0 Sekunden fährt er mit konstanter Geschwindigkeit und anschließend bremst er mit konstanter Verzögerung ab, bis er nach der neunten Sekunde wieder zum Stillstand kommt. Gesucht sind die Funktion, welche das Verhalten der Geschwindigkeit während der gesamten Bewegung beschreibt, sowie das dazugehörende *t-v*-Diagramm.

(In der Physik nennt man die Darstellung eines Graphen im Koordinatensystem ein „Diagramm".)

Lösung:

$$v(t) = \begin{cases} 2t, & t \in [0; 2] \\ 4, & t \in \,]2; 4] \\ 7{,}2 - 0{,}8t, & t \in \,]4; 9] \end{cases}$$

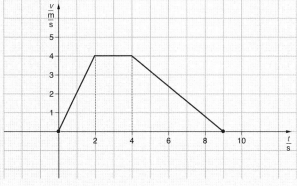

Zeit-Geschwindigkeits-Diagramm

In der Funktionsvorschrift wurden die Einheiten weggelassen. Die Steigungsfaktoren 2 und –0,8 sind Beschleunigungswerte. Man erhält sie aus dem Graphen (Steigungsfaktoren) oder durch die Formel $a = \dfrac{\Delta v}{\Delta t}$.

b) Stromimpulse sollen die Form von zwei „Sägezähnen" haben. Sie werden als Funktion des Stroms I (mA) von der Zeit t (10^{-2} s) beschrieben.

$$I(t) = \begin{cases} \dfrac{3}{4}\,t, & t \in [0;\,4[\\[1mm] -3t + 15, & t \in [4;\,5[\\[1mm] \dfrac{3}{4}t - 3,75, & t \in [5;\,9[\\[1mm] -3t + 30, & t \in [9;\,10[\end{cases}$$

In der Vorschrift wurden die Einheiten weggelassen.

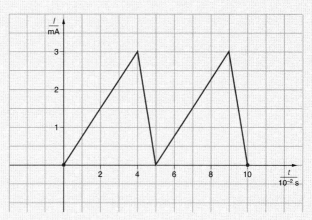

Zeit-Strom-Diagramm

c) Nach dem Einkommensteuergesetz (§ 32a Abs. 1 EstG) vom 1. Januar 1990 ließ sich zum versteuernden Jahreseinkommen x die Einkommensteuer $f(x)$ nach folgender Vorschrift berechnen:

$$f : x \to \begin{cases} 0, & x \in [0;\,5617[\\[1mm] 0,19x - 1067, & x \in [5617;\,8154[\\[1mm] 151,94 \cdot \left(\dfrac{x-8100}{10000}\right)^2 + 1900 \cdot \dfrac{x-8100}{10000} + 482, & x \in [8154;\,120042[\\[1mm] 0,53x - 22842, & x \in [120042;\,+\infty[\end{cases}$$

In der Vorschrift wurde die Einheit DM jeweils weggelassen.

Beispielsweise musste man für ein zu versteuerndes Jahreseinkommen von 8 000 DM die Einkommensteuer von f (8 000 DM) = 0,19 · 8 000 DM – 1 067 DM = 453 DM zahlen.

Graphen zeichnen **Aufgabe**

1. Stellen Sie die folgenden Funktionen graphisch dar:

a) $f : x \rightarrow \begin{cases} (x + 2)^2, & x \in]-\infty; -1] \\ 0{,}5x + 1{,}5, & x \in]-1; 2[\\ 0{,}5(x - 2)^2 + 2{,}5, & x \in [2; +\infty [\end{cases}$

e) $f : x \mapsto \begin{cases} \dfrac{1}{x + 1}, & x \in]-\infty; -1[\\ x^2 - 1, & x \in [-1; 1[\\ 2 - \dfrac{1}{2}x, & x \in [1; 4[\end{cases}$

b) $f : x \rightarrow \begin{cases} -0{,}5x - 0{,}5, & x \in \mathbb{R}_0^- \\ x^2 - 2x + 2, & x \in]0; 3] \\ \dfrac{1}{3}x^2 - 2x + 3, & x \in]3; +\infty[\end{cases}$

c) $f : x \mapsto \begin{cases} 0{,}5x^2 + x - 0{,}5, & x \in]-\infty; -1] \\ -x^2, & x \in]-1; 2] \\ 1, & x \in]2; +\infty [\end{cases}$

f) $f : x \mapsto \begin{cases} -x - 2, & x \in [-4; -2[\\ 0, & x \in [-2; -1[\\ 2x + 2, & x \in [-1; 0[\\ 2, & x \in [0; 1[\\ -2x + 4, & x \in [1; 2[\\ 0, & x \in [2; 3[\\ x - 3, & x \in [3; 5[\\ 2, & x \in [5; 6[\end{cases}$

d) $f : x \mapsto \begin{cases} 0{,}5x, & x \in [0; 2[\\ -2x + 5, & x \in [2; 3[\\ 0{,}5x - 2{,}5, & x \in [3; 7[\end{cases}$

6.2 Betragsfunktion

6.2.1 Definitionen

Der **Betrag** einer reellen Zahl x ist definiert durch $|x| = \begin{cases} x & \text{für } x > 0 \\ 0 & \text{für } x = 0 \\ -x & \text{für } x < 0 \end{cases}$

Beispiele

a) $|3| = 3$, $|-3| = 3$, $|0| = 0$

b) $|4 - \sqrt{2}| = 4 - \sqrt{2}$

c) $|\sqrt{2} - 4| = 4 - \sqrt{2}$

Eine Funktion f mit $f(x) = |x|$, $x \in \mathbb{R}$ heißt **Betragsfunktion.**

Die Betragsfunktion ist eine abschnittsweise definierte Funktion der Art:

$$f : x \mapsto \begin{cases} x, & x \in \mathbb{R}^+ \\ 0, & x = 0 \\ -x, & x \in \mathbb{R}^- \end{cases}$$

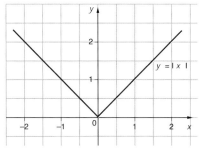

Graph der Betragsfunktion

Der Graph der Betragsfunktion besteht aus zwei Halbgeraden, und zwar den Winkelhalbierenden des ersten und zweiten Quadranten. An der Stelle $x = 0$ hat der Graph einen „Knick".

6.2.2 Verknüpfungen

In der Praxis kommen sehr oft Verknüpfungen von elementaren Funktionen mit Betragsfunktionen vor.

Beispiele

Gegeben sind die Funktionen $f : x \mapsto |x|, x \in \mathbb{R}$ und $g : x \mapsto x + 2, x \in \mathbb{R}$ mit ihren Graphen:

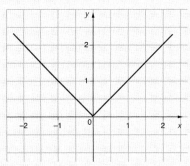

Graph der Ausgangsfunktion $y = |x|$ *Graph der Ausgangsfunktion $y = x + 2$*

● Die Addition der Funktionen f und g ergibt die Summenfunktion
$f + g : x \mapsto |x| + x + 2, x \in \mathbb{R}$ oder in abschnittsweise definierter Form geschrieben:

$$(f + g)(x) = \begin{cases} 2x + 2, & x \in \mathbb{R}_0^+ \\ 2, & x \in \mathbb{R}^- \end{cases}$$

Die erste Zeile ergibt sich durch die Überlegung, dass $|x| = x$ für positive x, die zweite Zeile erhält man durch $|x| = -x$ für negative x, also $-x + x + 2 = 2$.

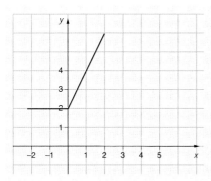

Graph der Summenfunktion
$y = |x| + x + 2$

● Die Multiplikation der Funktionen *f* und *g* ergibt die Produktfunktion
$f \cdot g : x \mapsto |x| \cdot (x + 2), x \in \mathbb{R}$ oder in abschnittsweise definierter Form geschrieben:

$$(f \cdot g)(x) = \begin{cases} x^2 + 2x, & x \in \mathbb{R}_0^+ \\ -x^2 - 2x, & x \in \mathbb{R}^- \end{cases}$$

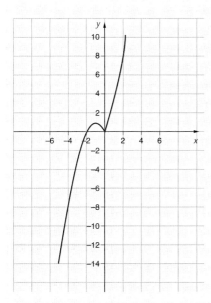

Graph der Produktfunktion
$y = |x| \cdot (x + 2)$

● Die Verkettung *f* o *g* ist die Funktion $f \circ g : x \mapsto |x + 2|, x \in \mathbb{R}$ oder in abschnittsweise definierter Form geschrieben:

$$(f \circ g)(x) = \begin{cases} x + 2, & x \in [-2; +\infty[\\ -x - 2, & x \in \,]-\infty; -2[\end{cases}$$

● Die Verkettung $g \circ f$ ist die Funktion $g \circ f : x \mapsto |x| + 2, x \in \mathbb{R}$ oder in abschnittsweise definierter Form geschrieben:

$$(g \circ f)(x) = \begin{cases} x + 2, & x \in \mathbb{R}_0^+ \\ -x + 2, & x \in \mathbb{R}^- \end{cases}$$

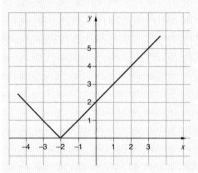

Graph der Verkettung $f \circ g$

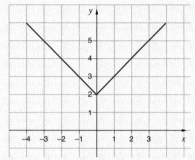

Graph der Verkettung $g \circ f$

Aufgabe

Definitionsmenge aufteilen

1. Schreiben Sie folgende Funktionen als abschnittsweise definierte Funktionen:

a) $f : x \mapsto |4x - 1|, x \in \mathbb{R}$

i) $f : x \mapsto \dfrac{1}{3} \cdot |4x^2 - 1|, x \in \mathbb{R}$

b) $f : x \mapsto |-2x + 6|, x \in \mathbb{R}$

k) $f : x \mapsto 5 \cdot |x^2 - 1| - 2x^2, x \in \mathbb{R}$

c) $f : x \mapsto -3 \cdot \left|\dfrac{1}{2}x - 2\right|, x \in \mathbb{R}$

l) $f : x \mapsto |(x - 2)(x + 1)|, x \in \mathbb{R}$

d) $f : x \mapsto \dfrac{1}{4} \cdot |8x - 1|, x \in \mathbb{R}$

m) $f : x \mapsto |(x + 4)(x + 6)| - 12, x \in \mathbb{R}$

e) $f : x \mapsto \dfrac{1}{6} \cdot |2x| + 4 \cdot |2x| - 2, x \in \mathbb{R}$

f) $f : x \mapsto 3 \cdot |-5x| - 2 \cdot |4x| + 1, x \in \mathbb{R}$

g) $f : x \mapsto |x^2 - 4|, x \in \mathbb{R}$

h) $f : x \mapsto 2 \cdot |-x^2 + 9|, x \in \mathbb{R}$

Graphen zeichnen

2. Zeichnen Sie die Graphen von folgenden Funktionen:

a) $f : x \mapsto |x - 2|, x \in \mathbb{R}$

e) $f : x \mapsto 1 - 2 \cdot |x|, x \in \mathbb{R}$

b) $f : x \mapsto |-x - 2|, x \in \mathbb{R}$

f) $f : x \mapsto \frac{1}{3}x + |x|, x \in \mathbb{R}$

c) $f : x \mapsto -|x - 2|, x \in \mathbb{R}$

g) $f : x \mapsto |x - 2| + |x - 3|, x \in \mathbb{R}$

d) $f : x \mapsto -\frac{1}{2} \cdot |x + 2|, x \in \mathbb{R}$

h) $f : x \mapsto |x + 4| + |x - 1|, x \in \mathbb{R}$

Hinweis: Bei den Aufgaben g) und h) muss man zwei Fallunterscheidungen nacheinander durchführen.

3. Zeichnen Sie die Graphen im angegebenen Bereich (Wertetabelle):

a) $f(x) = |x|^2, x \in [-3; 3]$

d) $f(x) = \frac{|9 - x^2|}{3 + |x|}, x \in [-4; 4]$

b) $f(x) = \left|-\frac{1}{4}x^2 + x - 1\right|, x \in [-2; 4]$

e) $f(x) = \frac{|x - 1| \cdot x}{x - 1}, x \in [-4; 4] \setminus \{1\}$

c) $f(x) = -\frac{x^2}{|x|}, x \in [-5; 5] \setminus \{0\}$

f) $f(x) = \frac{|x^2 - 2x|}{2x}, x \in [-4; 5] \setminus \{0\}$

Verknüpfungen

4. Bilden Sie jeweils $f - g$, $f \cdot g$, $f \circ g$ und $g \circ f$:

a) $f : x \mapsto |x|, x \in \mathbb{R}, g : x \rightarrow x^2 - 1, x \in \mathbb{R}$

b) $f : x \mapsto 2|x| + 1, x \in \mathbb{R}, g : x \rightarrow -x + 2, x \in \mathbb{R}$

c) $f : x \mapsto 2|x|^2 + |x|, x \in \mathbb{R}, g : x \rightarrow \frac{1}{2}x + \frac{3}{2}, x \in \mathbb{R}$

d) $f : x \mapsto \frac{1}{2}|x|, x \in \mathbb{R}, g : x \rightarrow -x + 3, \in [-2; \infty[$

6.2.3 Betragsgleichungen

*Gleichungen, in denen die Bestimmungsvariable zwischen Betragsstrichen steht, heißen **Betragsgleichungen.***

Beispiele

⬤ **Einfache Betragsgleichung, Lösung durch Probieren**

$|x| = 3, D = \mathbb{R}$ Betragsgleichung mit Definitionsmenge

Lösung:

$x_1 = 3$, denn $|3| = 3$, $x_2 = -3$, denn $|-3| = 3$ Gemäß der Definition des Betrages

$|x| = 3 \Leftrightarrow \pm x = 3 \Leftrightarrow x = \pm 3$ Äquivalente Umwandlungen

$\mathbb{L} = \{3; -3\}$ Lösungsmenge

● Lösung durch Fallunterscheidung

$|ax + b| = c, x \in D, a, b, c \in \mathbb{R}, a \neq 0$

1. Fall:

$ax + b \geq 0 \land (ax + b) = c$

Falls der Termwert zwischen den Betragsstrichen nicht negativ ist, kann man die Betragsstriche auf der linken Seite der Gleichung durch eine Klammer ersetzen. Beide Aussageformen müssen durch dieselbe Zahl x erfüllt werden. Daraus ergibt sich der erste Teil der Lösungsmenge.

2. Fall:

$ax + b < 0 \land -(ax + b) = c$

Falls der Termwert zwischen den Betragsstrichen negativ ist, ersetzt man den Betrag auf der linken Seite der Gleichung durch eine Klammer mit negativem Vorzeichen. Beide Aussageformen müssen durch dieselbe Zahl x erfüllt werden. Daraus ergibt sich der zweite Teil der Lösungsmenge.

$|3x - 6| = 4, D = \mathbb{R}$	Betragsgleichung mit Definitionsmenge
$3x - 6 \geq 0 \land (3x - 6) = 4 \Rightarrow x \geq 2 \land x = \dfrac{10}{3}$ $\Rightarrow x_1 = \dfrac{10}{3}$	1. Fall: Betragsstriche können weggelassen werden.
$3x - 6 < 0 \land -(3x - 6) = 4 \Rightarrow x < 2 \land x = \dfrac{2}{3}$ $\Rightarrow x_2 = \dfrac{2}{3}$	2. Fall: Betragsstriche durch Klammer mit Minuszeichen davor ersetzen.
$\mathbb{L} = \left\{ \dfrac{10}{3}, \dfrac{2}{3} \right\}$	Lösungsmenge

---

Aufgabe

1. Lösen Sie folgende Betragsgleichungen durch Probieren ($D = \mathbb{R}$):

   a) $|3x| = 6$

   b) $|x - 2| = 8$

   c) $4|x(x - 1)| = 0$

   d) $5 \cdot |3x - 6| = 8$

2. Lösen Sie folgende Betragsgleichungen durch Fallunterscheidung ($D = \mathbb{R}$):

   a) $2 + \dfrac{1}{2} \cdot |3x + 1| = 8$

   b) $|4x + 5| = 6x - 1$

   c) $1 + |-3x + 1| = 4x + 3$

   d) $\dfrac{1}{2} \cdot |10x + 5| = 3 \cdot (x - 1)$

   e) $|2x - 7| = 4$

   f) $\dfrac{1}{2} \cdot \left| \dfrac{1}{3}x - \dfrac{4}{5} \right| = 4$

6.2.4 Betragsungleichungen

> *Ungleichungen, in denen die Bestimmungsvariable zwischen Betrags-strichen steht, heißen* **Betragsungleichungen**. *Derartige Ungleichungen werden ähnlich wie bei den Betragsgleichungen über eine Fallunterschei-dung gelöst.*

Ungleichungen → Seite 58, 76

Beispiele

Es soll die Lösungsmenge von $|2x - 1| \leq 4x + 1, D = \mathbb{R}$ bestimmt werden.

Lösung:

1. Fall: Man setzt den Term, der sich zwischen den Betragsstrichen befin-det, größer oder gleich 0 (Nebenbedingung), dann kann man die Betrags-striche durch Klammern ersetzen (die aber hier bedeutungslos sind).

$(2x - 1) \leq 4x + 1 \land 2x - 1 \geq 0 \Leftrightarrow$	Ungleichung mit Nebenbedingung
$-2x \leq 2 \land 2x \geq 1 \Leftrightarrow$	Ungleichungen wurden vereinfacht
$x \geq -1 \land x \geq \dfrac{1}{2}, \mathbb{L}_1 = [0{,}5; +\infty[$	Lösungsmenge des ersten Falls

2. Fall: Man setzt den Term, der sich zwischen den Betragsstrichen befin-det, kleiner als 0 (Nebenbedingung). Nach der Betragsdefinition wird die-ser Term negiert, wenn die Betragsstriche weggelassen werden.

$-(2x - 1) \leq 4x + 1 \land 2x - 1 < 0 \Leftrightarrow$	Ungleichung mit Nebenbedingung
$-6x \leq 0 \land 2x < 1 \Leftrightarrow$	Ungleichungen wurden vereinfacht
$x \geq 0 \land x < \dfrac{1}{2}, \mathbb{L}_2 = \left[0; \dfrac{1}{2}\right[$	Lösungsmenge des zweiten Falls
$\mathbb{L} = \mathbb{L}_1 \cup \mathbb{L}_2 = [0; +\infty[$	Die Lösungsmenge der Unglei-chung ist die Vereinigungsmenge der Lösungsmengen des ersten und des zweiten Falls

6.2.5 Umgebungen

Ungleichungen vom allgemeinen Typ $|x - m| < r$ haben eine besonders wich-tige Bedeutung in der Mathematik. Man löst sie allgemein so auf:

1. Fall:

$x - m < r \land x - m \geq 0 \Leftrightarrow$	Ungleichung mit Nebenbedingung
$x < m + r \land x \geq m, \mathbb{L}_1 = [m; m + r[$	Lösungsmenge des ersten Falls

2. Fall:

$-(x - m) < r \land x - m < 0 \Leftrightarrow$	Ungleichung mit Nebenbedingung
$x > m - r \land x < m, \mathbb{L}_2 =]m - r; m[$	Lösungsmenge des zweiten Falls

Die gesamte Lösungsmenge ist also ein offenes Intervall $\mathbb{L} = {}] m - r; m + r [$ mit m als Mittelpunkt und dem Radius r. Solche Mengen bezeichnet man als **Umgebungen** und definiert:

$$U_r(m) = {}] m - r; m + r [= \{x \mid x \in \mathbb{R} \wedge |x - m| < r \}$$

Umgebung an der Zahlengeraden

Die kennzeichnende Ungleichung $|x - m| < r$ wird so gelesen: Die Entfernung der Stelle x von der Stelle m ist kleiner als r.

Beispiele $(D = \mathbb{R})$

a) $|x - 3| < 1$ Die Lösungsmenge

   $\mathbb{L} = U_1(3) = {}] 3 - 1; 3 + 1 [= {}] 2; 4[$ wird direkt abgelesen

b) $|x + 2| < 3 \Leftrightarrow |x - (-2)| < 3$ Die Lösungsmenge

   $\mathbb{L} = U_3(-2) = {}] -2 - 3; -2 + 3 [= {}] -5; 1[$ wird direkt abgelesen

Aufgabe

Beitragsungleichung

1. Ermitteln Sie die Lösungsmengen bei folgenden Betragsungleichungen $(D = \mathbb{R})$:

a) $|2x + 3| \leq 4$ h) $|5x - 1| \leq 2x - 2$

b) $|-4x + 1| \geq 2$ i) $|-x + 3| \leq x - 4$

c) $\left|\dfrac{1}{2}x - 4\right| < \dfrac{3}{2}$ k) $\left|\dfrac{1}{2}x + 4\right| > \dfrac{5}{2}x - 2$

d) $|2x + 1| > 7$ l) $3 \cdot |x - 2| < 6x + 5$

e) $|3x - 1| \leq 2$ m) $2x - 1 > |6 - 4x|$

f) $5 \cdot |x - 4| > 10$ n) $-4x \leq |5x + 1|$

g) $-6 \cdot |2x - 2| \leq 5$ o) $5 - 3x > -\dfrac{1}{2} \cdot |x - 4|$

Umgebungen

2. Geben Sie folgende Umgebungen in der Intervallschreibweise an:

a) $|x - 4| < 1$ d) $|x - 250| < 15$

b) $|4x - 4| < 8$ e) $|x + 720| < 20$

c) $|x + 5| < 10$ f) $|x - 0,25| < 0,005$

Funktionen

3. Geben Sie die Intervalle auf der *x*-Achse an, für welche die Funktionswerte größer als 1 sind:

a) $f(x) = 2 \cdot |4 - x|$, $x \in \mathbb{R}$ b) $f(x) = \dfrac{1}{3} \cdot |3x + 6|$, $x \in \mathbb{R}$

4. Geben Sie die Intervalle auf der *x*-Achse an, für welche die Funktionswerte kleiner als 2 sind:

a) $f(x) = 4 \cdot |-2x - 2|$, $x \in \mathbb{R}$ b) $f(x) = 2 \cdot |2x - 1| - 1$, $x \in \mathbb{R}$

5. Das Maximum von zwei Zahlen *a* und *b* lässt durch folgende Formel berechnen:

$\max(a, b) = \dfrac{1}{2}(|a - b| + a + b)$. Das Maximum einer reellen Zahl *x* und der

Zahl 1 wird durch die Funktion *f* mit $f(x) = \max(x, 1) = \dfrac{1}{2}(|x - 1| + x + 1)$,

$x \in \mathbb{R}$ berechnet. Zeichnen Sie den Graph dieser Funktion.

6.3   Signum- und Integer-Funktion

6.3.1 Signum-Funktion

Das **Signum** (Vorzeichen) einer reellen Zahl *x* wird definiert als:

$$sgn(x) = \begin{cases} 1, & \text{für } x > 0 \\ 0, & \text{für } x = 0 \\ -1 & \text{für } x < 0 \end{cases}$$

Die Funktion, welche jeder reellen Zahl oder jedem Term das Signum zuordnet, heißt **Signum-Funktion**: $f : x \mapsto sgn(x)$, $x \in \mathbb{R}$

Der Graph der Signum-Funktion besteht aus zwei Halbgeraden und einem Punkt. An der Stelle *x* = 0 hat der Graph einen „Sprung".

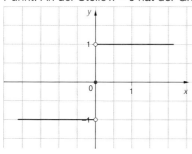

Graph der Funktion f mit y = sgn (x)

Zwischen der Betrags- und der Signum-Funktion besteht folgender Zusammenhang: $|x| = x \cdot sgn(x)$.

Begründung:

$$|x| = \begin{cases} x, & x > 0 \\ 0, & x = 0 \\ -x, & x < 0 \end{cases} = \begin{cases} x \cdot (+1), & x > 0 \\ 0 \cdot 0, & x = 0 \\ x \cdot (-1), & x < 0 \end{cases} = x \cdot sgn(x)$$

Soll die Vorzeichenverteilung einer Funktion *f*(*x*) dargestellt werden, so wird die betreffende Funktion mit der Signum-Funktion verkettet: *sgn*(*f*(*x*)).

Beispiel

Soll die Vorzeichenverteilung von $f(x) = x^2 - 1$, $x \in \mathbb{R}$ dargestellt werden, so bildet man durch Verkettung mit der Signum-Funktion zunächst $sgn\,(x^2 - 1)$, $x \in \mathbb{R}$.

$$sgn\,(x^2 - 1) = \begin{cases} 1, & x \in\,]-\infty; -1\,[\, \cup\,]\,1; +\infty\,[\\ 0, & x \in \{-1; 1\} \\ -1, & x \in\,]-1; 1\,[\end{cases}$$

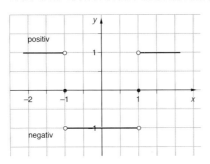

Vorzeichenverteilung von $f(x) = x^2 - 1$

6.3.2 Integer-Funktion (auch Gauß-Funktion genannt)

> Der **Integer-Wert** [x] einer reellen Zahl x ist die größte ganze Zahl, die kleiner oder gleich x ist.

Es gilt somit: $[x] \le x < [x + 1]$ bzw. $x - 1 < [x] \le x$

[x] wird gelesen: „Gauß-Klammer x " oder „größte ganze von x "

Beispiel

$[2{,}75] = 2$, $[-0{,}8] = -1$, $[4] = 4$

> Die Funktion, welche jeder reellen Zahl x ihren Integer-Wert zuordnet, heißt **Integer-Funktion**: $f : x \mapsto [x]$, $x \in \mathbb{R}$

Der Graph der Integer-Funktion ist die Treppenkurve.

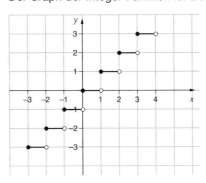

Treppenkurve

Auch die Integer-Funktion lässt sich mit anderen Funktionen verknüpfen. Beispielsweise ist die Funktion $h : x \rightarrow [x^2 - 2x + 5]$, $x \in \mathbb{R}$ aus den Funktionen $f : x \rightarrow [x]$, $x \in \mathbb{R}$ und $g : x \rightarrow x^2 - 2x + 5$, $x \in \mathbb{R}$ durch die Verkettung $f \circ g$ entstanden.

Funktionen **Aufgabe**

1. Zeichnen Sie die Graphen von folgenden Funktionen:

   a) $f : x \mapsto sgn\ (x - 1)$, $x \in \mathbb{R}$ d) $f : x \mapsto \dfrac{1}{2}x^2 \cdot sgn\ (x)$, $x \in \mathbb{R}$

   b) $f : x \mapsto sgn\ (- 0{,}5x + 1)$, $x \in \mathbb{R}$ e) $f : x \mapsto 1{,}5x + sgn\ (x)$, $x \in \mathbb{R}$

   c) $f : x \mapsto sgn\ (2x + 1)$, $x \in \mathbb{R}$ f) $f : x \mapsto \dfrac{x}{|x|}$, $x \in \mathbb{R} \setminus \{0\}$

2. Die Funktion $f_{a,b}$ mit $f_{a,b}\ (x) = \dfrac{1}{2} \cdot (1 + sgn\ ((a - x)\ (x - b))) = i_{a,\,b}\ (x)$ heißt

   Indikatorfunktion. Sie hat beim Schreiben von Formeln im Computer eine wichtige Bedeutung.

   a) Berechnen Sie die Funktionswerte für $x < a$, $x = a$, $a < x < b$, $x = b$, $x > b$.

   b) Zeichnen Sie die Graphen von $i_{-2,3}\ (x)$ und $i_{3,8}\ (x)$.

   c) Schreiben Sie folgende Funktion g in abschnittsweise definierter Form:

   $g\ (x) = x^2 \cdot i_{-2,3}\ (x) + (2x - 1) \cdot i_{3,8}\ (x)$

3. Zeichnen Sie die Graphen von folgenden Funktionen:

   a) $f : x \rightarrow [2x - 1]$, $x \in [0; 2]$ d) $f : x \rightarrow [0{,}5x - 1]$, $x \in \mathbb{R}$

   b) $f : x \rightarrow [x + 1]$, $x \in \mathbb{R}$ e) $f : x \rightarrow x - [x]$, $x \in \mathbb{R}$

   c) $f : x \rightarrow [x - 2]$, $x \in \mathbb{R}$ f) $f : x \rightarrow x + [x]$, $x \in \mathbb{R}$

7 Lineare Gleichungssysteme

Bei unzähligen praktischen, wirtschaftlichen und technischen Problemen kommen lineare Gleichungssysteme vor. Ein solches System ist eine Konjunktion (→ Anhang, Seite 236) aus mindestens zwei Gleichungen mit mindestens zwei Unbekannten.

Wichtiger Hinweis: Bei den Gleichungssystemen werden die Unbekannten üblicherweise anstelle von x, y, z, ... mit x_1, x_2, x_3 ... bezeichnet, um die Ausbaufähigkeit der Theorie vorzubereiten und um spätere Zusammenhänge mit Vektoren zu erleichtern.

Das einführende Beispiel zeigt, wie auch ganz alltägliche Probleme zu einem linearen Gleichungssystem führen.

Einführendes Beispiel

Im Zeitalter des freien und harten Wettbewerbs kommt es immer häufiger vor, dass Angebote und Dienstleistungen nur noch „im Bündel" angeboten werden. Damit soll ein Preisvergleich erschwert werden. So werden in einem Geschäft Hefte verschiedener Größen nur mehr im Set angeboten:

Set 1: 6 Hefte DIN A4 und 2 Hefte DIN A5 kosten 2,70 EUR,
Set 2: 3 Hefte DIN A4 und 5 Hefte DIN A5 kosten 1,95 EUR.

Um den Einzelpreis x_1 (in Cent) eines DIN-A4-Heftes und den Einzelpreis x_2 (in Cent) eines DIN-A5-Heftes herauszufinden, kann für je ein Set eine Gleichung aufgestellt werden. Mathematisch handelt es sich um zwei Aussageformen, die von x_1 und x_2 erfüllt werden müssen, also ein System von zwei linearen Gleichungen mit zwei Unbekannten:

$$\begin{cases} 6x_1 + 2x_2 = 270 \; \wedge \\ 3x_1 + 5x_2 = 195 \end{cases}$$

Es gibt dazu verschiedene Lösungsverfahren. Sie werden im nächsten Abschnitt vorgestellt.

7.1 System aus zwei Gleichungen mit zwei Unbekannten

Eine Aussageform $\begin{cases} a_{11}x_1 + a_{12}x_2 = b_1 \; \wedge \\ a_{21}x_1 + a_{22}x_2 = b_2 \end{cases}$ *über der Definitionsmenge* $\mathbb{R} \times \mathbb{R}$ *mit der Variablen* (x_1, x_2) *heißt lineares Gleichungssystem, bestehend aus* **zwei Gleichungen** *mit* **zwei Unbekannten.**

Hinweise: Das Paar (x_1, x_2) wird als **eine Variable** angesehen, d. h., ein Lösungselement des Gleichungssystems beinhaltet stets eine x_1-Komponente und eine x_2-Komponente. a_{11}, a_{12}, a_{21}, a_{22} sind Konstanten mit **Doppelindizes.** Ein Doppelindex gibt über die Stellung der Konstanten a im Gleichungssystem Auskunft. Beispielsweise bedeutet a_{12}, dass die Zahl in der 1. Gleichung bei der 2. Unbekannten als Koeffizient steht.

Die linke Seite des Gleichungssystems wird oft in vereinfachter Weise durch die **Matrix der Koeffizienten** dargestellt:

Koeffizientenmatrix: $\begin{pmatrix} a_{11} \, a_{12} \\ a_{21} \, a_{22} \end{pmatrix}$

Das gesamte Gleichungssystem wird in vereinfachter Weise durch die um die Spalte der Zahlen auf der rechten Seite erweiterten Matrix dargestellt. Umgekehrt kann man aus der erweiterten Matrix eindeutig das Gleichungssystem rekonstruieren.

Erweiterte Koeffizientenmatrix: $\begin{pmatrix} a_{11} \, a_{12} \, b_1 \\ a_{21} \, a_{22} \, b_2 \end{pmatrix}$

7.1.1 Einsetzverfahren

Die erste Gleichung wird nach einer der beiden Unbekannten (z. B. x_1) „aufgelöst", d. h., sie wird in Abhängigkeit der anderen Unbekannten dargestellt. Daraufhin wird die erste Gleichung in die zweite „eingesetzt".

Beispiel

$\begin{cases} 6x_1 + 2x_2 = 540 \; \text{(I)} \\ 3x_1 + 5x_2 = 390 \; \text{(II)} \end{cases}$ Gleichungssystem

Lösung:

$6x_1 + 2x_2 = 540 \Leftrightarrow 2x_2 = 540 - 6x_1 \Leftrightarrow$	In (I) wird nach x_2 aufgelöst
$x_2 = 270 - 3x_1$	
$3x_1 + 5(270 - 3x_1) = 390$	(I) wird in (II) eingesetzt
$-12x_1 = -960 \Leftrightarrow x_1 = 80$	Berechnung von x_1
$x_2 = 270 - 3 \cdot 80 \Leftrightarrow x_2 = 30$	x_1 wird in (I) eingesetzt,
$\mathbb{L} = \{(80, 30)\}$	x_2 wird berechnet

Hinweis: In Zeile (I) hätte man auch nach x_1 auflösen und in Zeile (II) einsetzen können.

7.1.2 Gleichsetzungsverfahren

Beide Gleichungen werden nach derselben Unbekannten „aufgelöst" und die rechten Seiten der aufgelösten Gleichungen werden gleichgesetzt.

Beispiel

$$\begin{cases} 6x_1 + 2x_2 = 540 \quad \text{(I)} \\ 3x_1 + 5x_2 = 390 \quad \text{(II)} \end{cases}$$ Gleichungssystem

Lösung:

$$\begin{cases} 6x_1 = 540 - 2x_2 \quad \text{(I)} \\ 3x_1 = 390 - 5x_2 \quad \text{(II)} \end{cases} \Leftrightarrow$$

$$\begin{cases} x_1 = 90 - \dfrac{1}{3}x_2 \quad \text{(I)} \\ x_1 = 130 - \dfrac{5}{3}x_2 \quad \text{(II)} \end{cases}$$ Beide Gleichungen nach x_1 aufgelöst

$$90 - \frac{1}{3}x_2 = 130 - \frac{5}{3}x_2$$ Rechte Seiten gleichgesetzt

$$\frac{4}{3}x_2 = 40 \Leftrightarrow x_2 = 30$$ Berechnung von x_2

$$x_1 = 90 - \frac{1}{3} \cdot 30 \Leftrightarrow x_1 = 80$$ x_2 in (I) eingesetzt, Berechnung von x_1

$$\mathbb{L} = \{(80, 30)\}$$

Die Einsetz- und das Gleichsetzungsverfahren haben den Vorteil, dass sie einfach sind und ohne Kunstgriffe angewendet werden können. Außerdem sind sie auch bei nicht linearen Systemen brauchbar.

Nachteilig ist die Anwendung, wenn die Koeffizienten Brüche oder Zahlen mit großen Beträgen sind, da man dann bei den Umformungen auf umfangreichere algebraische Kenntnisse zurückgreifen muss, falls man nicht mit genäherten Werten rechnen will. Auch beim Lösen von „zerfallenden Systemen" (→ Seite 127) gibt es Schwierigkeiten. Streng genommen sind die Lösungsschritte dann keine äquivalenten Umformungen mehr, wenn dabei das System zerstört wird.

7.1.3 Additionsverfahren

Der Grundgedanke dieses Verfahrens ist, die Gleichungen (ggf. nach vorheriger Multiplikation mit einem geeigneten Faktor) derart zu addieren, dass in einer der Gleichungen eine Unbekannte wegfällt **(eliminiert wird).** Außerdem soll während des gesamten Lösungsverfahrens das System erhalten bleiben.

Das Verfahren stützt sich auf den Lehrsatz: Wenn jede Gleichung des Systems die Lösung (x_1, x_2) hat, hat auch die Summe dieser Gleichungen dieselbe Lösung.

Beispiele

a) (Das System hat genau eine Lösung)

$$\begin{cases} 6x_1 + 2x_2 = 540 & \text{(I)} \\ 3x_1 + 5x_2 = 390 & \text{(II)} \end{cases} \quad \text{Gleichungssystem}$$

Lösung:

$$\Leftrightarrow \begin{cases} 6x_1 + 2x_2 = 540 & \text{(I)} \\ \quad\quad 4x_2 = 120 & -0{,}5 \cdot \text{(I)} + \text{(II)} \end{cases}$$

(I) bleibt unverändert, in der 2. Zeile steht die Summe aus der mit −0,5 multiplizierten Gleichung (I) und der Gleichung (II). Dadurch fällt in der 2. Zeile die Unbekannte x_1 weg.

$$\Leftrightarrow \begin{cases} 6x_1 + 2x_2 = 540 \\ \quad\quad\quad x_2 = 30 \end{cases}$$

(I) bleibt unverändert, in der 2. Zeile wird x_2 berechnet.

$$\Leftrightarrow \begin{cases} 6x_1 + 2 \cdot 30 = 540 \\ \quad\quad x_2 = 30 \end{cases} \Leftrightarrow \begin{cases} x_1 = 80 \\ x_2 = 30 \end{cases}$$

In der 1. Zeile wird x_1 berechnet.

$$\mathbb{L} = \{(80, 30)\}$$

Die erste Gleichung wird bis zum letzten Schritt der Rechnung unverändert übernommen, dort braucht man sie zur Berechnung der zweiten Unbekannten. Die Struktur des Systems bleibt erhalten.

b) (Das System hat keine Lösung, zerfallendes System)

$$\begin{cases} x_1 + 3x_2 = 7 & \text{(I)} \\ 2x_1 + 6x_2 = 1 & \text{(II)} \end{cases} \quad \text{Gleichungssystem}$$

Lösung:

$$\Leftrightarrow \begin{cases} x_1 + 3x_2 = 7 & \text{(I)} \\ \quad\quad 0 = -13 & (-2) \cdot \text{(I)} + \text{(II)} \end{cases}$$

$$\mathbb{L} = \emptyset$$

(I) bleibt unverändert, in der 2. Zeile steht die Summe aus der mit −2 multiplizierten Gleichung (I) und der Gleichung (II). Die 2. Zeile enthält eine falsche Aussage, daher bleibt die Konjunktion der beiden Zeilen (Aussageformen) stets falsch.

c) (Das System hat unendlich viele Lösungen, zerfallendes System)

$$\begin{cases} -x_1 + 3x_2 = 1 & \text{(I)} \\ 2x_1 - 6x_2 = -2 & \text{(II)} \end{cases} \quad \text{Gleichungssystem}$$

$$\Leftrightarrow \begin{cases} -x_1 + 3x_2 = 1 & \text{(I)} \\ \quad\quad 0 = 0 & 2 \cdot \text{(I)} + \text{(II)} \end{cases}$$

(I) bleibt unverändert, die 2. Zeile ist die Summe aus der mit 2 multiplizierten Gleichung (I) und der Gleichung (II). Das System besteht jetzt aus einer Gleichung mit zwei Unbekannten und einer immer wahren Aussage, es ist also unterbestimmt.

$$\Leftrightarrow \begin{cases} x_2 = \dfrac{1 + x_1}{3} \\ 0 = 0 \end{cases}$$

Die erste Gleichung wird nach x_2 aufgelöst, x_1 hat die Funktion eines Parameters.

$$\mathbb{L} = \left\{ (x_1; x_2) \mid x_1 \in \mathbb{R} \wedge x_2 = \dfrac{1 + x_1}{3} \right\}$$

Für jedes beliebige reelle x_1 lässt sich ein x_2 berechnen, so entstehen unendlich viele Lösungselemente.

Aufgabe

Gleichungssysteme

1. Bestimmen Sie die Lösungsmenge folgender Gleichungssysteme:

a) $\begin{cases} x_1 + x_2 = 5 \\ 4x_1 - 3x_2 = -1 \end{cases}$

e) $\begin{cases} 6x + y + 9 = 0 \\ 7x - 4y + 26 = 0 \end{cases}$

b) $\begin{cases} x_1 + 3x_2 = -4 \\ -2x_1 - x_2 = 3 \end{cases}$

f) $\begin{cases} 5x + 6y = 0 \\ -8x + 5y = 0 \end{cases}$

c) $\begin{cases} \dfrac{1}{2}x_1 + \dfrac{2}{5}x_2 = 2 \\ x_1 - \dfrac{3}{5}x_2 = -3 \end{cases}$

g) $\begin{cases} -x + 6y = 20 \\ 5x + 2y = 60 \end{cases}$

d) $\begin{cases} 3x_1 - 4x_2 - 2 = 0 \\ 4x_1 + 6x_2 = 0 \end{cases}$

h) $\begin{cases} 2x + 4y = 3 \\ -6x + 10y = 2 \end{cases}$

2. Lösen Sie die folgenden Gleichungssysteme mit dem Additionsverfahren:

a) $\begin{cases} 2x_1 - 8x_2 = -8 \\ 3x_1 + 4x_2 = 20 \end{cases}$

d) $\begin{cases} \dfrac{1}{2}x_1 + \dfrac{3}{4}x_2 = 6 \\ -2x_1 - 3x_2 = 5 \end{cases}$

b) $\begin{cases} 6x_1 - 4x_2 - 7 = 0 \\ -12x_1 + 8x_2 + 14 = 0 \end{cases}$

e) $\begin{cases} \dfrac{3}{4}x + \dfrac{5}{6}y = \dfrac{1}{6} \\ \dfrac{9}{2}x + 5y = 1 \end{cases}$

c) $\begin{cases} 3x_1 - 4x_2 = 19 \\ 5x_1 - 12x_2 = 37 \end{cases}$

f) $\begin{cases} 8x - 2y = -14 \\ 7x + \dfrac{3}{7}y = 9 \end{cases}$

Aufgabe *Muster*

Graphische Lösung von Gleichungssystemen

Das Gleichungssystem $\begin{cases} \dfrac{1}{2}x - y = -1 \\ -\dfrac{3}{2}x + y = 3 \end{cases}$

soll graphisch und rechnerisch gelöst werden.

Graphische Lösung:

Jede Gleichung des Systems wird als Gleichung einer linearen Funktion betrachtet, deren Graph eine Gerade ist (→ Seite 48):

$$\begin{cases} \frac{1}{2}x - y = -1 \\ -\frac{3}{2}x + y = 3 \end{cases} \Leftrightarrow \begin{cases} y = \frac{1}{2}x + 1 \\ y = \frac{3}{2}x + 3 \end{cases}$$ Gleichungen werden nach y aufgelöst.

$$\begin{cases} g_1(x) = y = \frac{1}{2}x + 1 \\ g_2(x) = y = \frac{3}{2}x + 3 \end{cases}$$ Funktionsgleichungen

Damit ist das Lösungsverfahren gleichbedeutend mit dem Aufsuchen des Schnittpunkts der beiden Geraden.

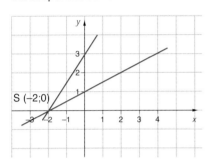

$S(2; 0) \Rightarrow \begin{cases} x = -2 \\ y = 0 \end{cases}$

Graphische Lösung eines Systems von 2 Gleichungen mit 2 Unbekannten

Rechnerische Lösung:

$$\begin{cases} \frac{1}{2}x - y = -1 \ \text{(I)} \\ -\frac{3}{2}x + y = 3 \ \text{(II)} \end{cases} \Leftrightarrow \begin{cases} \frac{1}{2}x - y = -1 \quad \text{(I)} \\ \quad\quad -2y = 0 \quad 3 \cdot \text{(I)} + \text{(II)} \end{cases}$$

$$\Leftrightarrow \begin{cases} y = 0 \\ \quad x = -2 \end{cases} \quad \mathbb{L} = \{-2, 0\}$$

Graphische Lösung von Gleichungssystemen

Aufgabe

3. Lösen Sie die folgenden Gleichungssysteme graphisch und rechnerisch:

a) $\begin{cases} x - y = -\dfrac{1}{2} \\ \dfrac{2}{3}x - y = -2 \end{cases}$

d) $\begin{cases} x + 2y = -4 \\ 3x + y = 3 \end{cases}$

b) $\begin{cases} 2x + 4y = 0 \\ -\dfrac{1}{2}x + \dfrac{1}{4}y = \dfrac{1}{2} \end{cases}$

e) $\begin{cases} \dfrac{x}{2} + \dfrac{y}{4} = \dfrac{3}{4} \\ \dfrac{x}{3} + \dfrac{y}{2} = \dfrac{3}{2} \end{cases}$

c) $\begin{cases} -2x + 3y = -3 \\ 5x - 4y = 11 \end{cases}$

f) $\begin{cases} y = 2x + 1 \\ x = -5y - 6 \end{cases}$

Anwendungsbezogene Aufgaben

4. Das Doppelte einer Zahl, vermindert um das Dreifache einer zweiten Zahl ergibt 5. Vermindert man das Vierfache der zweiten Zahl um die erste, so erhält man wieder 5.
Berechnen Sie die beiden Zahlen.

5. An einem Stand wurden zwei Warensorten verkauft. Die Einnahmen des Vormittags betrugen 1 840 EUR. Am Nachmittag wurde doppelt so viel von der ersten Ware verkauft und nur $\frac{2}{3}$ des Vormittagsverkaufs der zweiten Ware gemacht, dafür wurden 2 560 EUR eingenommen. Wie viele Einheiten wurden von jeder Ware am Vormittag verkauft, wenn pro Einheit 5 EUR bzw. 3 EUR verlangt wurden

6. Ein Kapital A bringt mit dem Zinssatz 5,5% ebenso viele Zinsen wie ein Kapital B mit dem Zinssatz 6,5%. Wäre umgekehrt A zu 6,5% und B zu 5,5% angelegt, so wäre der Jahreszins von A und B um 20 EUR größer als vorher.
Wie groß sind die Kapitalien A und B?

7. Der Stausee eines Elektrizitätswerkes wird über einen Zuflusskanal mit Wasser versorgt. Wenn drei von fünf gleich starken Turbinen in Betrieb sind, nimmt der Inhalt des Stausees in 12 Stunden um 360 000 m³ zu. Sind jedoch alle fünf Turbinen eingeschaltet, so verringert sich bei unverändertem Zufluss der Wasservorrat in sechs Stunden um 300 000 m³. Wie viel m³ Wasser fließen dem Stausee in einer Stunde zu und welche Wassermenge benötigt eine Turbine in der Stunde?

7.2 Systeme aus *m* Gleichungen mit *n* Unbekannten

7.2.1 Drei Gleichungen mit drei Unbekannten (*m* = 3, *n* = 3)

Eine Aussageform $\begin{cases} a_{11}x_1 + a_{12}x_2 + a_{13}x_3 = b_1 \,\wedge \\ a_{21}x_1 + a_{22}x_2 + a_{23}x_3 = b_2 \,\wedge \\ a_{31}x_1 + a_{32}x_2 + a_{33}x_3 = b_3 \end{cases}$ *über der Definitions-*

menge $\mathbb{R} \times \mathbb{R} \times \mathbb{R}$ *mit der Variablen* (x_1, x_2, x_3) *heißt lineares Gleichungs-system, bestehend aus* **drei Gleichungen mit drei Unbekannten.**

Hinweis: Das Tripel (x_1, x_2, x_3) wird als **eine Variable** angesehen, d.h., ein Lösungselement des Gleichungssystems beinhaltet stets eine x_1-Komponente, eine x_2-Komponente und eine x_3-Komponente.

Koeffizientenmatrix: $\begin{pmatrix} a_{11} & a_{12} & a_{13} \\ a_{21} & a_{22} & a_{23} \\ a_{31} & a_{32} & a_{33} \end{pmatrix}$

Erweiterte Koeffizientenmatrix: $\begin{pmatrix} a_{11} & a_{12} & a_{13} & b_1 \\ a_{21} & a_{22} & a_{23} & b_2 \\ a_{31} & a_{32} & a_{33} & b_3 \end{pmatrix}$

Beispiel

$\begin{cases} x_1 - x_2 + 2x_3 = -5 \,\wedge \\ -2x_1 + x_2 - x_3 = 0 \,\wedge \\ 3x_1 + 4x_2 + x_3 = 7 \end{cases}$ Gleichungssystem

Die Koeffizienten sind:

$a_{11} = 1, a_{12} = -1, a_{13} = 2, b_1 = -5, a_{21} = -2, a_{22} = 1, a_{23} = -1, b_2 = 0,$
$a_{31} = 3, a_{32} = 4, a_{33} = 1, b_3 = 7$

$\begin{pmatrix} 1 & -1 & 2 \\ -2 & 1 & -1 \\ 3 & 4 & 1 \end{pmatrix}$ Koeffizientenmatrix

$\begin{pmatrix} 1 & -1 & 2 & -5 \\ -2 & 1 & -1 & 0 \\ 3 & 4 & 1 & 7 \end{pmatrix}$ Erweiterte Koeffizientenmatrix

7.2.2 Mindestens ein Koeffizient ist Null

Hier empfiehlt es sich, diejenige Gleichung, in der ein Koeffizient 0 ist, nach einer der beiden restlichen Unbekannten aufzulösen und sie dann nacheinander in die beiden anderen Gleichungen einzusetzen.

Beispiel

Gesucht ist die Lösungsmenge des Systems $\begin{cases} 2x_1 \qquad + 2x_3 = 0 \\ 3x_1 - 4x_2 + 5x_3 = -14 \\ x_1 - 3x_2 - 2x_3 = -6 \end{cases}$

Lösung:

Bei diesem System fehlt die Variable x_2 in der ersten Zeile. Deshalb löst man diese Gleichung nach x_1 auf und berechnet die Unbekannten x_2 und x_3 mit dem Einsetzungsverfahren.

$\Leftrightarrow \begin{cases} x_1 = -x_3 & \text{(I)} \\ 3x_1 - 4x_2 + 5x_3 = -14 & \text{(II)} \\ x_1 - 3x_2 - 2x_3 = -6 & \text{(III)} \end{cases}$

In (I) wird nach x_1 aufgelöst

$\Leftrightarrow \begin{cases} x_1 = -x_3 & \text{(I)} \\ -3x_3 - 4x_2 + 5x_3 = -14 & \text{(II)} \\ -x_3 - 3x_2 - 2x_3 = -6 & \text{(III)} \end{cases}$

(I) in (II) und (I) in (III)

In (III) wird nach x_3 aufgelöst

$\Leftrightarrow \begin{cases} x_1 = -x_3 & \text{(I)} \\ -4x_2 + 2(2 - x_2) = -14 & \text{(II)} \\ x_3 = 2 - x_2 & \text{(III)} \end{cases}$

(III) wurde in (II) eingesetzt

$\Leftrightarrow \begin{cases} x_1 = 1 \\ x_2 = 3, \quad \mathbb{L} = \{(1, 3, -1)\} \\ x_3 = -1 \end{cases}$

Berechnung der Unbekannten

7.2.3 Alle Koeffizienten sind von Null verschieden

Zur Lösung dieser Systeme verwendet man zweckmäßigerweise das Additionsverfahren (auch Eliminationsverfahren von Gauß genannt). Im nachfolgenden Abschnitt wird gezeigt, wie das Additionsverfahren schematisiert werden kann (Gauß'scher Algorithmus).

Beispiel

Gesucht ist die Lösungsmenge des Systems $\begin{cases} x_1 - x_2 + 2x_3 = -5 & \text{(I)} \\ -2x_1 + x_2 - x_3 = 0 & \text{(II)} \\ 3x_1 + 4x_2 + x_3 = 7 & \text{(III)} \end{cases}$

Lösung:

Damit beim Addieren die Variable x_1 in den Zeilen (II) und (III) eliminiert werden kann, bildet man $2 \cdot$ (I) + (II) und $(-3) \cdot$ (I) + (III):

$$\Leftrightarrow \begin{cases} x_1 - x_2 + 2x_3 = -5 & \text{(I)} \\ \quad - x_2 + 3x_3 = -10 & 2 \cdot \text{(I)} + \text{(II)} \\ \quad 7x_2 - 5x_3 = 22 & (-3) \cdot \text{(I)} + \text{(III)} \end{cases}$$

Die erste Gleichung (Eliminationsgleichung) bleibt unverändert, in der 2. und 3. Zeile bildet sich ein „Untersystem" bestehend aus zwei Gleichungen mit zwei Unbekannten, das jetzt ebenfalls mit dem Additionsverfahren vereinfacht wird:

$$\Leftrightarrow \begin{cases} x_1 - x_2 + 2x_3 = -5 & \text{(I)} \\ \quad - x_2 + 3x_3 = -10 & \text{(II)} \\ \qquad \quad 16x_3 = -48 & 7 \cdot \text{(II)} + \text{(III)} \end{cases}$$

Das Gleichungssystem hat eine „Dreiecksform" angenommen, d. h., jede Gleichung enthält eine Unbekannte weniger als die vorhergehende. Zuerst wird die Unbekannte $x_3 = -3$ in der letzten Zeile bestimmt. Durch Einsetzen von unten nach oben lassen sich auch die beiden anderen Unbekannten bestimmen:

$$\Leftrightarrow \begin{cases} x_1 - x_2 - 6 = -5 \\ \quad - x_2 - 9 = -10 \\ \qquad \quad x_3 = -3 \end{cases} \Leftrightarrow \begin{cases} x_1 - 1 - 6 = -5 \\ \quad x_2 = 1 \\ \quad x_3 = -3 \end{cases} \Leftrightarrow \begin{cases} x_1 = 2 \\ x_2 = 1 \\ x_3 = -3 \end{cases}$$

$\mathbb{L} = \{(2, 1, -3)\}$ \qquad\qquad\qquad Lösungsmenge

7.2.4 Gauß'scher Algorithmus

Das in 7.2.3 beschriebene Additionsverfahren zur Lösung eines linearen Gleichungssystems kann man unter Verwendung der Koeffizientenmatrix bzw. der erweiterten Koeffizientenmatrix schematisieren, so dass die Lösung sozusagen über Tabellen ermittelt werden kann.

Das so entstehende Rechenverfahren wird **Gauß'scher Algorithmus** genannt.

Beispiele

a) Algorithmus zum Additionsverfahren des Beispiels aus 7.2.3:

$$\begin{cases} x_1 - x_2 + 2x_3 = -5 & \text{(I)} \\ - 2x_1 + x_2 - x_3 = 0 & \text{(II)} \\ 3x_1 + 4x_2 + x_3 = 7 & \text{(III)} \end{cases} \quad \text{Gleichungssystem}$$

1	−1	2	−5	(I)	Erweiterte Koeffizientenmatrix
−2	1	−1	0	(II)	Die Seiten des Systems sind durch einen
3	4	1	7	(III)	vertikalen Strich getrennt. Die runden

Matrixklammern wurden der Übersicht halber weggelassen.

Das Ziel des Algorithmus ist es, eine Koeffizientenmatrix in Dreiecksform herzustellen.

$$\left. \begin{array}{ccc|c} 1 & -1 & 2 & -5 \\ 0 & -1 & 3 & -10 \\ 0 & 7 & -5 & 22 \end{array} \right. \quad \begin{array}{l} \\ 2 \cdot (I) + (II) \\ (-3) \cdot (I) + (III) \end{array} \quad \begin{array}{l} \\ \text{Elimination von } x_1 \\ \text{aus Zeile (II) und (III)} \end{array}$$

$$\left. \begin{array}{ccc|c} 1 & -1 & 2 & -5 \\ 0 & -1 & 3 & -10 \\ 0 & 0 & 16 & -48 \end{array} \right. \quad \begin{array}{l} \\ \\ 7 \cdot (II) + (III) \end{array} \quad \begin{array}{l} \\ \text{Dreiecksform der Matrix} \end{array}$$

Nachdem die Dreiecksform der Koeffizientenmatrix erreicht ist, stellt man das System wieder auf und löst es von „unten nach oben", wie in 7.2.3 beschrieben.

Alternativ dazu lässt sich der Algorithmus noch weiterführen:

Hinweis: Dasjenige Element in der Hauptdiagonalen, das im nächstfolgenden Rechenschritt zu 1 gemacht werden soll, heißt **Pivot-Element**. Die Zeile bzw. die Spalte, in der das Pivot-Element steht, heißt **Pivot-Zeile** bzw. **Pivot-Spalte**.

$$\left. \begin{array}{ccc|c} 1 & -1 & 2 & -5 \\ 0 & -1 & 3 & -10 \\ 0 & 0 & 1 & -3 \end{array} \right. \quad \begin{array}{l} (I) \\ (II) \\ (III) \end{array} \quad \begin{array}{l} \text{Die 3. Gleichung wurde durch} \\ \text{16 dividiert, 3. Zeile war Pivot-} \\ \text{zeile, 3. Spalte war Pivotspalte} \end{array}$$

$$\left. \begin{array}{ccc|c} 1 & -1 & 0 & 1 \\ 0 & -1 & 0 & -1 \\ 0 & 0 & 1 & -3 \end{array} \right. \quad \begin{array}{l} (-2) \, (III) + (I) \\ (-3) \cdot (III) + (II) \\ (III) \end{array} \quad \begin{array}{l} \\ -1 \text{ in der 2. Zeile, 2. Spalte ist} \\ \text{das Pivotelement} \end{array}$$

$$\left. \begin{array}{ccc|c} 1 & -1 & 0 & 1 \\ 0 & 1 & 0 & 1 \\ 0 & 0 & 1 & -3 \end{array} \right. \quad \begin{array}{l} (I) \\ (II) \\ (III) \end{array} \quad \begin{array}{l} \\ \text{Die 2. Gleichung wurde durch} \\ (-1) \text{ dividiert} \end{array}$$

$$\left. \begin{array}{ccc|c} 1 & 0 & 0 & 2 \\ 0 & 1 & 0 & 1 \\ 0 & 0 & 1 & -3 \end{array} \right. \quad \begin{array}{l} (I) + (II) \\ (II) \\ (III) \end{array}$$

Aus der Koeffizientenmatrix folgt die Lösung $\begin{cases} x_1 = 2 \\ x_2 = 1 \\ x_3 = -3 \end{cases}$

$\mathbb{L} = \{(2; 1; -3)\}$

b) Algorithmus für ein lineares Gleichungssystem mit $m = 4$, $n = 4$:

$$\begin{cases} x_1 + 3x_3 - 2x_4 = 11 \\ 3x_1 - 2x_2 + x_3 = 7 \\ -x_1 + 4x_2 + 2x_3 + 2x_4 = -5 \\ 3x_1 - 3x_2 - 5x_3 + x_4 = -6 \end{cases} \quad \text{Gleichungssystem}$$

1	0	3	-2	11	(I)	
3	-2	1	0	7	(II)	Erweiterte
-1	4	2	2	-5	(III)	Koeffizientenmatrix
3	-3	-5	1	-6	(IV)	

1	0	3	-2	11	(I)
0	-2	-8	6	-26	(-3) (I) + (II)
0	4	5	0	6	(I) + (III)
0	-3	-14	7	-39	(-3) (I) + (IV)

Elimination von x_1 aus der zweiten, dritten und vierten Gleichung

1	0	3	-2	11	(I)
0	-2	-8	6	-26	(II)
0	0	-11	12	-46	2 (II) + (III)
0	0	-2	-2	0	(-1,5) (II) + (IV)

Elimination von x_2 aus der dritten und vierten Gleichung

1	0	3	-2	11	(I)
0	-2	-8	6	-26	(II)
0	0	-11	12	-46	(III)
0	0	0	$-\dfrac{46}{11}$	$\dfrac{92}{11}$	$(-\dfrac{2}{11})$ (III) + (IV)

Elimination von x_3 aus der vierten Gleichung. Die Koeffizientenmatrix hat die Dreiecksgestalt erreicht. Jetzt soll die Einheitsmatrix gebildet werden:

1	0	3	-2	11	(I)
0	-2	-8	6	-26	(II)
0	0	-11	12	-46	(III)
0	0	0	1	-2	(IV)

Vereinfachung der 4. Gleichung

1	0	3	0	7	2 (IV) + (I)
0	-2	-8	0	-14	(-6) (IV) + (II)
0	0	-11	0	-22	(-12) (IV) + (III)
0	0	0	1	-2	(IV)

Erzeugung von Nullen in der 4. Spalte

1	0	3	0	7	(I)
0	-2	-8	0	-14	(II)
0	0	+1	0	+2	(III) : (-11)
0	0	0	1	-2	(IV)

Vereinfachung der 3. Gleichung

$$
\begin{array}{cccc|cll}
1 & 0 & 0 & 0 & 1 & \text{(–3) (III) + (I)} & \\
0 & -2 & 0 & 0 & 2 & \text{8 (III) + (II)} & \\
0 & 0 & 1 & 0 & 2 & \text{(III)} & \text{Erzeugung von Nullen in der} \\
0 & 0 & 0 & 1 & -2 & \text{(IV)} & \text{3. Spalte}
\end{array}
$$

$$
\begin{array}{cccc|cll}
1 & 0 & 0 & 0 & 1 & \text{(I)} & \\
0 & 1 & 0 & 0 & -1 & \text{(II) : (–2)} & \\
0 & 0 & 1 & 0 & 2 & \text{(III)} & \\
0 & 0 & 0 & 1 & -2 & \text{(IV)} & \text{Die Einheitsmatrix ist erzeugt}
\end{array}
$$

Daraus folgt die Lösung $\begin{cases} x_1 = 1 \\ x_2 = -1 \\ x_3 = 2 \\ x_4 = -2 \end{cases}$ $\mathbb{L} = \{(1;\, -1;\, 2;\, -2)\}$

c) Das folgende lineare Gleichungssystem ($m = 3$, $n = 3$) hat unendlich viele Lösungen:

$$
\begin{cases}
x_1 - 2x_2 + x_3 = 1 & \text{(I)} \\
2x_1 + 3x_2 - 2x_3 = 3 & \text{(II)} \quad\quad \text{Gleichungssystem} \\
-x_1 - 5x_2 + 3x_3 = -2 & \text{(III)}
\end{cases}
$$

Lösung:

$$
\begin{array}{ccc|cll}
1 & -2 & 1 & 1 & \text{(I)} & \\
2 & 3 & -2 & 3 & \text{(II)} & \text{Erweiterte} \\
-1 & -5 & 3 & -2 & \text{(III)} & \text{Koeffizientenmatrix}
\end{array}
$$

$$
\begin{array}{ccc|cll}
1 & -2 & 1 & 1 & \text{(I)} & \\
0 & 7 & -4 & 1 & \text{(–2) (I) + (II)} & \text{Elimination von } x_1 \\
0 & -7 & 4 & -1 & \text{(I) + (III)} &
\end{array}
$$

$$
\begin{array}{ccc|cll}
1 & -2 & 1 & 1 & \text{(I)} & \\
0 & 7 & -4 & 1 & \text{(II)} & \\
0 & 7 & -4 & 1 & \text{(–1) (III)} &
\end{array}
$$

Die Gleichungen in der zweiten und dritten Zeile sind identisch, so dass eigentlich ein System mit zwei Gleichungen und drei Unbekannten (unterbestimmtes System) vorliegt. Im nächsten Abschnitt wird das Beispiel fortgeführt.

7.2.5 Systeme mit zwei Gleichungen und drei Unbekannten ($m = 2$, $n = 3$)

$$\begin{cases} a_{11}x_1 + a_{12}x_2 + a_{13}x_3 = b_1 \wedge \\ a_{21}x_1 + a_{22}x_2 + a_{23}x_3 = b_2 \end{cases}$$

Systeme, bei denen die Zahl der Gleichungen kleiner als die Zahl der Unbekannten sind ($m < n$), heißen **unterbestimmt**.

Man löst ein derartiges System so, dass man sich eine Unbekannte (z. B. x_3) beliebig vorgegeben denkt und die anderen Unbekannten in Abhängigkeit vom gewählten x_3 (Parameter) berechnet. x_3 ist dadurch zur „bekannten Zahl" geworden und steht jetzt auf der rechten Seite des Systems.

Beispiel

$$\begin{cases} x_1 - 2x_2 + x_3 = 1 \\ 7x_2 - 4x_3 = 1 \end{cases}$$ s. Beispiel c) von 7.2.4

$$\begin{cases} x_1 - 2x_2 = 1 - x_3 \\ 7x_2 = 1 + 4x_3 \end{cases}$$ Parameter ist x_3

$$\begin{cases} x_1 - 2x_2 = 1 - x_3 \\ x_2 = \dfrac{1}{7} + \dfrac{4}{7}x_3 \end{cases}$$ 2. Gleichung nach x_2 aufgelöst

$$\begin{cases} x_1 - 2\left(\dfrac{1}{7} + \dfrac{4}{7}x_3\right) = 1 - x_3 \\ x_2 = \dfrac{1}{7} + \dfrac{4}{7}x_3 \end{cases}$$ 2. Gleichung in die 1. eingesetzt

$$\begin{cases} x_1 = \dfrac{9}{7} + \dfrac{1}{7}x_3 \\ x_2 = \dfrac{1}{7} + \dfrac{4}{7}x_3 \end{cases}$$ x_1 und x_2 sind von x_3 abhängig

$$\mathbb{L} = \left\{ (x_1, x_2, x_3) \mid x_3 \in \mathbb{R} \wedge x_1 = \dfrac{9 + x_3}{7} \wedge x_2 = \dfrac{1 + 4x_3}{7} \right\}$$

Für $x_3 = 0$ ergibt sich beispielsweise das Lösungselement $\left(\dfrac{9}{7}, \dfrac{1}{7}, 0\right)$.

7.2.6 Systeme mit drei Gleichungen und zwei Unbekannten ($m = 3$, $n = 2$)

$$\begin{cases} a_{11}x_1 + a_{12}x_2 = b_1 \; \wedge \\ a_{21}x_1 + a_{22}x_2 = b_2 \\ a_{31}x_1 + a_{32}x_2 = b_3 \end{cases}$$

Systeme, bei denen die Zahl der Gleichungen größer als die Zahl der Unbekannten sind ($m > n$), heißen **überbestimmt.** In der Regel wird ein derartiges System eine leere Lösungsmenge haben. In einigen Ausnahmefällen gibt es jedoch eine oder unendlich viele Lösungen.

Beispiel

$$\begin{cases} 2x_1 + x_2 = 1 \\ 4x_1 - x_2 = -4 \\ -2x_1 + 3x_2 = 7 \end{cases} \qquad \text{Gleichungssystem}$$

Es wurde ein System ausgewählt, das genau ein Lösungselement hat.

Lösung:

2	1	1	(I)	
4	-1	-4	(II)	Erweiterte
-2	3	7	(III)	Koeffizientenmatrix

2	1	1	(I)	
0	-3	-6	(-2) (I) + (II)	
0	4	8	(I) + (III)	Elimination von x_1 aus (II) und (III)

2	1	1	(I)	
0	1	2	(II) : (-3)	(II) und (III) sind
0	1	2	(III) : 4	identische Gleichungen

2	1	1	(I)	
0	1	2	(II)	2 Gleichungen mit 2 Unbekannten

2	0	-1	(-1) (II) + (I)
0	1	2	(II)

1	0	-0,5	(I) : 2	
0	1	2	(II)	Einheitsmatrix der Koeffizienten

$$\mathbb{L} = \left\{ \left(-\frac{1}{2}, 2 \right) \right\} \qquad \text{Lösungsmenge}$$

Systeme mit genau einer Lösung

1. Berechnen Sie die Lösungsmengen folgender linearer Gleichungssysteme:

a) $\begin{cases} 2x_1 + 3x_2 + x_3 = 0 \\ x_1 + x_2 + x_3 = -1 \\ 5x_1 - x_2 + 2x_3 = 1 \end{cases}$

f) $\begin{cases} x_1 + x_2 + x_3 = 0 \\ 2x_1 + 3x_2 + 4x_3 = 0 \\ 4x_1 + 9x_2 + 16x_3 = 0 \end{cases}$

b) $\begin{cases} 2x_1 - x_2 + 3x_3 = -1 \\ x_1 + 5x_2 - 2x_3 = -4 \\ 3x_1 - 2x_2 + x_3 = -5 \end{cases}$

g) $\begin{cases} 3x_1 - 2x_2 + x_3 = -2 \\ 6x_1 + x_2 - 3x_3 = 11 \\ 7x_1 - 4x_2 + 4x_3 = -5 \end{cases}$

c) $\begin{cases} 4x_1 + 7x_2 + 12x_3 = -5 \\ -2x_1 + 3x_2 - 4x_3 = -4 \\ 2x_1 + x_2 + 9x_3 = 0 \end{cases}$

h) $\begin{cases} 5x_1 - 9x_2 + 3x_3 = 16 \\ 6x_1 - 7x_2 - 6x_3 = 0 \\ 8x_1 + 8x_2 - 3x_3 = 10 \end{cases}$

d) $\begin{cases} x_1 + 2x_2 + x_3 = -2 \\ 3x_1 - x_2 + 2x_3 = 0 \\ x_1 + 12x_2 - x_3 = 4 \end{cases}$

i) $\begin{cases} 10a - 2b + 8c = -4 \\ 5a + 5b + 7c = 16 \\ 15a - 6b + 6c = -6 \end{cases}$

e) $\begin{cases} 2x_1 + x_2 - x_3 - 2 = 0 \\ 3x_1 + 2x_2 + x_3 - \dfrac{1}{2} = 0 \\ -x_1 - 2x_2 - x_3 - 4 = 0 \end{cases}$

k) $\begin{cases} 4x + 6y - z = -110 \\ 2x + 4y + 2z = 0 \\ 3x - z = 0 \end{cases}$

2. Berechnen Sie die Lösungsmengen folgender linearer Gleichungssysteme:

a) $\begin{cases} 3x - 5y + 6z = 12 \\ 4x + 2y - z = -11 \\ -x + 6y = 2 \end{cases}$

c) $\begin{cases} x_1 = x_3 \\ x_2 = -x_1 \\ 2x_1 + 4x_2 - 33x_3 = -25 \end{cases}$

b) $\begin{cases} -0{,}5x + 4y - 2z = 19 \\ 3x + 6z = 0 \\ 8x + 3y - 4z = 72 \end{cases}$

d) $\begin{cases} 7x_1 + 6x_2 + 4x_3 = 1 \\ 2x_1 - 12x_2 = 0 \\ -4x_1 + 3x_2 + 2x_3 = 23 \end{cases}$

3. Berechnen Sie die Lösungsmengen folgender linearer Gleichungssysteme:

a) $\begin{cases} 6x_1 + 5x_2 - 10x_3 = -9 \\ 5x_1 - 4x_2 + 2x_3 = 11 \\ 4x_1 - 3x_2 + 5x_3 = 12 \end{cases}$

e) $\begin{cases} x_1 - x_2 + 2x_3 - 2x_4 = -9 \\ 3x_2 + 4x_3 - x_4 = 3 \\ 3x_1 - 2x_2 + 3x_3 = -9 \\ 4x_1 + 2x_2 - x_3 + x_4 = 9 \end{cases}$

b) $\begin{cases} 8x_1 - 4x_2 + x_3 = 7 \\ -5x_1 - 2x_2 + 3x_3 = 21 \\ -3x_1 + x_2 - 8x_3 = -56 \end{cases}$

f) $\begin{cases} 2x_1 - 2x_2 + 5x_3 - 3x_4 = 3 \\ 4x_1 + 2x_2 - 3x_3 + x_4 = 5 \\ x_1 + 3x_2 - x_3 = 4 \\ -4x_1 - 4x_2 + 3x_3 - 2x_4 = -6 \end{cases}$

c) $\begin{cases} 8x_1 + 6x_2 + 12x_3 = 2 \\ -16x_1 - 4x_2 + 8x_3 = -8 \\ 10x_1 + 2x_2 + 2x_3 = 3 \end{cases}$

g) $\begin{cases} 3x_1 - x_3 + 2x_4 = 3 \\ x_1 + 2x_2 - 4x_3 + 5x_4 = -1 \\ 2x_1 - 3x_2 + 4x_4 = -9 \\ 0{,}5x_1 - 1{,}5x_2 + 2{,}5x_3 + 4x_4 = -5 \end{cases}$

d) $\begin{cases} 9x + 5y + 6z = 6 \\ -3x + 4y - 9z = -1 \\ 6x + 3y + 3z = 3 \end{cases}$

h) $\begin{cases} x_1 - x_3 + 2x_4 = 9 \\ x_2 - 3x_3 + x_4 = -3 \\ x_2 + 2x_3 = 8 \\ 3x_3 - 5x_4 = -11 \end{cases}$

Keine oder unendlich viele Lösungen

4. Berechnen Sie die Lösungsmengen folgender linearer Gleichungssysteme:

a) $\begin{cases} x_1 - x_2 + 2x_3 = 1 \\ 2x_1 + 3x_2 - x_3 = 3 \\ 4x_1 + x_2 + 3x_3 = 5 \end{cases}$

d) $\begin{cases} 3x_1 + 6x_2 - 3x_3 = 0 \\ 4x_1 - 2x_2 + 2x_3 = 2 \\ -2x_1 + x_2 - x_3 = -1 \end{cases}$

b) $\begin{cases} x_1 + 4x_2 - 3x_3 = 1 \\ 2x_1 + x_2 + x_3 = 4 \\ 5x_1 - 3x_2 + 8x_3 = -3 \end{cases}$

e) $\begin{cases} 3x_1 - x_2 + 4x_3 = 3 \\ 6x_1 - 2x_2 + 8x_3 = 6 \\ 1{,}5x_1 - 0{,}5x_2 + 2x_3 = 1{,}5 \end{cases}$

c) $\begin{cases} 2x_1 - x_2 + x_3 = 1 \\ 4x_1 + 3x_2 - 2x_3 = -1 \\ 6x_1 + 2x_2 - x_3 = 0 \end{cases}$

f) $\begin{cases} 6x_1 - 5x_2 - 4x_3 = -2 \\ -12x_1 + 10x_2 + 8x_3 = 4 \\ 3x_1 - 2{,}5x_2 - 2x_3 = -1 \end{cases}$

Unterbestimmte, überbestimmte Systeme

5. Berechnen Sie die Lösungsmengen folgender linearer Gleichungssysteme:

a) $\begin{cases} x_1 - 7x_2 = 22 \\ 3x_1 + 5x_2 = -12 \\ 1{,}5x_1 + 3x_2 = 4 \end{cases}$

e) $\begin{cases} 5x_1 + 2x_2 - x_3 = 1 \\ 2x_1 + x_2 + 2x_3 = 3 \end{cases}$

f) $\begin{cases} -x_1 - 2x_2 + 5x_3 = 0 \\ 3x_1 + 7x_2 - 3x_3 = 0{,}5 \end{cases}$

b) $\begin{cases} 2x_1 + 3x_2 = -4 \\ 0{,}5x_1 - 6x_2 = -1 \\ -3x_1 + 5x_2 = 6 \end{cases}$

c) $\begin{cases} 3x_1 + x_2 = 3 \\ x_1 - x_2 = -1 \\ 2x_1 + 4x_2 = 7 \end{cases}$

g) $\begin{cases} 0{,}5x + 0{,}1y + 0{,}2z = x \\ 0{,}2x + 0{,}5y + 0{,}1z = y \\ 0{,}3x + 0{,}4y + 0{,}7z = z \\ x + y + z = 1 \end{cases}$

d) $\begin{cases} \sqrt{2} \cdot x_1 + x_2 = 3 \\ -x_1 + x_2 = 1 - \sqrt{2} \\ \sqrt{8} \cdot x_1 - 2x_2 = 2 \end{cases}$

h) $\begin{cases} -0{,}2x + 0{,}1y + 0{,}3z = 0 \\ 0{,}1x - 0{,}4y + 0{,}2z = 0 \\ 0{,}1x + 0{,}3y - 0{,}5z = 0 \\ x + y + z = 1 \end{cases}$

Anwendungsbezogene Aufgaben

6. Bei einer gleichförmig beschleunigten Bewegung ergaben sich die Messwerte:

t in s	1	2	3
s in m	14	28	50

Geben Sie das Zeit-Ort-Gesetz für diese Bewegung an.

$\left(s\,(t) = s_0 + v_0 t + \dfrac{a}{2}t^2 \right)$

7. Bei einer gleichförmig beschleunigten Bewegung ergaben sich die Messwerte:

t in s	2	4	6
s in m	24	44	72

Geben Sie das Zeit-Ort-Gesetz für diese Bewegung an.

$\left(s\,(t) = s_0 + v_0 t + \dfrac{a}{2}t^2 \right)$

8. Zu bestimmen ist die Gleichung der Parabel, auf der die Punkte A (1; 2), B (–1; 6) und C (2; 3) liegen.

9. Gegeben ist der Term $T(x) = a_3x^3 + a_2x^2 + a_1x + a_0$. Bestimmen Sie die reellen Konstanten, so dass

   a) $T(1) = 1$, $T(2) = -1$, $T(-1) = 5$, $T(-2) = 19$

   b) $T(0) = 0$, $T(1) = 2$, $T(-1) = -4$, $T(3) = 96$, $T(-2) = -34$

10. Bei einer Fachoberschule mit den Ausbildungsrichtungen Wirtschaft, Sozialwesen und Gestaltung verhalten sich die Zahlen der neu eingeschriebenen Schüler für die genannten Ausbildungsrichtungen wie 3 : 2 : 1. Zu Beginn des Schuljahres haben 30 Schüler der Ausbildungsrichtung Wirtschaft und 10 Schüler vom Sozialwesen ihre Anmeldung zurückgezogen, so dass das Verhältnis der Schülerzahlen dieser beiden Ausbildungsrichtungen 4 : 3 geworden ist. Wie viele Schüler hatten sich ursprünglich für die drei Ausbildungsrichtungen eingeschrieben?

11. Für den Bau eines Hauses benötigt eine Familie einen Zwischenfinanzierungskredit von 120 000 EUR. Sie erhält ihn von drei verschiedenen Banken B_1, B_2, B_3 zu jeweils 5%, 10%, 8% Zinsen. Nach einem Jahr entrichtet sie insgesamt an die drei Banken 8 000 EUR Zinsen. Im zweiten Jahr erhöht B_1 den Zinssatz um 1% und B_2 um 0,5%, während B_3 den alten Zinssatz beibehält. (Während der gesamten Laufzeit erfolgt keine Tilgung.) Am Ende des zweiten Jahres sind insgesamt 8 650 EUR Zinsen fällig. Welche Beträge wurden von den einzelnen Banken ausgeliehen?

Vermischte Aufgaben

12. Gegeben ist das lineare Gleichungssystem $\begin{cases} x_1 + x_2 + x_3 = 1 \\ 2x_1 + 3x_2 + mx_3 = -1 \\ 4x_1 + 9x_2 + m^2x_3 = 1 \end{cases}$

    m ist eine feste reelle Zahl.

    a) Für welche Werte von m hat das System keine eindeutige Lösung?

    b) Lösen Sie das System für $m = -1$ mit dem Gauß'schen Algorithmus.

    c) In welchem Bereich darf m Werte annehmen, damit der in b) enthaltene x_1-Wert die Bedingung $x_1 > 1$ erfüllt?

13. Gegeben ist das lineare Gleichungssystem $\begin{cases} x_1 + mx_2 + m^2x_3 = 1 \\ x_1 - 2x_2 + 4x_3 = 0 \\ x_1 - 3x_2 + 9x_3 = 1 \end{cases}$

    m ist eine feste reelle Zahl.

    a) Für welche Werte von m hat das System keine eindeutige Lösung?

    b) Lösen Sie das System für $m = 0$ mit dem Gauß'schen Algorithmus.

    c) In welchem Bereich darf m Werte annehmen, damit Bedingung $x_1 < 0$ gilt?

Systeme mit Parameter

14. Gegeben ist das lineare Gleichungssystem

$$\begin{cases} x + y + z = 1 \\ 2x + 3y + mz = -1, \ m \in \mathbb{R}. \\ 4x + 9y + m^2z = 1 \end{cases}$$

a) Setzen Sie $m = -1$ und lösen Sie das erhaltene System.

b) Zeigen Sie, dass für $m = 2$ das System nicht lösbar ist.

c) Drücken Sie die Lösungswerte von x, y, z mithilfe des Parameters m ($m \neq 2$) aus.

d) In welchen Bereich darf m Werte annehmen, damit der in c) erhaltene x-Wert die Bedingung $x > 1$ erfüllt?

15. Gegeben ist das lineare Gleichungssystem

$$\begin{cases} x + my + m^2z = 1 \\ x - 2y + 4z = 0, \ m \in \mathbb{R}. \\ x - 3y + 9z = 1 \end{cases}$$

a) Setzen Sie $m = 1$ und lösen Sie das erhaltene System.

b) Zeigen Sie, dass für $m = -2$ das System nicht lösbar ist.

c) Drücken Sie die Lösungswerte von x, y, z mithilfe des Parameters m ($m \neq 2$) aus.

d) In welchen Bereich darf m Werte annehmen, damit der in c) erhaltene x-Wert die Bedingung $x < 0$ erfüllt?

16. Bestimmen Sie die Lösungsmenge folgender Gleichungssysteme:

a) $\begin{cases} 2x_1 - x_2 = k \\ -3x_1 + 2x_2 = -6 \end{cases}$, $k \in \mathbb{R}$

b) $\begin{cases} 3x_1 + ax_2 = 7 \\ 6x_1 - x_2 = -11 \end{cases}$

Für welche Werte von a gibt es keine Lösungen?

c) $\begin{cases} mx_1 + 2x_2 = 7 \\ 2mx_1 - x_2 = -11 \end{cases}$, $m \neq 0$

d) $\begin{cases} 7x_1 + 4x_3 = -3 \\ 3x_1 + kx_2 + 5x_3 = 4 \\ -2x_1 + 3x_2 - 3x_3 = 5 \end{cases}$

Für welches k gibt es keine Lösung? Geben Sie die Lösung für $k = 1$ an.

17. Zeigen Sie, dass die Lösung unabhängig von a ist.

$$\begin{cases} x_1 - ax_2 - ax_3 = 1 \\ 3x_1 - 4x_2 - 3x_3 = 1 \ , \ a \in \mathbb{R} \\ 4x_1 + 3x_2 + 5x_3 = 0 \end{cases}$$

8 Grenzwert

8.1 Grenzwert für x gegen unendlich

8.1.1 Einführendes Beispiel

Um zu zeigen, dass der mathematische Begriff des Grenzwerts wirklich bei praxisorientierten Aufgaben vorkommt, wird als Beispiel ein grundlegendes Problem aus der Optik ausgewählt: die optische Abbildung durch eine einfache symmetrische Sammellinse. Die Stellung von Gegenstand und Bild bei einer scharfen Abbildung ergibt sich durch den abgebildeten Strahlenverlauf:

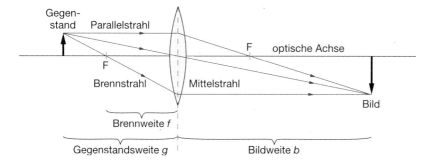

Optische Abbildung durch eine Sammellinse

Der Zusammenhang von Brennweite, Gegenstandsweite und Bildweite bei scharfer Abbildung ist auch durch folgende Formel gegeben: $\dfrac{1}{f} = \dfrac{1}{g} + \dfrac{1}{b}$.

Um die Bildweite bei gegebener Brennweite und Gegenstandsweite berechnen zu können, lösen wir diese Formel nach b auf und erhalten $b = \dfrac{fg}{g - f}$.

Wir wollen nun mit Hilfe dieser Formel untersuchen, welchem Wert sich die Bildweite nähert, wenn man die Gegenstandsweite immer größer werden lässt, wenn also der Gegenstand „unendlich weit" wegrückt. Angenommen, die Brennweite sei $f = 10$ cm, dann lässt sich folgende Wertetabelle anlegen:

g in cm	b in cm
20	20,000
100	11,111
1 000	10,101
10 000	10,010
100 000	10,001

Aus dem Verlauf der Werte vermuten wir, dass sich die Bildweite dem Wert 10 cm nähert, wenn man die Gegenstandsweite „über alle Schranken" wachsen lässt. Diese Vermutung lässt sich mathematisch genauer begründen, wenn man folgende Umformungen der Abbildungsformel durchführt:

$$b = \frac{fg}{g-f} \qquad\qquad \text{Ausgangsformel}$$

$$b = f \cdot \frac{g}{g-f} \qquad\qquad f \text{ vor den Bruchstrich gezogen}$$

$$b = f \cdot \frac{g}{g\left(1-\dfrac{f}{g}\right)} \qquad\qquad \text{im Nenner } g \text{ ausgeklammert}$$

$$b = f \cdot \frac{1}{1-\dfrac{f}{g}} \qquad\qquad \text{mit } g \text{ gekürzt}$$

Da f eine feste Größe ist, wird der Term $\dfrac{f}{g}$ mit wachsendem g immer kleiner

und nähert sich der Zahl 0, folglich nähert sich der Bruch $\dfrac{1}{1-\dfrac{f}{g}}$ mit wach-

sendem g der Zahl 1 und wir erhalten als „Grenzwert" für b die Brennweite $f = 10$ cm.

Dieses Ergebnis stimmt auch mit den experimentellen Ergebnissen überein, denn wenn man eine Sammellinse in den Strahlengang der (sehr weit entfernten) Sonne hält, dann sammeln sich die Lichtstrahlen zu einem punktförmigen Bild, das sich im Brennpunkt der Linse befindet. Der Gegenstand Sonne wird also mit der Bildweite $b = f$ abgebildet.

Um nun zum mathematischen Kern dieser Überlegungen vorzudringen und auch zu einer mathematischen Definition des Begriffs „Grenzwert" zu gelangen, werden wir im nächsten Schritt die abhängige Variable b mit y bezeichnen und die unabhängige Variable g mit x. Somit erhalten wir: $y = \dfrac{10x}{x-10}$, $D = \,]10; +\infty\,[$.

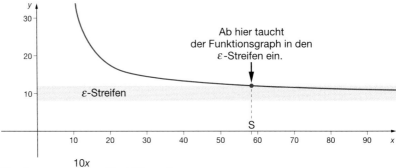

Graph zu $y = \dfrac{10x}{x-10}$, $D = \,]10; +\infty\,[$.

Der „Grenzwert" 10 stellt sich durch die Koordinate 10 auf der y-Achse bzw. durch eine Parallele zur x-Achse mit der Gleichung $y = 10$ bildlich dar. Man sieht nun, dass der Graph der Funktion in jeden noch so kleinen ε-Streifen um den „Grenzwert" 10 eintaucht, wenn man nur weit genug nach rechts geht. Anders ausgedrückt: Zu jedem noch so schmalen ε-Streifen um 10 gibt es eine Eintauchstelle S, so dass ab dieser Stelle, d.h. für $x > S$, der Funktionsgraph innerhalb dieses Streifens verläuft, also $|y - 10| < \varepsilon$ ist.

Hinweis: Ein ε-Streifen ist ein Streifen, der die Grenzwertlinie als Mittellinie hat (siehe Zeichnung). Die Bezeichnung ε hat historische Gründe. Früher hat man sehr kleine Zahlenwerte mit kleinen griechischen Buchstaben wie δ oder ε bezeichnet. Die Schreibweise $|y - 10| < \varepsilon$ weist auf eine Umgebung um 10 mit dem Radius ε hin.

Diese Überlegungen führen zu einer exakten Definition des „Grenzwerts".

8.1.2 Definition

Gegeben sei eine Funktion $f : D \rightarrow \mathbb{R}$ mit rechtsseitig unbeschränkter Definitionsmenge D.

Die Zahl $a \in \mathbb{R}$ heißt **Grenzwert von f für x gegen unendlich**, *geschrieben*

$$\lim_{x \to \infty} f(x) = a \quad oder \quad f(x) \rightarrow a \quad für \quad x \rightarrow \infty,$$

wenn es zu jeder noch so kleinen positiven reellen Zahl $\varepsilon > 0$ eine Zahl S gibt, so dass $|f(x) - a| < \varepsilon$ für alle $x > S$ gilt.

Gegeben sei eine Funktion $f : D \rightarrow \mathbb{R}$ mit linksseitig unbeschränkter Definitionsmenge D.

Die Zahl $a \in \mathbb{R}$ heißt **Grenzwert von f für x gegen minus unendlich**, *geschrieben*

$$\lim_{x \to -\infty} f(x) = a \quad oder \quad f(x) \rightarrow a \quad für \quad x \rightarrow -\infty,$$

wenn es zu jeder noch so kleinen positiven reellen Zahl $\varepsilon > 0$ eine Zahl S gibt, so dass $|f(x) - a| < \varepsilon$ für alle $x < S$ gilt.

Der Differenzbetrag $|f(x) - a|$ drückt die betragsmäßige Abweichung des Funktionswerts von a aus.

Beispiele

a) Gegeben ist nochmals die Abbildungsfunktion aus dem einführenden Beispiel 8.1.1: $f(x) = \dfrac{10x}{x - 10}$, $D = |10; +\infty|$. Der Grenzwert wird mit $a = 10$ vermutet. Gesucht ist die Existenz einer Zahl S in Abhängigkeit von ε:

$$|f(x) - 10| < \varepsilon \qquad \text{Ansatz}$$

$$\left| \frac{10x}{x - 10} - 10 \right| < \varepsilon \qquad \text{Funktionsterm eingesetzt}$$

$$\left| \frac{10x - 10(x-10)}{x-10} - 10 \right| < \varepsilon \qquad \text{Hauptnenner}$$

$$\left| \frac{100}{x-10} \right| < \varepsilon \qquad \text{zusammengefasst}$$

$$\frac{100}{x-10} < \varepsilon \qquad \text{wegen } x > 10 \text{ Betrag weglassen}$$

$$100 < \varepsilon \cdot (x-10) \qquad \text{Ungleichung mal } (x-10)$$

$$x > 10 + \frac{100}{\varepsilon} \qquad \text{Ungleichung umgeformt}$$

Es existiert also für alle $\varepsilon > 0$ eine derartige Zahl $S = 10 + \frac{100}{\varepsilon} > 0$.

Demnach ist $a = 10$ der Grenzwert und wir können mit Recht schreiben $\lim\limits_{x \to \infty} f(x) = \lim\limits_{x \to \infty} \frac{10x}{x-10} = 10$.

Man könnte für S auch jede reelle Zahl wählen, die größer als $10 + \frac{100}{\varepsilon}$ ist, denn in der Definition ist nicht die kleinste solche Zahl, sondern irgendeine passende verlangt.

b) Gegeben ist die Funktion f mit $f(x) = \frac{2x^2}{2x^2 - x}$, $D_f = \left]\frac{1}{2}; +\infty\right[$. Aus einem

skizzierten Graphen wird der Grenzwert mit $a = 1$ vermutet. Gesucht ist die Existenz einer Zahl S in Abhängigkeit von ε.

Man kann zuerst den Funktionsterm mit $x \neq 0$ kürzen: $f(x) = \frac{2x}{2x-1}$.

$$|f(x) - 1| < \varepsilon \qquad \text{Ansatz}$$

$$\left| \frac{2x}{2x-1} - 1 \right| < \varepsilon \qquad \text{Funktionsterm eingesetzt}$$

$$\left| \frac{1}{2x-1} \right| < \varepsilon \qquad \text{Hauptnenner}$$

$$\frac{1}{2x-1} < \varepsilon \qquad \text{wegen } x > 0{,}5 \text{ Betrag weglassen}$$

$$1 < \varepsilon \cdot (2x-1) \qquad \text{Ungleichung mal } (2x-1)$$

$$x > \frac{1+\varepsilon}{2\varepsilon} \qquad \text{Ungleichung umgeformt}$$

Es existiert also für alle $\varepsilon > 0$ eine derartige Zahl $S = \frac{1+\varepsilon}{2\varepsilon} > 0$. Demnach ist $a = 1$ der Grenzwert und wir können schreiben:

$$\lim\limits_{x \to \infty} f(x) = \lim\limits_{x \to \infty} \frac{2x^2}{2x^2 - x} = 1.$$

c) Gegeben ist die Funktion f mit $f(x) = \frac{2}{x}$, $D_f = \mathbb{R}^+$. Fälschlicherweise wird angenommen, dass der Grenzwert $a = 2$ ist. Ferner sei $0 < \varepsilon < 2$, was keine Einschränkung darstellt, denn die folgende Bedingung muss ja für jedes $\varepsilon > 0$ erfüllbar sein.

$$|f(x) - 2| < \varepsilon \qquad \text{Ansatz}$$

$$\left|\frac{2}{x} - 2\right| < \varepsilon \qquad \text{Funktionsterm eingesetzt}$$

$$\left|\frac{2 - 2x}{x}\right| < \varepsilon \Leftrightarrow 2 \cdot \left|\frac{2 - x}{x}\right| < \varepsilon \quad \text{Hauptnenner}$$

$$\left|\frac{1 - x}{x}\right| < \frac{\varepsilon}{2} \qquad \text{Ungleichung durch 2 dividiert}$$

Da $x \to \infty$ gelten soll, kann ohne Beschränkung der Allgemeinheit $x > 1$ vorausgesetzt werden.

$$-\frac{1 - x}{x} < \frac{\varepsilon}{2} \qquad \text{Betrag weglassen}$$

$$x < \frac{2}{2 - \varepsilon} \qquad \text{umgeformt;}$$

Die letzte Ungleichung gilt also nicht für beliebig große x, d.h. für x ab einer bestimmten Stelle S, egal wie man S auch wählt. Daher ist 2 nicht der Grenzwert.

Aufgabe

1. Untersuchen Sie das Verhalten der Funktionen f für $x \to \infty$ durch eine geeignete Wertetabelle. Welcher Grenzwert ist zu erwarten?

   a) $f(x) = \dfrac{3}{2x + 1}$, $D_f = \mathbb{R}\setminus\left\{-\dfrac{1}{2}\right\}$

   c) $f(x) = \dfrac{4x}{2x + 3}$, $D_f = \mathbb{R}\setminus\left\{-\dfrac{3}{2}\right\}$

   b) $f(x) = \dfrac{-2}{x^2 + 2}$, $D_f = \mathbb{R}$

   d) $f(x) = \dfrac{-2x + 1}{0{,}5x + 2}$, $D_f = \mathbb{R}\setminus\{-4\}$

2. Untersuchen Sie das Verhalten der Funktionen f für $x \to \infty$ durch eine geeignete Wertetabelle. Welcher Grenzwert ist zu erwarten?

   a) $f(x) = \dfrac{8x - 2}{-x + 2}$, $D_f = \mathbb{R}\setminus\{2\}$

   c) $f(x) = \dfrac{4 - 2x}{4 + 2x}$, $D_f = \mathbb{R}\setminus\{-2\}$

   b) $f(x) = \dfrac{x^2}{4x^2 + 2}$, $D_f = \mathbb{R}$

   d) $f(x) = \dfrac{x^2 + x + 1}{x^2 + 1}$, $D_f = \mathbb{R}$

3. Bestimmen Sie eine Zahl S so, dass für alle x mit $x > S$ gilt:

   a) $\left|\dfrac{3x - 1}{x} - 3\right| < 0{,}1 \wedge x > 0$

   c) $\left|\dfrac{-4x + 2}{6x + 1} + \dfrac{2}{3}\right| < 0{,}001 \wedge x > -\dfrac{1}{6}$

   b) $\left|\dfrac{2x^2 + 1}{2x^2 - 1} - 1\right| < 0{,}01 \wedge x > 1$

   d) $\left|\dfrac{1}{x^2 + 2}\right| < 0{,}05 \wedge x > 0$

4. Stellen Sie eine Vermutung über die Größe des Grenzwerts auf und bestätigen Sie durch eine Rechnung diese Vermutung:

a) $\lim\limits_{x \to \infty} \dfrac{x - 1}{x + 1}$

c) $\lim\limits_{x \to -\infty} \dfrac{-3x + 4}{2x - 1}$

b) $\lim\limits_{x \to -\infty} \dfrac{2x + 3}{4x - 1}$

d) $\lim\limits_{x \to -\infty} \dfrac{1}{x^2 - 1}$

8.2 Grenzwert für x gegen x_0

8.2.1 Beispiel

Gegeben ist die Funktion $f(x) = \dfrac{x^2 - x - 6}{2x - 6}$, $D_f = \mathbb{R}\backslash\{3\}$. Diese Funktion ist

für $x_0 = 3$ nicht definiert. Wir interessieren uns daher für das Verhalten der Funktionswerte in der Nähe dieser Stelle. Um einen Überblick über den Verlauf der Funktionswerte insgesamt zu erhalten, könnten wir entweder eine Wertetabelle mit Werten in der Nähe der nicht definierten Stelle anfertigen oder uns vom Computer einen Graphen ausdrucken lassen.
Wertetabelle:

x	$f(x)$	x	$f(x)$
2,9	2,45	3,1	2,55
2,99	2,495	3,01	2,505
2,999	2,4995	3,001	2,5005
2,9999	2,49995	3,0001	2,50005
...	...	...	...

Es ist leicht zu sehen, dass die Funktionswerte in der Nähe von 2,5 liegen, wenn man x-Werte in der Nähe von 3 einsetzt.
Dasselbe Verhalten zeigt auch der Graph:

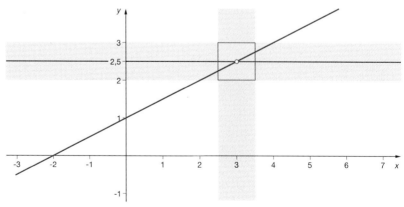

Graph zu $f(x) = \dfrac{x^2 - x - 6}{2x - 6}$, $D_f = \mathbb{R}\backslash\{3\}$

Mathematisch exakt können wir diesen Sachverhalt so ausdrücken: Die Funktionswerte $f(x)$ unterscheiden sich betragsmäßig von der Zahl $a = 2{,}5$

beliebig wenig, liegen also in einem beliebig schmalen ε-Streifen um 2,5, wenn man nur x hinreichend nahe bei $x_0 = 3$ wählt, d.h. wenn die x-Werte in einem hinreichend kleinen δ-Streifen um 3 liegen.

8.2.2 Punktierte Umgebung

Im Kapitel 6.2.5 wurde der Betriff der symmetrischen Umgebung einer Stelle x_0 mit dem Radius δ bereits definiert. Darunter versteht man das offene Intervall $U_\delta(x_0) = \,]x_0 - \delta; x_0 + \delta[$.
Zusätzlich definieren wir noch:

> Unter einer **punktierten Umgebung** versteht man die Umgebung ohne ihren Mittelpunkt, also $\dot{U}_\delta(x_0) = U_\delta(x_0)\backslash\{x_0\}$.

Beispiel
Das offene Intervall $]1; 3[$ ist eine symmetrische Umgebung von 2, geschrieben $U_1(2)$. Die Menge $]1; 3[\backslash\{2\}$ ist eine punktierte Umgebung von 2.

8.2.3 Häufungspunkt bezüglich der Menge M

Es ist einzusehen, dass die Frage nach dem Grenzwert an einer Stelle x_0 nur dann einen Sinn macht, wenn x_0 in „unmittelbarer Nähe" des Definitionsbereichs liegt, damit man in der Nähe von x_0 überhaupt Funktionswerte berechnen kann. Wir wollen nun festlegen, was unter „unmittelbarer Nähe zu einer Menge"; zu verstehen ist.

> $M \subset \mathbb{R}$ sei eine beliebige Teilmenge der reellen Zahlen. x_0 heißt **Häufungspunkt bezüglich der Menge M**, wenn es in jeder (noch so kleinen) punktierten Umgebung von x_0 Elemente von M gibt, d.h.
> $\dot{U}_\delta(x_0) \cap M \neq \emptyset$.

Beispiele

a) $M = \left\{ \dfrac{1}{2}, \dfrac{1}{4}, \dfrac{1}{8}, \dfrac{1}{16}, \ldots \right\}$. Die Zahl $x_0 = 0$ ist ein Häufungspunkt von M, denn jede noch so kleine punktierte Umgebung von 0 enthält mindestens ein Element von M.

b) $M = [0; 2[$. Jedes Element aus M ist Häufungspunkt von M, außerdem ist auch 2 ein Häufungspunkt von M.

c) Jede reelle Zahl ist Häufungspunkt von $\mathbb{R}$. Wir beschließen, auch $+\infty$ und $-\infty$ als Häufungspunkte anzusehen.

Über den Begriff der punktierten Umgebung konnten wir den Begriff Häufungspunkt definieren, und über diesen sind wir jetzt wiederum in der Lage, den Grenzwert an einer Stelle x_0 zu definieren.

8.2.4 Definition

> *f : D → ℝ sei eine beliebige Funktion und x_0 ein Häufungspunkt bezüglich D. a heißt* **Grenzwert** *von f an der Stelle x_0 genau dann, wenn es zu jeder noch so kleinen reellen Zahl $\varepsilon > 0$ eine reelle Zahl $\delta > 0$ gibt, so dass $|f(x) - a| < \varepsilon$ für alle $x \in D$ (= ε-Streifen) mit $0 < |x - x_0| < \delta$ (= δ-Streifen) ist.*

Schreibweisen:
$\lim\limits_{x \to \infty} f(x) = a$ (Limes von $f(x)$ für x gegen x_0 ist der Grenzwert a.)

$f(x) \to a$ für $x \to x_0$
Man sagt auch: *f* **konvergiert** gegen den Grenzwert *a* bei Annäherung an die Stelle x_0.
Zu dieser Definition siehe nochmals die Zeichnung auf der Seite 148.

Beispiel
Wir führen das Beispiel am Anfang des Abschnitts 8.2.1 weiter. Es handelt sich um die Funktion $f(x) = \dfrac{x^2 - x - 6}{2x - 6}$, $D_f = \mathbb{R}\backslash\{3\}$ bzw. mit gekürztem Funktionsterm $f(x) = \dfrac{1}{2}x + 1$, $D_f = \mathbb{R}\backslash\{3\}$. Für den Grenzwert bei $x_0 = 3$ wurde die Zahl $a = 2{,}5 = \dfrac{5}{2}$ vermutet. Durch Anwendung der Definition soll diese Vermutung bestätigt werden.
Mit beliebig vorgegebenem $\varepsilon > 0$ gilt:

$\left| f(x) - \dfrac{5}{2} \right| = \left| \dfrac{1}{2}x + 1 - \dfrac{5}{2} \right| =$ Funktionsterm eingesetzt

$\left| \dfrac{1}{2}x - \dfrac{3}{2} \right| = \left| \dfrac{1}{2}(x - 3) \right| =$ zusammengefasst, $\dfrac{1}{2}$ ausgeklammert

$\dfrac{1}{2}|x - 3| < \varepsilon \longleftarrow$ gemäß Definition kleiner ε gesetzt

$|x - 3| < 2\varepsilon$ Ungleichung mit 2 multipliziert

$|x - 3| < \delta$ mit $\delta = 2\varepsilon$ Vergleich mit dem δ-Streifen

Also existiert mit dem $\varepsilon > 0$ auch ein $\delta > 0$ und damit ist $a = 2{,}5$ mit Sicherheit der Grenzwert.

Hinweis: Bis jetzt wurde mit einem Beispiel gearbeitet, in dem die Stelle x_0 nicht zum Definitionsbereich gehört, also kein Funktionswert vorhanden ist. Die Definition des Grenzwerts erlaubt aber auch Grenzwerte an definierten Stellen zu bilden. Dabei kann es vorkommen, dass Grenzwert und Funktionswert gleich sind, obgleich sie ihrer Bedeutung nach sehr verschieden sind (siehe dazu auch Seite 164).

1. Bestätigen Sie rechnerisch mit Hilfe der Definition des Grenzwerts, dass folgende Grenzwerte richtig sind:

a) $\displaystyle\lim_{x \to 2} \frac{x^2 - 4}{x - 2} = 4$

c) $\displaystyle\lim_{x \to -2} \frac{x^2 + 5x + 6}{x + 2} = 1$

b) $\displaystyle\lim_{x \to 4} \frac{x^2 - x - 12}{2x - 8} = \frac{7}{2}$

d) $\displaystyle\lim_{x \to 10} \frac{x^2 - 14x + 40}{x - 10} = 6$

2. Nähern Sie sich durch Einsetzen geeigneter x-Werte der Stelle x_0 und gewinnen Sie daraus eine Vermutung für den Grenzwert. Bestätigen Sie anschließend Ihre Vermutung rechnerisch anhand der Definition des Grenzwerts.

a) $\displaystyle\lim_{x \to 3} \frac{2x^2 - 5x - 3}{3 - x}$

c) $\displaystyle\lim_{x \to 1} \frac{ax^2 - ax}{x - 1}, a \neq 0$

b) $\displaystyle\lim_{x \to -1} \frac{|x| - 1}{x^2 - 2}$

d) $\displaystyle\lim_{x \to 2} \frac{x - 2}{x - 2}$

3. Zeigen Sie, dass $\displaystyle\lim_{x \to 0} sgn\,(x)$ nicht existiert.

4. Finden Sie selbst eine Funktion, die an der Stelle $x_0 = 1$ keinen Grenzwert besitzt.

8.2.5 Standardgrenzwerte

$$\lim_{x \to x_0} c = c$$

Beweis:
Es ist $f(x) = c$ und $\varepsilon > 0$ ist beliebig vorgegeben. Dann gilt $|f(x) - a| = |c - c| = |0| < \varepsilon$ für jedes beliebige $\delta > 0$. Die geforderte Bedingung ist für alle x erfüllt, δ kann beliebig gewählt werden.

$$\lim_{x \to x_0} x = x_0$$

Beweis:
Es ist $f(x) = x$ und $\varepsilon > 0$ ist beliebig vorgegeben. Dann gilt $|f(x) - x_0| = |x - x_0| < \varepsilon$. Wählt man $\varepsilon = \delta$, so ist für alle x mit $|x - x_0| < \delta$ diese Bedingung erfüllt

$$\lim_{x \to \pm\infty} \frac{a}{x} = 0$$

Beweis:
Es ist $f(x) = \dfrac{a}{x}$ und $\varepsilon > 0$ ist beliebig vorgegeben. Dann gilt

$|f(x) - a| < \varepsilon \Rightarrow \left|\dfrac{a}{x} - 0\right| < \varepsilon \Rightarrow \left|\dfrac{a}{x}\right| < \varepsilon \Rightarrow x > \dfrac{|a|}{\varepsilon} = S.$ (Siehe Definition 8.1.2).

Mit diesen genannten Standardgrenzwerten und den folgenden Grenzwertregeln lassen sich weitere Grenzwerte sehr einfach bestimmen.

8.3   Grenzwertregeln

Die Funktionen f und g seien in einer gemeinsamen Definitionsmenge $D_f \cap D_g$ definiert. Ferner mögen die Grenzwerte $\lim\limits_{x \to x_0} f(x) = a$ und $\lim\limits_{x \to x_0} g(x) = b$ existieren. (Jede Umgebung von x_0 habe mit $D_f \cap D_g$ einen nichtleeren Durchschnitt.)

Dann gilt:

(1) $\lim\limits_{x \to x_0} (f(x) + g(x)) = \lim\limits_{x \to x_0} f(x) + \lim\limits_{x \to x_0} g(x)$

(2) $\lim\limits_{x \to x_0} (f(x) - g(x)) = \lim\limits_{x \to x_0} f(x) - \lim\limits_{x \to x_0} g(x)$

(3) $\lim\limits_{x \to x_0} (f(x) \cdot g(x)) = \lim\limits_{x \to x_0} f(x) \cdot \lim\limits_{x \to x_0} g(x)$

(4) Falls zusätzlich in einer geeigneten Umgebung von x_0 sowohl $g(x) \neq 0$ als auch $\lim\limits_{x \to x_0} g(x) \neq 0$ ist, gilt ferner: $\lim\limits_{x \to x_0} \dfrac{f(x)}{g(x)} = \dfrac{\lim\limits_{x \to x_0} f(x)}{\lim\limits_{x \to x_0} g(x)}$

(5) $\lim\limits_{x \to x_0} f(x) = a \Rightarrow \lim\limits_{x \to x_0} |f(x)| = |a|$

(6) $f(x) \leq g(x)$ in einer geeigneten Umgebung von $x_0 \Rightarrow$

$\lim\limits_{x \to x_0} f(x) \leq \lim\limits_{x \to x_0} g(x)$

Anmerkungen: Diese Grenzwertregeln gelten auch, wenn man x_0 durch ∞ bzw. $-\infty$ ersetzt, sofern die übrigen Voraussetzungen erfüllt sind.

Beweis der Regel (1):

Die Grenzwerte $\lim\limits_{x \to x_0} f(x) = a$ und $\lim\limits_{x \to x_0} g(x) = b$ und mögen existieren. Dann gibt es zu jedem $\varepsilon > 0$ ein $\delta_1 > 0$ so, dass $|f(x) - a| < \dfrac{\varepsilon}{2}$ für alle $x \in D_f$ mit $|x - x_0| < \delta_1$, und ein $\delta_2 > 0$ so, dass $|g(x) - b| < \dfrac{\varepsilon}{2}$ für alle $x \in D_g$ mit $|x - x_0| < \delta_2$. Dann gilt:

$|f(x) + g(x) - (a + b)| = |f(x) - a) + (g(x) - b)| \leq |f(x) - a| + |g(x) - b|$

$< \dfrac{\varepsilon}{2} + \dfrac{\varepsilon}{2} = \varepsilon$ für alle $x \in D_f \cap D_g$ mit $|x - x_0| < \min(\delta_1, \delta_2) = \delta$.

Somit ist $\lim\limits_{x \to x_0} (f(x) + g(x)) = a + b$, was zu beweisen war.

Hinweise: Die Zerlegung des Betrags in zwei einzelne Beträge war durch die Anwendung der Dreiecksungleichung möglich.

Der Beweis der anderen Grenzwertregeln verläuft ähnlich, es wird hier darauf verzichtet.

Beispiele

a) $\lim\limits_{x \to x_0} x^2 = x_0^2$, anders geschrieben: $x^2 \to x_0^2$ für $x \to x_0$.

Es sei $D \subset \mathbb{R}$ und $f : D \to \mathbb{R}$ mit $f(x) = x^2$ gegeben. Dann lässt sich f als Produkt der identischen Funktion $id: D \to \mathbb{R}$ mit $id(x) = x$ mit sich selbst schreiben. Es folgt mit Hilfe der Grenzwertregel (3):

$$\lim_{x \to x_0} x^2 = \lim_{x \to x_0} x \cdot \lim_{x \to x_0} x = x_0 \cdot x_0 = x_0^2.$$

In ähnlicher Weise geht man bei anderen Potenzfunktionen vor.

b) $\lim\limits_{x \to x_0} (x^2 - 5) = x_0^2 - 5$, anders geschrieben: $x^2 - 5 \to x_0^2 - 5$ für $x \to x_0$.

Gegeben ist die Funktion f mit $f(x) = x^2 - 5$. Man kann sie als Differenz von zwei Funktionen schreiben. Folglich lässt sich die Regel (2) anwenden:

$$\lim_{x \to x_0} x^2 - 5 = \lim_{x \to x_0} x^2 - \lim_{x \to x_0} 5 = x_0^2 - 5.$$

c) $\lim\limits_{x \to x_0} \dfrac{2x + 3}{3x - 4} = \dfrac{2}{3}$, anders geschrieben: $\dfrac{2x + 3}{3x - 4} \to \dfrac{2}{3}$ für $x \to \infty$.

Wir formen den Funktionsterm so um, dass wir bekannte Grenzwerte leicht erkennen, und wenden dann die Grenzwertregeln an.

$$\lim_{x \to \infty} \frac{2x + 3}{3x - 4} = \lim_{x \to \infty} \frac{x\left(2 + \dfrac{3}{x}\right)}{x\left(3 - \dfrac{4}{x}\right)} = \lim_{x \to \infty} \frac{2 + \dfrac{3}{x}}{3 - \dfrac{4}{x}} = \frac{\lim\limits_{x \to \infty} 2 + \lim\limits_{x \to \infty} \dfrac{3}{x}}{\lim\limits_{x \to \infty} 3 - \lim\limits_{x \to \infty} \dfrac{4}{x}} = \frac{2 + 0}{3 - 0} = \frac{2}{3}.$$

d) $\lim\limits_{x \to \infty} \dfrac{a}{x^2} = 0$, anders geschrieben: $\dfrac{a}{x^2} \to 0$ für $x \to \infty$.

$$f(x) = \frac{a}{x^2} = \frac{a}{x} \cdot \frac{1}{x}, \quad \lim_{x \to \infty} \frac{a}{x^2} = \lim_{x \to \infty} \frac{a}{x} \cdot \lim_{x \to \infty} \frac{1}{x} = 0 \cdot 0 = 0.$$

Grenzwerte für x gegen unendlich

Aufgabe

1. Bestimmen Sie die folgenden Grenzwerte aus den Standardgrenzwerten mit Hilfe der Grenzwertsätze:

a) $\lim\limits_{x \to \infty} 3$

b) $\lim\limits_{x \to \infty} \left(2 + \dfrac{1}{x}\right)$

c) $\lim\limits_{x \to -\infty} \dfrac{1}{2 + x}$

d) $\lim\limits_{x \to -\infty} -a$

2. Bestimmen Sie die folgenden Grenzwerte a aus den Standardgrenzwerten mit Hilfe der Grenzwertsätze:

a) $\dfrac{1}{2x + 1} \to a$ für $x \to \infty$

b) $\dfrac{x^2}{3x^3} \to a$ für $x \to -\infty$

c) $1^{2x} \to a$ für $x \to \infty$

d) $2 - \dfrac{3}{2x} \to a$ für $x \to -\infty$

3. Bestimmen Sie die folgenden Grenzwerte aus den Standardgrenzwerten mit Hilfe der Grenzwertsätze:

a) $\lim\limits_{x \to \infty} \dfrac{2x + 4}{-3x + 1}$

b) $\lim\limits_{x \to -\infty} \dfrac{6x + 2}{3x - 4}$

c) $\lim\limits_{x \to \infty} \dfrac{x^2 - 4x + 1}{-2x^2 + 3x - 4}$

g) $\lim\limits_{x \to -\infty} \dfrac{x^3 - 1}{x^3 + 1}$

d) $\lim\limits_{x \to \infty} \dfrac{-2(x + 1)^2}{5x^2 + 1}$

h) $\lim\limits_{x \to \infty} \left(\dfrac{2x + 1}{3x - 1} \cdot \dfrac{2x^2}{4x^2 + 2} \right)$

e) $\lim\limits_{x \to \infty} \dfrac{22x^4 + 13x^3 + 32x^2 + 26}{11x^4 - 34x + 16}$

i) $\lim\limits_{x \to \infty} \dfrac{(2x + 1)^3}{8x^4 + x^2 + 1}$

f) $\lim\limits_{x \to \infty} \dfrac{\frac{1}{2}x^3 + \frac{1}{3}x^2 - \frac{1}{6}x + 4}{-\frac{1}{3}x^3 + \frac{1}{2}x^2 - \frac{1}{5}x + 2}$

k) $\lim\limits_{x \to \infty} \dfrac{(x + 2)^3}{(x - 1)^3}$

Aufgabe *Muster*

Grenzwerte für *x* gegen x_0

Gegeben ist die Funktion *f* mit $f(x) = \dfrac{1 - x}{1 - \sqrt{x}}$, $D_f = \mathbb{R}^+ \backslash \{1\}$. Gesucht ist der Grenzwert $\lim\limits_{x \to 1} \dfrac{1 - x}{1 - \sqrt{x}}$.

Da $\lim\limits_{x \to 1} (1 - \sqrt{x}) = 0$ ist, kann der Grenzwertsatz (4) nicht angewandt werden.

Der Funktionsterm muss also umgeformt werden:

$\lim\limits_{x \to 1} \dfrac{1 - x}{1 - \sqrt{x}} = \lim\limits_{x \to 1} \dfrac{(1 - x)(1 + \sqrt{x})}{(1 - \sqrt{x})(1 + \sqrt{x})}$ Erweiterung mit $1 + \sqrt{x}$

$= \lim\limits_{x \to 1} \dfrac{(1 - x)(1 + \sqrt{x})}{1 - x}$ 3. binomische Formel im Nenner

$= \lim\limits_{x \to 1} (1 + \sqrt{x})$ Bruch mit $1 - x$ gekürzt

$\lim\limits_{x \to 1} 1 + \lim\limits_{x \to 1} \sqrt{x} = 1 + 1 = 2$ Grenzwertsatz (1)

Aufgabe

4. Berechnen Sie die folgenden Grenzwerte durch geeignete Termumformungen und mit Hilfe von Grenzwertsätzen:

a) $\lim\limits_{x \to -3} \dfrac{x^2 - 9}{x + 3}$

e) $\lim\limits_{x \to -4} \dfrac{(x^2 - 16)(x + 2)}{3x - 12}$

b) $\lim\limits_{x \to 2} \dfrac{x - 2}{\sqrt{x} - \sqrt{2}}$

f) $\lim\limits_{x \to -2} \dfrac{-2x^2 + 8}{x + 2}$

c) $\lim\limits_{x \to 5} \dfrac{x^2 - x - 20}{x - 5}$

g) $\lim\limits_{x \to 1} \dfrac{x^3 - 1}{x^2 - 1}$

d) $\lim\limits_{x \to -\frac{1}{2}} \dfrac{2x^2 + 3x + 1}{2x + 1}$

h) $\lim\limits_{x \to -1} \dfrac{x^2 - x - 2}{4x^2 + 4x}$

5. Berechnen Sie die folgenden Grenzwerte mit Hilfe von Grenzwertsätzen:

a) $\lim\limits_{x \to 2} (x^3 - x^2 + 1)$

b) $\lim\limits_{x \to -1} \left(\dfrac{1}{3}x^3 - \dfrac{1}{2}x^2 + x \right)$

c) $\lim\limits_{x \to -2} (3x + 1)^2$

d) $\lim\limits_{x \to 3} (-3x^4 - 4x^3 + x^2 + 1)$

e) $\lim\limits_{x \to 2} \dfrac{2x + 3}{3x - 5}$

f) $\lim\limits_{x \to 1} (2 - x^3) \cdot x$

g) $\lim\limits_{x \to 3} \left(x + (2x^2 + 1)\left(x^3 - \dfrac{6}{x}\right) \right)$

6. Zeigen Sie, dass $f : x \mapsto |sgn\,(x)|$ mit $x \neq 0$ einen Grenzwert bei $x_0 = 0$
besitzt, obwohl $\lim\limits_{x \to 0} sgn\,(x)$ nicht existiert. Was folgt daraus für die Um-
kehrbarkeit der Grenzwertregel (5)?

8.4 Uneigentliche Grenzwerte

Gegeben ist die Funktion f mit $f(x) = x^3$, $D_f = \mathbb{R}$. Wir interessieren uns für das
Verhalten der Funktionswerte, wenn $x \to +\infty$ strebt. Intuitiv ist klar, dass dann
auch $f(x) = x^3$ alle (positiven) Grenzen überschreitet. Man schreibt dafür
$f(x) \to +\infty$ für $x \to +\infty$.

Analog: $f(x) \to -\infty$ für $x \to -\infty$.

Die exakte Definition für einen im uneigentlichen Sinne existierenden Grenzwert lautet:

> *f sei eine Funktion mit nach rechts unbeschränkter Definitionsmenge.*
> *Es gilt $f(x) \to \infty$ für $x \to \infty$ genau dann, wenn es zu jeder noch so großen re-*
> *ellen Zahl M eine reelle Zahl S gibt, so dass $f(x) > M$ für alle $x > S$ gilt.*

In analoger Weise lauten die Definitionen, wenn $x \to -\infty$ oder $x \to x_0$ strebt
und die Funktionswerte dabei gegen „unendlich" streben.
Statt vom **uneigentlichen Grenzwert** spricht man auch von **bestimmter
Divergenz**.

Beispiele

Gegeben ist die Funktion f mit $f(x) = x^2$, $D_f = \mathbb{R}$. $M \in \mathbb{R}$ sei beliebig vorgegeben.
Es gilt $x^2 > M$ für alle $x > \sqrt{M} = S$. Daher gilt $f(x) = x^2 \to +\infty$ für $x \to +\infty$.

Man beachte in diesem Zusammenhang unbedingt, dass „$f(x) \to \infty$ für
$x \to x_0$" und „$\lim\limits_{x \to x_0} f(x)$ existiert nicht" zwei grundlegend verschiedene Aussagen
sind.
Wenn für eine Funktion $\lim\limits_{x \to x_0} f(x)$ bzw. $\lim\limits_{x \to +\infty} f(x)$ weder im eigentlichen noch

im uneigentlichen Sinne existieren, so spricht man von **unbestimmter Divergenz**.

Beispiele

a) Gegeben ist die Funktion f mit $f(x) = \dfrac{1}{x^2}$. Es gilt $f(x) \to \infty$ für $x \to 0$, der

Grenzwert existiert im uneigentlichen Sinne.

b) Gegeben ist die Funktion f mit $f(x) = \dfrac{1}{x}$. $\lim\limits_{x \to 0} \dfrac{1}{x}$ existiert nicht, auch nicht im

uneigentlichen Sinne. Es liegt eine unbestimmte Divergenz vor.

c) Gegeben ist die Funktion f mit $f(x) = \dfrac{1}{x}$ (siehe b)). Beschränkt man sich bei der Annäherung beispielsweise auf positive x-Werte, so existiert der „rechtsseitige" Grenzwert im uneigentlichen Sinne, was man durch die Schreibweise $f(x) = \dfrac{1}{x} \to +\infty$ ausdrückt.

d) Gegeben ist die Funktion f mit $f(x) = \sin x$. Der Grenzwert $\lim\limits_{x \to \infty} \sin x$ existiert nicht, auch nicht im uneigentlichen Sinne. Es liegt eine unbestimmte Divergenz vor.

Aufgabe

1. Untersuchen Sie die Existenz folgender Grenzwerte. Welche sind uneigentlich, welche existieren nicht?

a) $f(x) = 3x^3 + 2x^2$ für $x \to \infty$

d) $f(x) = -x^3 + 4x^2 + 2$ für $x \to -\infty$

b) $f(x) = \dfrac{1}{x-1}$ für $x \to \infty$

e) $f(x) = \dfrac{1}{x-1}$ für $x \to 1$

c) $f(x) = \dfrac{2}{x^2-3}$ für $x \to \sqrt{3}$

f) $f(x) = \dfrac{1}{10}x^3 + \dfrac{3}{5}x^2 + \dfrac{1}{4}$ für $x \to -\infty$

2. Welche Grenzwerte sind uneigentlich, welche existieren nicht?

a) $f(x) = \dfrac{x^2+1}{x}$ für $x \to \infty$

c) $f(x) = \dfrac{(x+2)^2}{4x}$ für $x \to \infty$

b) $f(x) = \dfrac{3}{x} \cdot (-3x + 1)$ für $x \to -\infty$

d) $f(x) = \dfrac{x^4+1}{x^2-1}$ für $x \to \infty$

8.5 Rechts- und linksseitige Grenzwerte

An den Rändern von Definitionsbereichen lässt sich ein Grenzwert oft nur durch einseitige Annäherung bestimmen (siehe Beispiel c)).
Getrennte Grenzwertbetrachtungen sind vor allem bei abschnittsweise definierten Funktionen an der Nahtstelle (auch gelegentlich „Trennstelle" genannt) nötig. Ist x_0 die Nahtstelle, dann schreiben wir folgende Definitionen:

8.5.1 Definitionen

Linksseitiger Grenzwert: $\lim\limits_{\substack{x \to x_0 \\ x < x_0}} f(x) = a_l$ *(kurz:* $\lim\limits_{x \nearrow x_0} f(x)$*) (Die δ-Streifen enthalten nur x-Werte, die kleiner als x_0 sind.)*

Rechtsseitiger Grenzwert: $\lim\limits_{\substack{x \to x_0 \\ x > x_0}} f(x) = a_r$ *(kurz:* $\lim\limits_{x \searrow x_0} f(x)$*) (Die δ-Streifen enthalten nur x-Werte, die größer als x_0 sind.)*

Liegt x_0 im Inneren von D_f, so gilt:
Der Grenzwert $\lim\limits_{x \to x_0} f(x)$ *existiert genau dann, wenn sowohl der linksseitige als auch der rechtsseitige Grenzwert existieren und übereinstimmen, wenn also gilt:* $\lim\limits_{\substack{x \to x_0 \\ x < x_0}} f(x) = \lim\limits_{\substack{x \to x_0 \\ x > x_0}} f(x)$.

Man beachte auch hier, dass diese Limes-Schreibweisen stets einen Nachweis des Grenzwerts erfordern und nicht einfach blindlings hingeschrieben werden dürfen. Zum Nachweis bedient man sich der erwähnten Grenzwertregeln und stützt sich auf bereits bekannte Grenzwerte.

Beispiele

a) Gegeben ist die abschnittsweise definierte Funktion $f : x \mapsto \dfrac{|x|}{x}$, $D_f = \mathbb{R}\backslash\{0\}$.

$$f(x) = \begin{cases} \dfrac{-x}{x} & \text{für } x < 0 \\[2mm] \dfrac{x}{x} & \text{für } x > 0 \end{cases} \qquad \text{Funktion abschnittsweise geschrieben}$$

$$f(x) = \begin{cases} -1 & \text{für } x < 0 \\ 1 & \text{für } x > 0 \end{cases} \qquad \text{Funktionsterme gekürzt}$$

$$\lim_{\substack{x \to 0 \\ x < 0}} -1 = -1 \qquad \text{Begründung siehe 8.2.5}$$

$$\lim_{\substack{x \to 0 \\ x > 0}} 1 = 1 \qquad \text{Begründung siehe 8.2.5}$$

Da die einseitigen Grenzwerte verschieden sind, existiert $\lim\limits_{x \to 0} f(x)$ nicht.

b) Gegeben ist die Funktion $f : x \mapsto |x^3|$, $D_f = \mathbb{R}$.

$$f(x) = \begin{cases} -x^3 & \text{für } x < 0 \\ x^3 & \text{für } x \geqq 0 \end{cases} \qquad \text{Funktion abschnittsweise geschrieben}$$

$$\lim_{\substack{x \to 0 \\ x < 0}} (-x^3) = 0 \qquad \text{Begründung siehe 8.3}$$

$$\lim_{\substack{x \to 0 \\ x > 0}} x^3 = 0 \qquad \text{Begründung siehe 8.3}$$

Die beiden Grenzwerte existieren und stimmen überein. Folglich existiert der (gemeinsame) Grenzwert $\lim\limits_{x \to 0} |x^3| = 0$.

c) Gegeben ist die Funktion f mit:

$$f(x) = \begin{cases} 1 - x^2, & x \in\ ]{-\infty}; -1[\\ x^3, & x \in\ ]{-1}; \infty[\end{cases}$$

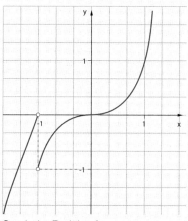

An der Trennstelle $x_0 = -1$ ist die Funktion nicht definiert, sie hat aber dort einen linksseitigen und einen rechtsseitigen Grenzwert:

$$\lim_{\substack{x \to -1 \\ x < -1}} (1 - x^2) = \lim_{\substack{x \to -1 \\ x < -1}} 1 - \lim_{\substack{x \to -1 \\ x < -1}} x^2$$

$$= 1 - 1 = 0$$

$$\lim_{\substack{x \to -1 \\ x > -1}} x^3 = -1$$

Graph der Funktion f

d) Gegeben ist die Funktion f mit

$$f(x) = \begin{cases} \dfrac{1}{x}, & x < 0 \wedge x \neq -2 \\ x^2, & x \in |0; 1| \\ \dfrac{1}{x^2}, & x > 1 \end{cases}$$

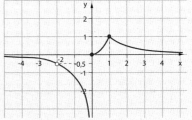

Graph der Funktion f

Untersucht werde das Verhalten der Funktion an den Stellen –2, 0, 1 und für $|x| \to \infty$:

$\lim\limits_{x \to -2} \dfrac{1}{x} = -\dfrac{1}{2}$

siehe Seite 151
An dieser Stelle gibt es keinen Funktionswert, aber einen Grenzwert, der – 0,5 beträgt.

$\lim\limits_{\substack{x \to 0 \\ x < 0}} \dfrac{1}{x} = -\infty$

An der Stelle 0 existiert kein linksseitiger Grenzwert im eigentlichen, wohl aber im uneigentlichen Sinne.

$\lim\limits_{\substack{x \to 1 \\ x < 1}} x^2 = 0$

An der Stelle 0 existiert der rechtsseitige Grenzwert 0.

$\lim\limits_{\substack{x \to 1 \\ x < 1}} x^2 = 1$

An der Stelle 1 existiert der linksseitige Grenzwert 1.

$\lim\limits_{\substack{x \to 1 \\ x > 1}} x^2 = 1$

An der Stelle 1 existiert der rechtsseitige Grenzwert 1.

$\lim\limits_{x \to -\infty} \dfrac{1}{x} = 0$

auch: $f(x) \to 0$
für $x \to -\infty$

$\lim\limits_{x \to \infty} \dfrac{1}{x^2} = 0$

auch: $f(x) \to 0$
für $x \to \infty$

▼ 8.5.2 Die h-Methode

Anstelle der genannten Bestimmung der Grenzwerte gibt es noch eine ältere, aber anschauliche Methode, die den Betrag h der Abweichung von der zu untersuchenden Stelle x_0 verwendet, wobei man x bei der linksseitigen Annäherung durch $x_0 - h$ und bei der rechtsseitigen Annäherung durch $x_0 + h$ ersetzt. h ist stets eine entsprechend kleine reelle Zahl mit $h > 0$. Die Schreibweise $\lim\limits_{\substack{x \to x_0 \\ x > x_0}} f(x)$ wird durch $\lim\limits_{h \to 0} f(x_0 + h)$ und entsprechend

$\lim\limits_{\substack{x \to x_0 \\ x < x_0}} f(x)$ durch $\lim\limits_{} f(x_0 - h)$ ersetzt.

Beispiele
a) Gegeben ist die Funktion f mit

$$f(x) = \begin{cases} x^2 - 1, & x \in \,]-\infty; 2[\\ x^2 + x + 1, & x \in \,]2; \infty[\end{cases} \qquad \text{mit } x_0 = 2.$$

Linksseitige Annäherung:

$$\lim_{h \to 0} f(2 - h) = \lim_{h \to 0} ((2 - h)^2 - 1) = 3 \qquad f(x_0 - h) = f(2 - h)$$

Rechtsseitige Annäherung:

$$\lim_{h \to 0} f(2 + h) = \qquad\qquad f(x_0 + h) = f(2 + h)$$

$$\lim_{h \to 0} ((2 + h)^2 + (2 + h) + 1) = 4 + 2 + 1 = 7$$

b) Gegeben ist die Funktion f mit

$$f(x) = \begin{cases} \dfrac{1}{x - 1}, & x \in\,]-\infty; 1[\\[2mm] 2x^2 + \dfrac{1}{2}, & x \in\,]1; \infty[\end{cases} \qquad \text{mit } x_0 = 1.$$

Linksseitige Annäherung:

$$\lim_{h \to 0} \frac{1}{(1 - h) - 1} = \lim_{h \to 0} \frac{1}{-h} = -\infty$$

Rechtsseitige Annäherung:

$$\lim_{h \to 0} \left(2(1 + h)^2 + \frac{1}{2} \right) = \lim_{h \to 0} \left(2h^2 + 4h + 2 + \frac{1}{2} \right) = 2{,}5$$

Anmerkung: Die h-Methode wird dann umständlich, wenn die Funktionsterme einen gewissen Komplexheitsgrad erreichen. Zum Beispiel macht die Bestimmung des Grenzwerts $\lim_{h \to 0} \left(\dfrac{1}{3} (3 + h)^4 + \dfrac{1}{2} (3 + h)^3 + 4(3 + h)^2 - 2 \right)$ für die Funktion $f(x) = \dfrac{1}{3} x^4 + \dfrac{1}{2} x^3 + 4x^2 - 2$ schon erhebliche Mühe.

Einseitige Grenzwerte

Aufgabe

1. Bestimmen Sie die folgenden einseitigen Grenzwerte:

a) $\displaystyle\lim_{\substack{x \to 3 \\ x < 3}} \left(\sqrt{3 - a} + 1 \right)$

b) $\displaystyle\lim_{\substack{x \to 0 \\ x > 0}} \frac{x}{\sqrt{x}}$

c) $\displaystyle\lim_{\substack{x \to a \\ x > a}} \frac{\sqrt{x} - \sqrt{a}}{\sqrt{x - a}}$

d) $\displaystyle\lim_{\substack{x \to \sqrt{2} \\ x > \sqrt{2}}} (x^2 - 1) \left(\sqrt{x^2 - 2} \right)$

e) $\displaystyle\lim_{\substack{x \to 1 \\ x < 1}} \frac{1 - x}{\sqrt{1 - x}}$

f) $\displaystyle\lim_{\substack{x \to 2 \\ x > 2}} \frac{x^2 + x + 1}{2x + 3}$

Betragsfunktionen

2. Wandeln Sie die Funktion f in eine abschnittsweise definierte Form um und bestimmen Sie den linksseitigen und rechtsseitigen Grenzwert an der Trennstelle.

a) $f(x) = |4x - 1|, D_f = \mathbb{R}$

b) $f(x) = |4 \cdot (3x - 2)|, D_f = \mathbb{R}$

c) $f(x) = \dfrac{|2x|}{2x}, D_f = \mathbb{R}$

d) $f(x) = \left| -\dfrac{1}{2} x + \dfrac{3}{2} \right|, D_f = \mathbb{R} \backslash \{0\}$

e) $f(x) = \left| \dfrac{-3x - 2}{4} \right|, D_f = \mathbb{R}$ \qquad f) $f(x) = |x^2 - 9|, D_f = \mathbb{R}$

Nahtstelle mit Definitionslücke

3. Bestimmen Sie die links- und rechtsseitigen Grenzwerte an den Nahtstellen. Zeichnen Sie auch die Graphen bei a) und b).

a) $f(x) = \begin{cases} -x, & x \in \,]-\infty; 1[\\ x^2, & x \in \,]1; \infty[\end{cases}$ \qquad c) $f(x) = \begin{cases} x^2 + 2x + 3, & x \in \,]-\infty; -1[\\ x^3 - 4x^2 - 1, & x \in \,]-1; \infty[\end{cases}$

b) $f(x) = \begin{cases} x^2, & x \in \,]-\infty; 0{,}5[\\ x^3, & x \in \,]0{,}5; \infty[\end{cases}$ \qquad d) $f(x) = \begin{cases} (x - 2)^2, & x \in \,]-\infty; 0[\\ (x + 3)^3, & x \in \,]0; \infty[\end{cases}$

Funktionswert an der Nahtstelle vorhanden

4. Bestimmen Sie die links- und rechtsseitigen Grenzwerte an den Nahtstellen. Berechnen Sie überdies den Funktionswert an den Nahtstellen. Was fällt auf?

a) $f(x) = \begin{cases} x^2 - 4x + 1, & x \in \,]-\infty; -2[\\ x^3 + 3x - 1, & x \in \, [-2; \infty[\end{cases}$

b) $f(x) = \begin{cases} \dfrac{1}{2}x^2 - \dfrac{3}{2}x + 2, & x \in \,]-\infty; 2[\\ \dfrac{1}{3}x^3 + \dfrac{4}{5}x - \dfrac{2}{3}, & x \in \, [2; \infty[\end{cases}$

c) $f(x) = \begin{cases} x^3 - 5x^2 + 3x, & x \in \,]-\infty; 1] \\ -2x^3 - 4x - 1, & x \in \,]1; \infty[\end{cases}$

d) $f(x) = \begin{cases} x + 1, & x \in \,]-\infty; -1] \\ x^2 - 1, & x \in \,]-1; \infty[\end{cases}$

e) $f(x) = \begin{cases} 2x + x^2, & x \in \,]-\infty; 0] \\ x^2 - 4x, & x \in \,]0; 2[\\ 3x^3 - 5, & x \in \,]2; \infty[\end{cases}$

f) $f(x) = \begin{cases} -\dfrac{1}{3}x^4 + 2, & x \in \,]-\infty; -1] \\ 1, & x \in \,]-1; 3[\\ \dfrac{1}{x + 3}, & x \in \, [3; \infty[\end{cases}$

g) $f(x) = \begin{cases} -1, & x \in \,]-\infty; 0[\\ \dfrac{1}{2}x^2 + 2x, & x \in \, [0; 2[\\ 3, & x \in \, [2; \infty[\end{cases}$

h-Methode

5. Bestimmen Sie die einseitigen Grenzwerte an den Nahtstellen mit Hilfe der **h**-Methode:

a) $f(x) = \begin{cases} x^2 + 2x + 2, & x \in \,]-\infty;-1[\\ \dfrac{1}{2}x + 5, & x \in [-1; \infty[\end{cases}$

b) $f(x) = \begin{cases} (1 - 2x)^2, & x \in \,]-\infty;-2[\\ \dfrac{3}{2} - \dfrac{5}{2}x, & x \in [-2; \infty[\end{cases}$

c) $f(x) = \begin{cases} x^3 + x^2 + x + 1, & x \in \,]-\infty;1[\\ 2, & x \in [1; \infty[\end{cases}$

d) $f(x) = \begin{cases} \dfrac{x^2 - 2x + 3}{2}, & x \in \,]-\infty;2[\\ x^2 - \dfrac{1}{4}, & x \in [2; \infty[\end{cases}$

8.6 Stetigkeit

Während in den letzten Abschnitten die Stelle x_0, an der die Annäherungen untersucht wurden, vorwiegend nicht definiert war, soll sie in diesem Abschnitt ausnahmslos zum Definitionsbereich gehören. Dann gibt es dort auch stets einen Funktionswert $f(x_0)$. Obwohl man den Funktionswert kennt, ist eine zusätzliche Bestimmung des Grenzwerts oft sehr wichtig, denn daraus lassen sich wichtige Schlüsse ziehen, so zum Beispiel, wie Teile des Graphen bei Nahtstellen zusammenstoßen.

8.6.1 Sprungstellen

Beispiele

a) Gegeben ist die Funktion f mit:

$$f(x) = \begin{cases} x^2 - 1, & x \in \,]-\infty;1[\\ x + 1, & x \in [1; \infty[\end{cases}$$

Die Nahtstelle $x_0 = 1$ ist in der 2. Zeile definiert.

Funktionswert: $f(1) = 1 + 1 = 2$

Linksseitiger Grenzwert:
$\lim\limits_{\substack{x \to 1 \\ x < 1}} (x^2 - 1) = 0$

Rechtsseitiger Grenzwert:
$\lim\limits_{\substack{x \to 1 \\ x > 1}} (x^2 + 1) = 0$

Es gibt keinen Grenzwert, der rechtsseitige Grenzwert stimmt mit dem Funktionswert überein. Der Graph hat bei der Nahtstelle einen **endlichen Sprung**.

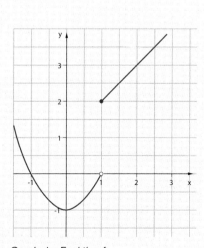

Graph der Funktion f

b) Gegeben ist die Funktion f mit:

$$f(x) = \begin{cases} -x +, & x \in \,]-\infty;0] \\ \dfrac{1}{x}, & x \in \,]0;\infty[\end{cases}$$

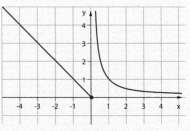

Graph der Funktion f

Die Nahtstelle $x_0 = 0$ ist in der 1. Zeile definiert.

Funktionswert: $f(0) = -0 = 0$

Linksseitiger Grenzwert: $\lim\limits_{\substack{x\to 0 \\ x<0}} (-x) = 0$

Rechtsseitiger Grenzwert: $\lim\limits_{\substack{x\to 0 \\ x>0}} \dfrac{1}{x} = \infty$

Der rechtsseitige Grenzwert ist uneigentlich.

Es gibt keinen Grenzwert, der linksseitige Grenzwert stimmt mit dem Funktionswert überein. Der Graph hat bei der Nahtstelle einen **unendlichen Sprung**.

c) Gegeben ist die Funktion f mit:

$$f(x) = sgn\,(x) = \begin{cases} -1, & x \in \,]-\infty;0[\\ 0, & x = 0 \\ 1, & x \in \,]0;\infty[\end{cases}$$

Die Nahtstelle mit ihrem Funktionswert ist in der mittleren Zeile ausgewiesen.

Linksseitiger Grenzwert:

$\lim\limits_{\substack{x\to 0 \\ x<0}} -1 = -1$

Rechtsseitiger Grenzwert:

$\lim\limits_{\substack{x\to 0 \\ x>0}} 1 = 1$

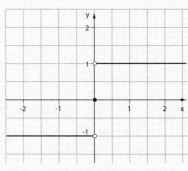

Graph der Funktion f

Die beiden einseitigen Grenzwerte sind verschieden und stimmen außerdem mit dem Funktionswert nicht überein. An der Nahtstelle gibt es einen **endlichen Sprung**, der Punkt $P(0;0)$ ist ein **isolierter Punkt** zwischen Sprunganfang und Sprungende.

d) Gegeben ist die Funktion f mit:

$$f(x) = \begin{cases} x^2, & x \neq 0 \\ 1, & x = 0 \end{cases}$$

Die zu untersuchende Nahtstelle ist $x_0 = 0$, es gilt $f(0) = $ (2. Zeile);
$\lim\limits_{x\to 0} x^2 = 0$

Der Grenzwert an der Nahtstelle existiert und hat den Wert 0, aber er stimmt mit dem Funktionswert 1 nicht überein. Der Graph dort hat einen **endlichen Sprung**.

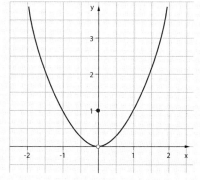

Graph der Funktion f

8.6.2 Knickstellen

Beispiele

a) Gegeben ist die Funktion f mit:

$$f(x) = \frac{1}{2}\,|x - 1| = \begin{cases} \frac{1}{2} - \frac{1}{2}x, & x \in \,]-\infty;1[\\[2mm] \frac{1}{2}x - \frac{1}{2}, & x \in \,]1;\infty[\end{cases}$$

Die Nahtstelle $x_0 = 1$ ist in der 2. Zeile definiert: $f(1) = 0$.

Linksseitiger Grenzwert:

$$\lim_{\substack{x \to 1 \\ x < 1}} \left(\frac{1}{2} - \frac{1}{2}x\right) = 0$$

Rechtsseitiger Grenzwert:

$$\lim_{\substack{x \to 1 \\ x > 1}} \left(\frac{1}{2}x - \frac{1}{2}\right) = 0$$

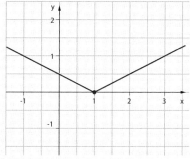

Graph der Funktion f

Es existiert an der Nahtstelle ein Grenzwert und er ist gleich dem Funktionswert.

Die Äste des Graphen stoßen dort zusammen. Der entstehende **Knick** wird im Folgenden genauer untersucht.

b) Gegeben ist die Funktion f mit:

$$f(x) = \begin{cases} 1 - x^2, & x \in \,]-\infty;1] \\ x - 1, & x \in \,]1;\infty[\end{cases}$$

Die Nahtstelle $x_0 = 1$ ist in der 1. Zeile definiert, es gilt $f(1) = 0$.

Linksseitiger Grenzwert:
$$\lim_{\substack{x \to 1 \\ x < 1}} (1 - x^2) = 0$$

Rechtsseitiger Grenzwert:
$$\lim_{\substack{x \to 1 \\ x > 1}} (x - 1) = 0$$

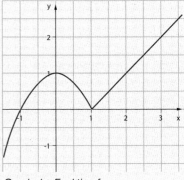

Graph der Funktion f

Es existiert an der Nahtstelle ein Grenzwert und er ist gleich dem Funktionswert. Der Graph hat dort einen **Knick**, seine Äste stoßen zusammen.

c) Gegeben ist die Funktion f mit:
$$f(x) = \begin{cases} x^2 + 1, & x \in]-\infty; 0] \\ x^3 + 1, & x \in]0; \infty[\end{cases}$$

Die Nahtstelle $x_0 = 0$ ist in der ersten Zeile definiert, $f(0) = 1$.

Linksseitiger Grenzwert:
$$\lim_{\substack{x \to 0 \\ x < 0}} (x^2 + 1) = 1$$

Rechtsseitiger Grenzwert:
$$\lim_{\substack{x \to 0 \\ x > 0}} (x^3 + 1) = 1$$

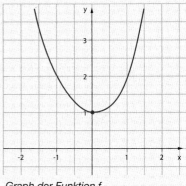

Graph der Funktion f

An der Nahtstelle existiert ein Grenzwert, er ist gleich dem Funktionswert. Die Äste stoßen dort zusammen, ohne dass sich ein Knick bildet. Wir nennen diesen Sonderfall einen **glatten Graphen**.

8.6.3 Stetigkeit

An den Beispielen von 8.6.2a) bis c) erkennen wir ein bestimmtes Verhalten des Graphen an der Nahtstelle: Die beiden Teilgraphen „schließen einander lückenlos an", oder anders gesehen: Der Zeichenstift braucht beim Überschreiten der Nahtstelle nicht vom Papier abgehoben zu werden. Man sagt, der Graph ist an der Nahtstelle lokal stetig. Es folgt nun eine genaue mathematische Definition der Stetigkeit.

> *Eine Funktion $f : D_f \to \mathbb{R}$ heißt **lokal stetig** bei $x_0 \in D_f$ genau dann, wenn $\lim_{x \to x_0} f(x)$ existiert und mit dem Funktionswert $f(x_0)$ übereinstimmt.*
> *Eine bei $x_0 \in D_f$ nicht stetige Funktion heißt **unstetig**.*

Anmerkungen: In manchen Büchern findet man die Bedingung für Stetigkeit in der Form $\lim\limits_{h \to 0} f(x_0 - h) = f(x_0) = \lim\limits_{h \to 0} f(x_0 + h)$, was gleichbedeutend mit unserer Definition ist.

Es kann durchaus sein, dass in einem Randpunkt des Definitionsbereichs nur der Grenzwert bei einseitiger Annäherung gebildet werden kann. Wenn z. B. $\lim\limits_{h \to 0} f(x_0 - h) = f(x_0)$ gilt, dann spricht man von **linksseitig stetig**.

Da laut Definition der Stetigkeit $f(x_0)$ existieren muss, kann die Stetigkeit nur an Stellen $x_0 \in D_f$ untersucht werden. Für $x_0 \notin D_f$ hat es also keinen Sinn, von Stetigkeit oder Unstetigkeit zu sprechen. Eine Funktion ist an einer solchen Stelle **weder stetig noch unstetig**.

Die angegebene Definition der Stetigkeit – wie man leicht einsieht – zu folgender Definition gleichwertig:
$f : D_f \to R$ heißt stetig bei $x_0 \in D_f$ genau dann, wenn es zu jedem $\varepsilon > 0$ ein $\delta > 0$ gibt, so dass $|x - x_0| < \delta \land x \in D_f \Rightarrow |f(x) - f(x_0)| < \varepsilon$.

Beispiele

a) Gegeben ist die Funktion f mit:

$$f(x) = \begin{cases} -\dfrac{1}{x}, & x \in \mathbb{R}^- \land x \neq -1 \\ x, & x \in \,]0; 1[\\ \dfrac{1}{x^3}, & x \in [1; \infty] \end{cases}$$

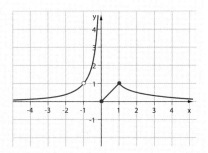

Graph der Funktion f

Es interessiert das Verhalten der Funktion an der nicht definierten Stelle $x_0 = -1$ sowie an der Nahtstelle $x'_0 = 0$ und an der Nahtstelle $x''_0 = 1$, ebenso interessiert das Verhalten für $x \to \infty$.

Lösung:

● $x'_0 = 0$

$f(0) = 0$ Funktionswert existiert

$\lim\limits_{\substack{x \to 0 \\ x < 0}} -\dfrac{1}{x} = +\infty$ linksseitiger Grenzwert uneigentlich

$\lim\limits_{\substack{x \to 0 \\ x > 0}} x = 0$ rechtsseitiger Grenzwert gleich Funktionswert

● $x_0 = -1$

$\lim\limits_{x \to -1} -\dfrac{1}{x} = 1$ Grenzwert existiert, kein Funktionswert

● $x''_0 = 1$

$f(1) = 1$ Funktionswert existiert

$\lim\limits_{\substack{x \to 1 \\ x < 1}} x = 1$ linksseitiger Grenzwert ist gleich dem

$\lim\limits_{\substack{x \to 1 \\ x > 1}} \dfrac{1}{x^3} = 1$ rechtsseitigen Grenzwert.

$\lim\limits_{x \to 1} f(x) = f(1)$ Die Funktion ist bei $x''_0 = 1$ lokal stetig.

● $x' = 0$

$$\lim_{x \to \infty} \frac{1}{x^3} = 0 \qquad \text{Der Graph nähert sich der x- Achse.}$$

b) Gegeben ist die Funktion f mit: $f(x) = 2x^2 + 3x - 4$, $D_f = \mathbb{R}$. Es wird willkürlich $x_0 = 1$ herausgegriffen und untersucht, ob die Funktion dort lokal stetig ist. Da die Zuordnungsvorschrift auf beiden Seiten dieser „Nahtstelle" die gleiche ist, ist es nicht nötig, einseitige Grenzwerte zu bilden.

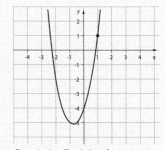

Graph der Funktion f

$$\lim_{x \to 1} (2x^2 + 3x - 4)$$
$$= \lim_{x \to 1} 2x^2 + \lim_{x \to 1} 3x - \lim_{x \to 1} 4 \qquad \text{Anwendung von Grenzwertsätzen}$$
$$= 2 \lim_{x \to 1} x^2 + 3 \lim_{x \to 1} x - \lim_{x \to 1} 4 \qquad \text{Standardgrenzwerte}$$
$$= 2 \cdot 1^2 + 3 \cdot 1 - 4 = 1$$

$$f(1) = 2 \cdot 1^2 + 3 \cdot 1 - 4 = 1 \qquad \text{Funktionswert}$$

Die Funktion ist an der Stelle $x_0 = 1$ lokal stetig. Wie man leicht erkennt, ist sie an jeder weiteren beliebigen Stelle ebenso lokal stetig. Dies führt uns auf den Begriff der globalen Stetigkeit (siehe Seite 172).

Aufgabe

Nahtstelle stetig?

1. Untersuchen Sie zuerst rechnerisch, ob die Funktionen an der Nahtstelle lokal stetig sind. Zeichnen Sie anschließend den Graphen und bestätigen Sie das Ergebnis.

a) $f(x) = \begin{cases} x + 1, & x \in \,]-\infty; 1] \\ -\dfrac{1}{2}x + \dfrac{3}{2}, & x \in \,]1; \infty[\end{cases}$

b) $f(x) = \begin{cases} -\dfrac{3}{4}x + 3, & x \in \,]-\infty; 2] \\ 1{,}5 \,, & x \in \,]2; \infty[\end{cases}$

c) $f(x) = \begin{cases} \dfrac{1}{2}x + 1, & x \in \mathbb{R}^- \\ 0{,}5, & x = 0 \\ \dfrac{1}{3}x - \dfrac{1}{2}, & x \in \mathbb{R}^+ \end{cases}$

d) $f(x) = 2x - 2$, $x \in \mathbb{R}$, Nahtstelle $x_0 = 0{,}5$

e) $f(x) = \dfrac{|x|}{x}$, $x \in \mathbb{R} \wedge x \neq 0$

f) $f(x) = \begin{cases} \dfrac{1}{4}x^3 - 1, & x \in \mathbb{R}_0^- \\ \dfrac{1}{4}x^2 - 1, & x \in \mathbb{R}^+ \end{cases}$

g) $f(x) = \begin{cases} x^2 - 1, & x \in \,]-\infty;-1] \\ -x^2 + 1, & x \in \,]-1;\infty[\end{cases}$

h) $f(x) = \begin{cases} x + \dfrac{1}{2}, & x \in \,]-\infty;-1] \\ (x - 1)^2 - 1, & x \in \,]-1;\infty[\end{cases}$

2. Untersuchen Sie rechnerisch, ob die Funktionen f an der Nahtstelle lokal stetig sind.

a) $f(x) = \begin{cases} -x^2 - 4x - 2, & x \in \,]-\infty;-2] \\ \dfrac{1}{2}x^2 + 2x + 4, & x \in \,]-2;\infty[\end{cases}$

b) $f(x) = \begin{cases} \dfrac{1}{2}x^2 - x - \dfrac{1}{2}, & x \in \,]-\infty;1[\\ -\dfrac{1}{4}x^2 - \dfrac{1}{2}x + \dfrac{5}{4}, & x \in \,]1;\infty[\end{cases}$

c) $f(x) = \begin{cases} \dfrac{1}{3}x^4 - 2x^2 - \dfrac{1}{2}x + 3, & x \in \,]-\infty;1[\\ -\dfrac{1}{5}x^3 - \dfrac{3}{4}x + \dfrac{5}{3}, & x \in [1;\infty[\end{cases}$

d) $f(x) = \begin{cases} \dfrac{1}{2}x^3 + \dfrac{2}{3}x^2 - 4x, & x \in \mathbb{R}_0^- \\ \dfrac{1}{4}x^4 - \dfrac{3}{8}x^2 + 6x, & x \in \mathbb{R}^+ \end{cases}$

3. Gegeben sind die Funktionen $f : x \mapsto 2x^2 + x - 1, D_f = \mathbb{R}$ und $g : x \mapsto -x^3 + x^2 - 2x + 4, D_g = \mathbb{R}$. Aus ihnen sollen die Funktionen h_1 und h_2 gebildet werden mit:

a) $h_1(x) = \begin{cases} f(x), & x \in \,]-\infty;1[\\ g(x), & x \in [1;\infty[\end{cases}$

b) $h_2(x) = \begin{cases} -f(x), & x \in \,]-\infty;-1[\\ g(x), & x \in [-1;\infty[\end{cases}$

Untersuchen Sie an den Nahtstellen die lokale Stetigkeit.

Zwei Nahtstellen

4. Untersuchen Sie rechnerisch die lokale Stetigkeit an den Nahtstellen:

a) $f(x) = \begin{cases} -2, & x \in \,]-\infty;-2[\\ 2x - 2, & x \in [-2;2] \\ 2, & x \in \,]2;\infty[\end{cases}$

b) $f(x) = \begin{cases} -x - 1, & x \in \,]-\infty;0[\\ 2x - 1, & x \in [0;2] \\ -x + 5, & x \in \,]2;\infty[\end{cases}$

c) $f(x) = \begin{cases} 3x - 1, & x \in\,]-\infty;\, 1[\\ 0, & x \in [1;\, 2] \\ 2x + 3, & x \in\,]2;\, \infty[\end{cases}$

d) $f(x) = \begin{cases} x^2 - 1, & x \in\,]-\infty;\, -1] \\ x + 1, & x \in\,]-1;\, -1[\\ -x^2 + 1, & x \in [1;\, \infty[\end{cases}$

e) $f(x) = \begin{cases} \dfrac{1}{3}x^2 - 1, & x \in\,]-\infty;\, 0[\\ x - 1, & x \in [0;\, 1[\\ -\dfrac{1}{3}x^2 + \dfrac{4}{3}x - \dfrac{1}{3}, & x \in [1;\, \infty[\end{cases}$

Aufgabe
Muster

Funktionen mit Parameter

Gegeben ist die Funktion $f_a : x \mapsto \begin{cases} x^2 - 1, & x \in\,]-\infty;\, 1{,}5] \\ -\dfrac{1}{2}x + a, & x \in\,]1{,}5;\, \infty] \end{cases}\;; a \in \mathbb{R}$

a) Man zeichne die Graphen für $a = -2$, $a = -1$, $a = 0$ und $a = 1$ in ein gemeinsames kartesisches Koordinatensystem.

b) Man bestimme a so, dass die Funktion an der Nahtstelle lokal stetig wird.

Lösung:

a)

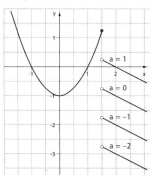

Graphen der Funktionen $f_a(x)$ für $a = -2$, $a = -1$, $a = 0$, $a = 1$

b) $\lim\limits_{\substack{x \to 1{,}5 \\ x < 1{,}5}} (x^2 - 1) = 2{,}25 - 1 = 1{,}25$ Bestimmung des linksseitigen Grenzwerts

$f(1{,}5) = 2{,}25 - 1 = 1{,}25$ Funktionswert (aus der oberen Zeile)

$\lim\limits_{\substack{x \to 1{,}5 \\ x > 1{,}5}} \left(-\dfrac{1}{2}x + a\right) = -0{,}75 + a$ rechtsseitiger Grenzwert abhängig von a

$1{,}25 = -0{,}75 + a \Leftrightarrow a = 2$ Bedingung für den (gemeinsamen) Grenzwert

Hinweis: Man kann den Graphen von $f_a(x)$ für verschiedene a im Computer erzeugen und aus der Graphenschar denjenigen mit stetigem Übergang ausfiltern.

5. Bestimmen Sie a jeweils so, dass die Funktionen f_a an der Nahtstelle lokal stetig werden. Erzeugen Sie – wenn möglich – die entsprechende Graphenschar auch im Computer.

a) $f_a(x) = \begin{cases} 1{,}5x - 0{,}5, & x \in \,]-\infty; 2] \\ -2x + a, & x \in \,]2; \infty[\end{cases}$; $a \in \mathbb{R}$

b) $f_a(x) = \begin{cases} -0{,}5 - x, & x \in \,]-\infty; -1] \\ \dfrac{1}{4}ax + 2, & x \in \,]-1; \infty[\end{cases}$; $a \in \mathbb{R}$

c) $f_a(x) = \begin{cases} x^2 - 2{,}5x + 1, & x \in \,]-\infty; 2] \\ \dfrac{1}{2}x + a, & x \in \,]2; \infty[\end{cases}$; $a \in \mathbb{R}$

d) $f_a(x) = \begin{cases} 2a + 1, & x \in \,]-\infty; 1] \\ -\dfrac{1}{2}x^2 + \dfrac{1}{2}x - \dfrac{3}{2}, & x \in \,]1; \infty[\end{cases}$; $a \in \mathbb{R}$

e) $f_a(x) = \begin{cases} x^2 - 2x, & x \in \,]-\infty; a] \\ x - 2, & x \in \,]a; \infty[\end{cases}$; $a \in \mathbb{R}$

   Hinweis: Es gibt zwei Lösungen.

Vermischte Aufgaben

6. $f_{a,b}(x) = \begin{cases} \dfrac{x^3 - 8}{x - 2}, & x \in \,]-\infty; 2[\\ a, & x = 2 \\ \dfrac{x^2 + (b-2)x - 2b}{x - 2}, & x \in \,]2; \infty[\end{cases}$ $a, b \in \mathbb{R}$

a) Kürzen Sie die Brüche.
b) Bestimmen Sie a und b so, dass $f_{a,b}$ an der Stelle $x_0 = 2$ lokal stetig wird.
c) Setzen Sie die in b) erhaltenen Werte in die Funktion ein und zeichnen Sie den Graphen.

7. $f_{a,b}(x) = \begin{cases} \dfrac{x^3 - 1}{x - 1}, & x \in \,]-\infty; 1[\\ b, & x = 1 \\ \dfrac{x^2 - (a+1)x + a}{x - 1}, & x \in \,]1; \infty[\end{cases}$ $a, b \in \mathbb{R}$

a) Kürzen Sie die Brüche.
b) Bestimmen Sie a und b so, dass $f_{a,b}$ an der Stelle $x_0 = 1$ lokal stetig wird.

c) Setzen Sie die in b) erhaltenen Werte in die Funktion $f_{a,b}$ ein und zeichnen Sie den Graphen.

8. $f_{a,b}(x) = \begin{cases} \dfrac{x^2 - (a+2)x + 2a}{x-2}, & x \in \,]-\infty; -1[\\ b, & x = -1 \\ \dfrac{x^3 + 1}{x+1}, & x \in \,]-1; \infty[\end{cases} \qquad a, b \in \mathbb{R}$

a) Kürzen Sie die Brüche.
b) Bestimmen Sie a und b so, dass $f_{a,b}$ an der Stelle $x_0 = -1$ lokal stetig wird.
c) Setzen Sie die in b) erhaltenen Werte in die Funktion ein und zeichnen Sie den Graphen.

Anwendungsbezogene Aufgaben

9. Eine Preisabsatzfunktion ist durch folgende Vorschrift gegeben:

$$p(x) = \begin{cases} -x + 20, & x \in [0; 10] \\ -1{,}25x + 22{,}5, & x \in \,]10; 14] \end{cases}$$

a) Untersuchen Sie die lokale Stetigkeit bei $x_0 = 10$.
b) Zeichnen Sie den Graphen dieser Funktion.
c) Geben Sie die Vorschrift der Erlösfunktion $E(x) = x \cdot p(x)$ an.
d) Untersuchen Sie die lokale Stetigkeit der Erlösfunktion bei $x_0 = 10$.

10. Eine Preisabsatzfunktion ist durch folgende Vorschrift gegeben:

$$p(x) = \begin{cases} 35, & x \in [0; 5] \\ -2x + 45, & x \in \,]5; 15[\\ 15, & x \in [15; 20] \end{cases}$$

a) Untersuchen Sie die lokale Stetigkeit an den Nahtstellen.
b) Zeichnen Sie den Graphen dieser Funktion.
c) Geben Sie die Vorschrift der Erlösfunktion $E(x) = x \cdot p(x)$ an.
d) Untersuchen Sie die lokale Stetigkeit der Erlösfunktion an den Nahtstellen.

11. Die Abhängigkeit der Geschwindigkeit v von der Zeit t ist durch folgende Vorschrift gegeben:

$$v(t) = \begin{cases} 1{,}5t, & t \in [0; 4] \\ 6, & t \in \,]4; 5[\\ -3t + 21, & \in [5; 7] \end{cases}$$

a) Untersuchen Sie die lokale Stetigkeit an den Nahtstellen.
b) Interpretieren Sie den Verlauf der Bewegung.

12. Die Abhängigkeit der Geschwindigkeit v von der Zeit t ist durch folgende Vorschrift gegeben:
$$v(t) = \begin{cases} -\dfrac{4}{3}t + 5, & t \in [0;3] \\ 1, & t \in [3;5[\\ -t + 6, & t \in [5;6] \end{cases}$$

a) Untersuchen Sie die lokale Stetigkeit an den Nahtstellen.
b) Interpretieren Sie den Verlauf der Bewegung.

8.7 Stetige Funktionen

8.7.1 Stetigkeit im offenen Intervall

Viele elementare Funktionen sind nicht abschnittsweise definiert; Nahtstellen liegen also nicht unmittelbar vor. Allerdings hindert uns nichts daran, eine beliebige „normale" Stelle des Definitionsbereiches herauszugreifen und dort die Funktion auf Stetigkeit zu untersuchen. In vielen Fällen stellt man diese dann auch fest.
Damit ergibt sich die folgende **Definition:**

> *Eine Funktion ist in einem offenen Intervall $I \in D_f$* **stetig***, wenn sie an jeder Stelle x_0 dieses Intervalls stetig ist.*

Beispiel
$f(x) = x^2 - 2x + 2, D_f = \mathbb{R}$
f ist in $\mathbb{R}$ stetig, denn für ein
beliebiges $x_0 \in \mathbb{R}$ gilt:
$f(x_0) = x_0^2 - 2x_0 + 2$ und
$\lim\limits_{x \to x_0} f(x) = x_0^2 - 2x_0 + 2$, also
$f(x_0) = \lim\limits_{x \to x_0} f(x).$

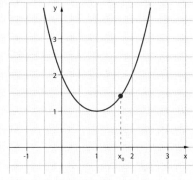

Graph der Funktion f

8.7.2 Stetigkeit an den Randpunkten des Definitionsbereichs

Es ist kein Problem, eine Funktion an einer Stelle x_0 eines offenen Definitionsintervalls auf Stetigkeit zu untersuchen, da man sich dieser Stelle von beiden Seiten nähern kann. Somit können sowohl der linksseitige als auch der rechtsseitige Grenzwert an dieser Stelle untersucht werden. Liegt nun $x_0 \in D_f$ am Rand des Definitionsbereichs, so ist nur eine Annäherung von einer Seite möglich.*) Man definiert daher f als stetig in diesem Randpunkt, wenn der einseitige Grenzwert mit dem Funktionswert im Randpunkt übereinstimmt.

$f : [a; b] \rightarrow \mathbb{R}$ heißt stetig in a $\Leftrightarrow$ $\lim\limits_{\substack{x \to a \\ x > a}} f(x) = f(a)$

$f : [a; b] \rightarrow \mathbb{R}$ heißt stetig in b $\Leftrightarrow$ $\lim\limits_{\substack{x \to b \\ x < b}} f(x) = f(b)$

Im ersten Fall nennt man f bei a **rechtsseitig stetig**, im zweiten Fall f bei b **linksseitig stetig**.

Beispiele

a) Gegeben ist die Funktion f mit:

$f(x) = x^2$, $D_f = [0; 1,5]$

$\lim\limits_{\substack{x \to 1,5 \\ x < 1,5}} x^2 = 0 = f(0)$

$\lim\limits_{\substack{x \to 1,5 \\ x < 1,5}} x^2 \; 2,25 = f(1,5)$

f ist im abgeschlossenen Intervall $[0; 1,5]$ global stetig.

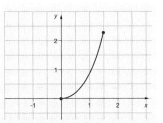

Graph der Funktion f

b) Gegeben ist die Funktion f mit:

$$f(x) = \begin{cases} 1 - x^2, & x \in [-1; 1[\\ 2, & x = 1 \end{cases}$$

f ist im abgeschlossenen Intervall $[-1; 1]$ zwar definiert, aber nicht stetig, denn es gilt:
$\lim\limits_{\substack{x \to 1 \\ x < 1}} (1 - x^2) = 0$ und $f(1) = 2$.

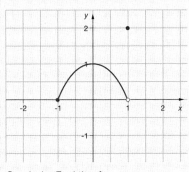

Graph der Funktion f

8.7.3 Stetige Funktionen

Neben Funktionen, die nur in einzelnen Teilintervallen des Definitionsbereichs stetig sind, gibt es auch solche, die an **jeder Stelle** des Definitionsbereichs stetig sind. Solche Funktionen nennt man **global stetig** oder kurz **stetige Funktionen**.

Beispiele

a) $f : x \mapsto c$, $D_f = \mathbb{R}$ Die konstante Funktion ist in $\mathbb{R}$ stetig.
b) $id : x \mapsto x$, $D_f = \mathbb{R}$ Die identische Funktion ist in $\mathbb{R}$ stetig.

---

*) Wir betrachten in diesem Buch keine Definitionsmengen der Art

$D = \mathbb{R} \setminus \left\{ \dfrac{1}{n} \mid n \in \mathbb{N}^* \right\}$, 0 wäre hier Randpunkt.

c) $f : x \mapsto x^n, n \in \mathbb{N}, D_f = \mathbb{R}$ Diese Potenzfunktionen sind in $\mathbb{R}$ stetig (Grenzwertregeln).

d) $f : x \mapsto a_n x^n + ... + a_0,$
$n \in \mathbb{N}, a \in \mathbb{R}, D_f = \mathbb{R}$ Die ganzrationalen Funktionen sind in $\mathbb{R}$ stetig (Grenzwertregeln).

e) $f : x \mapsto |x| = \begin{cases} g(x) = x, & x \in \mathbb{R}^+ \\ 0, & x = 0 \\ h(x) = -x, & x \in \mathbb{R}^- \end{cases}$ Betragsfunktion   ▼

$g(x) = x$ ist global stetig in $\mathbb{R}^+$.   Teilfunktion, 1. Zeile

$g(x) = -x$ ist global stetig in $\mathbb{R}^-$.   Teilfunktion, 3. Zeile

Untersuchung der lokalen Stetigkeit bei $x_0 = 0$:

Funktionswert $f(0) = 0$;

Grenzwert $a = 0$ wird vermutet:

$\varepsilon > 0$ vorgegeben;

$\Rightarrow |f(x) - f(0)| = ||x| - 0| = |x|$ Grenzwertdefinition angewendet

$= |x - 0| < \varepsilon$ für $|x - 0| < \delta$ wenn man $\delta = \varepsilon$ wählt

$\lim\limits_{x \to x_0} |x| = 0$ Grenzwert = Funktionswert

Die Betragsfunktion ist also bei $x_0 = 0$ lokal stetig und damit in $\mathbb{R}$ stetig.

e) Gebrochenrationale Funktionen sind an jeder Stelle ihres Definitons-bereiches stetig.

8.7.4 Sätze über stetige Funktionen

In 8.7.3 wurde ein kleiner Vorrat an stetigen Funktionen aufgezählt. Man kann nun zeigen, dass sich die Stetigkeit „vererbt", wenn man aus stetigen Funktionen durch gewisse Rechenoperationen und unter Beachtung der Sätze 1 und 2 neue Funktionen gewinnt.

Satz 1: Stetigkeit bei Verknüpfung über die vier Grundrechenarten

Sind f und g in einer gemeinsamen Definitionsmenge D definiert und dort stetig, so sind auch die Funktionen $f + g, f - g$ und $f \cdot g$ dort stetig. Die Funktion $\dfrac{f}{g}$ ist überall dort stetig, wo sie definiert ist, d. h. in $D \backslash \{$Nullstellen von $g\}$.

Beweis der Stetigkeit von $f \cdot g$:

$\lim\limits_{x \to x_0} (f \cdot g)(x) = \lim\limits_{x \to x_0} f(x) \cdot g(x)$ Definition von $f \cdot g$

$= \lim\limits_{x \to x_0} f(x) \cdot \lim\limits_{x \to x_0} g(x) = f(x_0) \cdot g(x_0)$ Grenzwertregeln und Stetigkeit von f und g in x_0

$= (f \cdot g)(x_0)$

Der Beweis für die übrigen Funktionen verläuft unter Anwendung der bekannten Grenzwertregeln analog.

Beispiele

Gegeben sind folgende in $\mathbb{R}$ stetigen Funktionen f und g mit $f(x) = x^3$ und $g(x) = x^2 - 1$.

Daraus folgt für die Funktionen:

$(f + g)(x) = x^3 + x^2 - 1$	stetige Funktion
$(f - g)(x) = x^3 - x^2 + 1$	stetige Funktion
$(f \cdot g)(x) = x^3 \cdot (x^2 - 1)$	stetige Funktion
$\dfrac{f}{g}(x) = \dfrac{x^3}{x^2 - 1}$	stetige Funktion in $\mathbb{R}\backslash\{-1, 1\}$

▼ **Satz 2: Stetigkeit bei Verkettung**

Sind $f : D_f \to \mathbb{R}$ und $g : D_g \to \mathbb{R}$ mit $D_g \supset f(D_f)$ stetige Funktionen, so ist auch die durch Verkettung entstehende Funktion $g \circ f$ stetig.

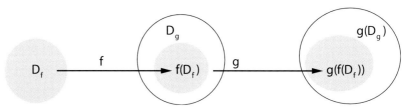

Definitions- und Wertemengen bei der Verkettung $g \circ f$

Beweis:

Es sei $\varepsilon > 0$ beliebig vorgegeben. Wegen der Stetigkeit von g gibt es ein $\delta' > 0$ so, dass $|g(f(x)) - g(f(x_0))| < \varepsilon$ für $|f(x) - f(x_0)| < \delta'$. Wir setzen $\delta' = \varepsilon'$, dann gibt es wegen der Stetigkeit von f ein $\delta > 0$ so, dass $|f(x) - f(x_0)| < \varepsilon'$ für alle $x \in D_f$ mit $|x - x_0| < \delta$.

Beispiel

Gegeben sind die in $\mathbb{R}$ stetigen Funktionen f und g mit $f(x) = 0{,}5x - 1$ und $g(x) = |x|$; dann ist die Verkettung $g \circ f(x) = |0{,}5x - 1|$ ebenfalls stetig.

Anmerkung: Ist eine Funktion f in einem bestimmten **Intervall** I definiert, umkehrbar und stetig, so ist auch die Umkehrfunktion stetig.

Mit Hilfe der folgenden Lehrsätze lassen sich über gegebene Funktionen ohne Rechenaufwand wichtige Aussagen gewinnen.

Stetige Funktionen zeigen ein gewisses „Wohlverhalten": Der Graph einer im abgeschlossenen Intervall $[a; b]$ stetigen Funktion lässt sich z. B. zeichnen, ohne dabei den Stift abzusetzen. Ausgehend von dieser Vorstellung können wir die folgenden Sätze formulieren, ohne sie jedoch zu beweisen. Sie werden nur anhand von Beispielen und Gegenbeispielen, bei denen nicht alle Voraussetzungen erfüllt sind, plausibel gemacht.

Satz 3: Beschränktheit

Ist eine Funktion *f* in einem **abgeschlossenen** Intervall [*a*; *b*] stetig, so ist sie dort auch beschränkt, d.h., es existieren zwei Zahlen *S* und *s* so, dass $s \leq f(x) \leq S$ für alle $x \in [a; b]$ gilt. *S* heißt **obere**, *s* heißt **untere Schranke**.

Beispiele

a) $f : [-2; 1] \rightarrow \mathbb{R}$ mit $f(x) = x^2 - 1$
Der Graph kann in einen Horizontalstreifen eingesperrt werden.
Hier ist z.B. $s = -1$ und $S = 3$ wählbar.

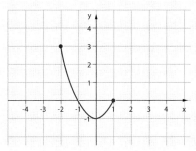

Graph der Funktion f

b) $f : [1; 3] \rightarrow \mathbb{R}$ mit $f(x) = \dfrac{1}{x}$

Die Funktion hat im Intervall sowohl einen größten als auch einen kleinsten Wert, ist also dort beschränkt.

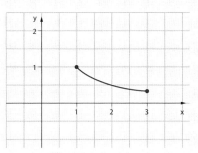

Graph der Funktion f

Gegenbeispiele

c) $f :]0; 1[\rightarrow \mathbb{R}$ mit $f(x) = \dfrac{1}{x}$

Die Funktion ist zwar im angegebenen Funktionsintervall stetig, aber das Intervall ist nicht abgeschlossen, daher ist sie dort auch nicht beschränkt.

d) $f : [0; 1] \rightarrow \mathbb{R}$ mit $f(x) = \begin{cases} \dfrac{1}{x}, & x > 0 \\ 0, & x = 0 \end{cases}$

Die Funktion ist zwar auf einem abgeschlossenen Intervall definiert, aber nicht stetig bei $x = 0$.

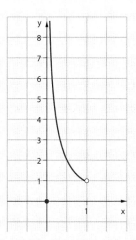

Graph der Funktion f des Gegenbeispiels d)

Satz 4: Extremwertsatz

Der Satz ist nach **Pierre de Fermat** (1603–1665 n. Chr.) benannt, einem Begründer der Grenzwertrechnung.

> Eine im abgeschlossenen Intervall $[a; b]$ definierte stetige Funktion hat dort ein Maximum und ein Minimum, d. h., es gibt x_1, $x_2 \in [a; b]$ mit $f(x_1) \leq f(x) \leq f(x_2)$ für alle $x \in [a; b]$.

Beispiele

a) $f : [-2; 1] \rightarrow \mathbb{R}$ mit $f(x) = x^2 - 1$

Es gilt:

$f(0) \leq f(x) \leq f(-2)$

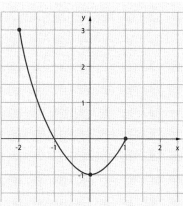

Graph der Funktion f

b) $f : [1; 3] \rightarrow \mathbb{R}$ mit $f(x) = \dfrac{1}{x}$

Es gilt:

$f(3) \leq f(x) \leq f(1)$

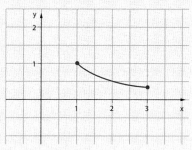

Graph der Funktion f

Gegenbeispiele

c) $f :]0; 1[\rightarrow \mathbb{R}$ mit $f(x) = \dfrac{1}{x}$

Die Abgeschlossenheit des Intervalls ist nötig, sonst können die Funktionswerte über alle Grenzen wachsen, es gibt kein Maximum.

d) $f : [0; 1] \rightarrow \mathbb{R}$ mit

$$f(x) = \begin{cases} \dfrac{1}{x}, & x > 0 \\ 0, & x = 0 \end{cases}$$

Die Funktion ist zwar auf einem abgeschlossenem Intervall definiert, aber nicht stetig bei $x = 0$. Es gibt kein Maximum.

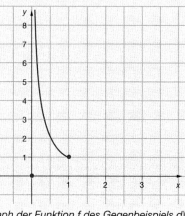

Graph der Funktion f des Gegenbeispiels d)

e) $f : [0; 1[\rightarrow \mathbb{R}$ mit $f(x) = x$

Diese Funktion hat zwar ein Minimum $f(0)$, aber kein Maximum, denn der Funktionswert bei $x_0 \in [0; 3[$ wird durch den

bei $x_1 = \dfrac{x_0 + 3}{2} \in [0; 3[$ überboten (nachrechnen!).

f hat zwar das Supremum 3, es wird aber nicht als Funktionswert angenommen.

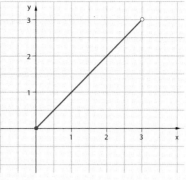

Graph der Funktion f

Satz 5: Zwischenwertsatz

Eine im **abgeschlossenen** Intervall $[a; b]$ definierte stetige Funktion nimmt jeden zwischen $f(a)$ und $f(b)$ gelegenen Wert y_0 mindestens einmal an, d. h., es gibt ein $x_0 \in [a; b]$ mit $f(x_0) = y_0$.

Der Satz ist nach **Bernhard Bolzano** (1781–1849 n. Chr.) benannt, einem bedeutenden Mathematiker und Philosophen.

Aufgrund der Tatsache, dass man den Graphen einer im abgeschlossenen Intervall $[a; b]$ stetigen Funktion ohne abzusetzen zeichnen kann, ist dies völlig klar, wie es auch die Beispiele und Gegenbeispiele verdeutlichen.

Anmerkung: Eine gleichwertige Formulierung des Zwischenwertsatzes lautet: Eine stetige Funktion bildet ein Intervall auf ein Intervall ab.

Beispiele

a) $f : [0; 2] \rightarrow \mathbb{R}$ mit $f(x) = x^2 - 1$

Jeder Wert y_0 zwischen $f(0) = -1$ und $f(2) = 3$ tritt als Funktionswert auf.

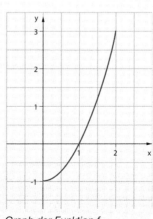

Graph der Funktion f

b) $f : [-1; 3] \to \mathbb{R}$ mit $f(x) = -x + 2$

Auch hier tritt jeder zwischen $f(-1) = 3$ und $f(3) = -1$ gelegene Wert als Funktionswert auf.

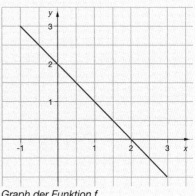

Graph der Funktion f

Gegenbeispiele

c) $f : [-1; 2] \to \mathbb{R}$ mit

$$f(x) = \begin{cases} x - 1, & x < 0 \\ x^2, & x \geq 0 \end{cases}$$

Die Funktion ist nicht stetig, sie überspringt beispielsweise den Wert $y_0 = -0{,}5$.

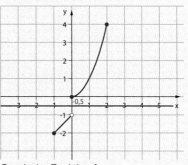

Graph der Funktion f

d) $f : [1; 2] \cup [3; 4] \to \mathbb{R}$ mit

$f(x) = x$

Die Funktion ist zwar stetig, aber der Definitionsbereich ist kein Intervall. Auch hier überspringt die Funktion Werte, nämlich z. B. $y_0 = 2{,}5$.

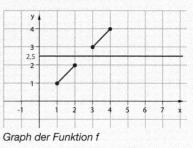

Graph der Funktion f

Für die Sonderfälle $f(a) < 0$ und $f(b) > 0$ bzw. $f(a) > 0$ und $f(b) < 0$ sowie für $y_0 = 0$ ergibt sich der folgende Lehrsatz:

Satz 6: Nullstellensatz

Hat eine auf einem **abgeschlossenen** Intervall $[a; b]$ definierte stetige Funktion an den Rändern des Intervalls einen positiven und einen negativen Funktionswert, so besitzt sie im Intervall mindestens eine Nullstelle x_0, d. h., es gibt ein $x_0 \in [a; b]$ mit $f(x_0) = 0$.

Beispiel

Die stetige Funktion
$f : \mathbb{R} \to \mathbb{R}$ mit $f(x) = x^3 - 3x + 1$
hat im Intervall $[0; 1]$ eine Nullstelle,
denn es gilt: $f(0) = 1 > 0$ und
$f(1) = -1 < 0$.

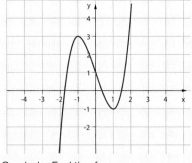

Graph der Funktion f

8.7.5 Stetige Fortsetzung

In der Definition für die Stetigkeit einer Funktion f an einer bestimmten Stelle x_0 ist verlangt, dass diese Stelle x_0 zur Definitionsmenge D_f der Funktion gehört. Es gibt aber auch Funktionen, bei denen zwar $f(x_0)$ nicht existiert, aber der Grenzwert dort existiert. Dann kann man eine neue Funktion f_1^* bilden, die in D_f mit f übereinstimmt und als zusätzlichen Funktionswert bei x_0 den Grenzwert von f hat.

Gegeben ist ein offenes Intervall I mit $x_0 \in I$ und eine Funktion $f : x \to f(x)$, $D_f = I \setminus \{x_0\}$. Existiert der Grenzwert $a = \lim\limits_{x \to x_0} f(x)$, so lässt sich die Definitionslücke x_0 stetig abschließen. Die dabei erhaltene Funktion

$$f_1^* : x \to \begin{cases} f(x), & x \in I \wedge x \neq x_0 \\ a, & x = x_0 \end{cases}$$

*nennt man die **stetige Fortsetzung** oder **stetige Ergänzung** von f.*

Beispiel

$f : x \to \dfrac{x^2 - 4}{x - 2}$, $D_f = \mathbb{R} \setminus \{2\}$ Definitionslücke bei $x = 2$

$a = \lim\limits_{x \to 2} f(x) = \lim\limits_{x \to 2} \dfrac{x^2 - 4}{x - 2}$ Binomische Formel im Zähler

$= \lim\limits_{x \to 2} \dfrac{(x + 2)(x - 2)}{x - 2} = \lim\limits_{x \to 2} (x + 2) = 4$ kürzen, Grenzwertregel

$f_1^* : x \to \begin{cases} \dfrac{x^2 - 4}{x - 2}, & x \in \mathbb{R} \wedge x \neq 2 \\ 4, & x = 2 \end{cases}$ stetige Fortsetzung

f_1^* lässt sich auch einfacher darstellen:
$f_1^* : x \to x + 2$, $D_f = \mathbb{R}$.

8.7.6 Unstetige Funktionen

Bei der Fülle von stetigen Funktionen fragt man sich natürlich, welche Funktionen nicht stetig sind. Im Rahmen des Lehrplans sind es vor allem viele abschnittsweise definierte Funktionen, denn dort treten an den Nahtstellen oft Sprünge auf, also lokal unstetige Stellen.

Beispiele

a) Signum-Funktion (siehe Kap. 6.3)

$$sgn\,(x) = \begin{cases} 1, & x > 0 \\ 0, & x = 0 \\ -1, & x < 0 \end{cases}$$

Diese Funktion ist bei $x = 0$ unstetig.

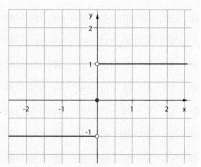

Graph der Funktion f (x) = sgn (x)

b) Integer-Funktion (siehe Kap. 6.3)
$f(x) = [x], x \in \mathbb{R}$
Diese Funktion ist bei den ganzen Zahlen lokal unstetig.

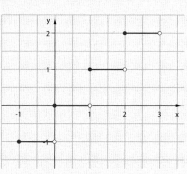

Graph der Funktion f

c) An einigen Stellen lokal unstetig sind weiterhin die im Kap. 6 erwähnten Funktionen Portofunktion und Indikatorfunktion.

d) Abschließend soll noch eine Funktion f erwähnt werden, die an **keiner Stelle** stetig ist:

$$f(x) = \begin{cases} 0, & x \in \mathbb{Q} \\ 1, & x \in \mathbb{R}\backslash\mathbb{Q} \end{cases}$$

Zum Beweis der Unstetigkeit sei angemerkt, dass in jeder noch so kleinen δ-Umgebung einer Zahl x_0 sowohl rationale als auch irrationale Zahlen zu finden sind und es somit unmöglich ist, die Funktionswerte in eine Umgebung der Breite $\varepsilon = \dfrac{1}{2}$ einzusperren, selbst wenn man die δ-Umgebung um x_0 noch so klein wählt.

Sätze über stetige Funktionen

1. Finden Sie eine Funktion, die in einem abgeschlossenen, aber nicht endlichen Intervall zwar stetig, aber nicht beschränkt ist.
   Hinweis: Ein Intervall der Form $[a; \infty[$ ist auf beiden Seiten abgeschlossen, obwohl rechts eine offene Klammer steht; auch $\mathbb{R}$ ist ein abgeschlossenes Intervall. Die mathematische Begründung dafür geht über den Rahmen des Buches hinaus.

2. Geben Sie eine Funktion an, die in einem abgeschlossenen Intervall $[a; b]$ definiert, aber nicht beschränkt ist. Welche Eigenschaft hat die Funktion dann nicht?

3. Ermitteln Sie das Maximum und das Minimum folgender Funktionen durch Zeichnung und durch Rechnung:

   a) $f : [-2; 5] \rightarrow \mathbb{R}$ mit $f(x) = x^2 - 3x$

   b) $f : [-1; 3] \rightarrow \mathbb{R}$ mit $f(x) = -x^2 + 5x - 1$

   c) $f : [1; 3] \rightarrow \mathbb{R}$ mit $f(x) = x^2 + 4x$

4. Finden Sie eine Funktion, die in einem Intervall stetig ist und zwar ein Maximum, aber kein Minimum hat. Welche Voraussetzung des Extremwertsatzes ist dann nicht erfüllt?

5. Finden Sie eine Funktion, die in einem Intervall definiert ist und an den Rändern die Funktionswerte $f(a) = 1$ und $f(b) = 9$ hat, den Wert $y_0 = 4$ aber nicht annimmt. Welche Voraussetzung des Zwischenwertsatzes ist dann nicht erfüllt?

6. Geben Sie eine stetige Funktion mit positiven und negativen Funktionswerten an, die keine Nullstelle besitzt. Welche Voraussetzung des Nullstellensatzes ist dann nicht erfüllt?

Bisektionsverfahren (Verfahren der Intervallhalbierung)

Gegeben ist die Funktion

$f : \mathbb{R} \rightarrow \mathbb{R}$ mit $f(x) = x^3 - 3x + 1$. Gesucht ist eine Näherung der Nullstelle im Intervall $[0; 1]$

Keine der Nullstellen hat einen ganzzahligen Wert, somit scheiden ein Erraten der ersten Nullstelle und eine anschließende Polynomdivision aus. Die Funktion ist in $[0; 1]$ stetig. Nach dem Nullstellensatz gibt es dort also mindestens eine Nullstelle.

$f(0) = 1 > 0$ Funktionswert am linken Intervallrand
$f(1) = -1 < 0$ Funktionswert am rechten Intervallrand
$f(0{,}5) = -0{,}375 < 0$ Funktionswert in der Intervallmitte

Da dieser Wert negativ ist, liegt die Nullstelle im (kleineren) Intervall $[0; 0{,}5]$.

$f(0) = 1 > 0$ Funktionswert am linken Intervallrand
$f(0,5) = -0,375 < 0$ Funktionswert am rechten Intervallrand
$f(0,25) = 0,266 > 0$ Funktionswert in der Intervallmitte

Da dieser Wert positiv ist, liegt die Nullstelle im (noch kleineren) Intervall [0,25; 0,5].

$f(0,25) = 0,266 > 0$ Funktionswert am linken Intervallrand
$f(0,5) = -0,375 < 0$ Funktionswert am rechten Intervallrand
$f(0,375) = -0,0723 < 0$ Funktionswert in der Intervallmitte

Demnach liegt die Nullstelle jetzt im Intervall [0,25; 0,375].

Das Verfahren wird so lange fortgesetzt, bis uns die Eingrenzung genau genug ist.

Aufgabe

7. Berechnen Sie die Nullstelle im angegebenen Intervall mit Hilfe des Bisektionsverfahrens. Beenden Sie das Verfahren, wenn die Intervalllänge kleiner als 0,1 ist.

a) $f : \mathbb{R} \to \mathbb{R}$ mit $f(x) = 0,5x^3 + 3x^2 - 1$; $[0; 1]$

b) $f : \mathbb{R} \to \mathbb{R}$ mit $f(x) = 2x^3 - 4x + 2$; $[-2; -1]$

c) $f : \mathbb{R} \to \mathbb{R}$ mit $f(x) = 0,2x^3 + x^2 - 3x + 1$; $[1; 2]$

d) $f : \mathbb{R} \to \mathbb{R}$ mit $f(x) = -2x^3 - 3x^2 + 4x + 2$; $[-1; 0]$, $[1; 2]$

ANHANG

9 Folgen und Reihen

9.1 Reelle Zahlenfolgen

Reelle Zahlenfolgen treten immer dort auf, wo Messreihen aufgenommen werden bzw. statistische Erhebungen durchgeführt werden, deren Ergebnisse durch Zahlen bzw. Größen festgehalten werden, also in der Physik, in der Technik oder in der Statistik. Falls diese Folgen viele Elemente umfassen, interessiert man sich vor allem für ihren Trend (gleich bleibend, steigend, fallend, schwankend, sich stabilisierend oder ob die Zahlenbeträge über alle Schranken wachsen). In der Wirtschaft gibt es Folgen von Geldbeträgen, beispielsweise bei Zinseszinsen, bei Abschreibungen, bei Tilgungsplänen usw. Außerdem sei noch erwähnt, dass die Folgen in der geschichtlichen Entwicklung der Mathematik eine große Rolle spielten. Durch sie und ihre Gesetze war es zu Beginn der Neuzeit möglich, die Differenzial- und Integralrechnung aufzubauen.

9.1.1 Definitionen

> Ordnet man jeder Zahl $n \in \mathbb{N}^*$ eine reelle Zahl a_n eindeutig zu, so entsteht eine **unendliche** reelle Zahlenfolge (kurz Folge genannt). Allgemein schreibt man dafür:
> $a_1, a_2, a_3, \ldots, a_n, \ldots$

a_1 nennt man das erste Glied oder das **Anfangsglied** der Folge,
a_2 ist das zweite Glied,
a_n ist das n-te Glied der Folge. Sieht man n als Variable an, dann ist a_n das **allgemeine** (beliebige) Glied der Folge. Der Index n gibt die Stellung des betreffenden Glieds in der Folge an, daher nennt man n die **Platzziffer** des Folgenglieds a_n. Die drei Punkte rechts von a_n bedeuten, dass die Folge unendlich viele Glieder hat.

> Ordnet man jeder Zahl n aus der endlichen Menge $D = \{1, 2, 3, \ldots, n\} \subset \mathbb{N}$ eine reelle Zahl a_n eindeutig zu, so entsteht eine **endliche** reelle Zahlenfolge:
> $a_1, a_2, a_3, \ldots, a_n, \ldots$

Hinweis: In der Literatur wird die Platzziffer anstelle mit n auch mit dem griechischen Buchstaben ν (gelesen nü) bezeichnet.

Folgen, die bei Messreihen oder bei Erhebungen entstehen, haben in der Regel kein Bildungsgesetz, d.h., man kann nicht vorhersagen, welchen Betrag das nächstfolgende Glied hat. Es gibt dagegen aber auch viele Folgen, deren Aufbau man völlig vorhersagen kann, die also ein bestimmtes Bildungsgesetz haben, beispielsweise in der Finanzmathematik.

9.1.2 Verbale Darstellung von Bildungsgesetzen

Beispiele

a) Folge: 1, 5, 9, 13, 17, 21, ...
Bildungsgesetz: Multiplizieren Sie der Reihe nach jede natürliche Zahl (außer 0) mit 4 und subtrahieren Sie vom Ergebnis die Zahl 3.

b) Folge: 3, 9, 19, 33, 51, ...
Bildungsgesetz: Quadrieren Sie jede natürliche Zahl (außer 0), verdoppeln Sie das Quadrat und addieren Sie noch die Zahl 1 hinzu.

c) Das Bildungsgesetz kann auch aus einer Sequenz von Anweisungen (einem sog. **Algorithmus**) bestehen, wie das folgende Beispiel zeigt:

(1) Schreiben Sie zwei beliebige natürliche Zahlen (außer 0) nebeneinander (Startwerte). Beide Zahlen dürfen auch übereinstimmen.

(2) Addieren Sie die beiden Zahlen und schreiben Sie das Ergebnis rechts daneben als nächstes Folgenglied auf.

(3) Nehmen Sie die beiden rechts stehenden Zahlen der Folge und verfahren Sie wie bei (2).

Mit den Startwerten 1 und 4 ergibt sich daraus sehr einfach die Folge: 1, 4, 5, 9, 14, 23, ...

9.1.3 Bildungsgesetz als Gleichung

Die Definitionen bei 9.1.1 lassen erkennen, dass jede Folge auch eine reelle Funktion ist, bei der der Wert a_n eines jeden Folgenglieds von seiner Platzziffer $n \in \mathbb{N}^*$ abhängt. Die Gleichung der Funktion (falls es eine gibt) ist dann das Bildungsgesetz der Folge. Durch Funktionsgleichungen lassen sich viele Folgen sehr einfach zusammenfassend darstellen. Außerdem kann man schnell den Wert eines bestimmten Glieds in Abhängigkeit von seiner Platzziffer berechnen.

Beispiele

a) Das Bildungsgesetz sei: $a_n = 2\,(n^3 - 2)$. Die dabei beschriebene Folge (2. Zeile) findet man einfach durch Aufstellen einer Wertetabelle.

n	1	2	3	4	5	...
a_n	−2	12	50	124	246	...

b) Das Bildungsgesetz sei: $a_n = \dfrac{2n + 1}{5n}$.

n	1	2	3	4	5	...
a_n	$\dfrac{3}{5}$	$\dfrac{1}{2}$	$\dfrac{7}{15}$	$\dfrac{9}{20}$	$\dfrac{11}{25}$	...

c) Das Bildungsgesetz sei: $a_n = \dfrac{(-1)^n}{2^n}$.

n	1	2	3	4	5	...
a_n	$-\dfrac{1}{2}$	$\dfrac{1}{4}$	$-\dfrac{1}{8}$	$\dfrac{1}{16}$	$-\dfrac{1}{32}$	...

Hinweis: In der mathematischen Literatur findet man das Bildungsgesetz einer Folge oft auch in einer verkürzten Form dargestellt, und zwar wird der Funktionsterm einfach zwischen runden oder spitzen Klammern geschrieben.

Beispielsweise wird beim auf Seite 184 genannten Beispiel b) anstelle

$a_n = \dfrac{2n+1}{5n}$ nur $(\dfrac{2n+1}{5n})$ oder $\langle \dfrac{2n+1}{5n} \rangle$ geschrieben.

Es ist also sehr einfach, mittels des Bildungsgesetzes die Folgenglieder zu berechnen. Nicht ganz so einfach ist es, von einer gegebenen Folge ein Bildungsgesetz zu finden. Hier kann man den Zusammenhang zwischen Platzziffer und Wert des Folgenglieds nur durch Probieren herausfinden, wobei man feststellen wird, dass eine bestimmte Folge auch mehrere Bildungsgesetze haben kann.

Beispiele

a) Die Folge 1, 2, 3, 4, ... wird durch das Bildungsgesetz $a_n = n$ erzeugt.

b) Die Folge 0, 3, 8, 15, 24, ... wird durch das Bildungsgesetz $a_n = n^2 - 1$ erzeugt.

c) Die Folge −1, −3, −5, −7, ... wird durch das Bildungsgesetz $a_n = -2n + 1$ erzeugt.

d) Die Folge $-1, \dfrac{1}{2}, -\dfrac{1}{3}, \dfrac{1}{4}, \ldots$ wird durch das Bildungsgesetz $a_n = \dfrac{(-1)^n}{n}$ erzeugt.

e) Die Folge 0, 1, 0, 1, 0, 1, ... wird durch das Bildungsgesetz

$a_n = \dfrac{1^n + (-1)^n}{2}$ oder das Bildungsgesetz $a_n = \begin{cases} 0, n \text{ gerade} \\ 1, n \text{ ungerade} \end{cases}$ erzeugt.

9.1.4 Bildungsgesetz als Rekursionsgleichung

Eine Rekursionsgleichung beschreibt den Zusammenhang eines Folgenglieds mit einem oder mehreren Nachbargliedern. Hat ein Folgenglied die Platzziffer n, so haben seine unmittelbaren Nachbarn die Platzziffern $n-1$ und $n+1$. Außerdem werden sog. Startwerte der Folge benötigt.

Beispiele

a) Rekursionsformel: $a_{n+1} = a_n^2 - 5$, Startwert: $a_1 = 2$
Aufbau der Folge:

$$n = 1 \Rightarrow a_2 = 2^2 - 5 = -1$$

$$n = 2 \Rightarrow a_3 = (-1)^2 - 5 = -4$$

$$n = 3 \Rightarrow a_4 = (-4)^2 - 5 = 11$$

$$n = 4 \Rightarrow a_5 = 11^2 - 5 = 116 \text{ usw.}$$

b) Rekursionsformel: $a_{n+2} = a_n - a_{n+1}$, Startwerte: $a_1 = 1$, $a_2 = -2$
Aufbau der Folge:

$$n = 1 \Rightarrow a_3 = 1 - (-2) = 3$$

$$n = 2 \Rightarrow a_4 = -2 - 3 = -5$$

$$n = 3 \Rightarrow a_5 = 3 - (-5) = 8$$

$$n = 4 \Rightarrow a_6 = -5 - 8 = -13 \text{ usw.}$$

Eine Beschreibung der Folge durch eine Rekursionsformel hat neben einigen rechentechnischen Vorteilen aber den Nachteil, dass man die Folge aus den Startwerten Glied für Glied aufbauen muss.

9.1.5 Graphische Darstellung von Folgen

Zahlenfolgen werden auf zwei Arten graphisch dargestellt, die in der Praxis gleich häufig verwendet werden. Die Wahl der Darstellung richtet sich nach den Problemen, die mithilfe der Folgen gelöst werden müssen.

- Eindimensionale Darstellung als Punktfolgen auf der Zahlengeraden
- Zweidimensionale Darstellung als Punktfolgen im $(n; a_n)$-Koordinatensystem

Beispiele

a) Die Folge $0, \dfrac{1}{2}, \dfrac{2}{3}, \dfrac{3}{4}, \dfrac{4}{5}, \dfrac{5}{6}, \ldots$ hat das Bildungsgesetz

$$a_n = \frac{n-1}{n} \text{ oder } a_n = 1 - \frac{1}{n}.$$

Eindimensionale Darstellung einer Zahlenfolge
Die Punkte häufen sich an der Stelle 1

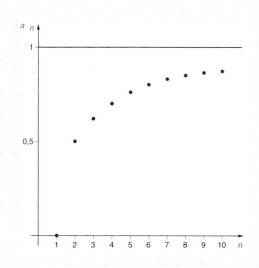

Zweidimensionale Darstellung einer Zahlenfolge.
Die Punkte weichen mit zunehmender Platzziffer immer weniger von der eingezeichneten Geraden ab.

b) Die Folge $-2, 1, -\frac{2}{3}, \frac{1}{2}, -\frac{2}{5}, \frac{1}{3}, -\frac{2}{7}, \ldots$ hat das Bildungsgesetz

$a_n = (-1)^n \cdot \frac{2}{n}$.

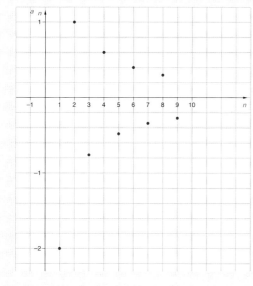

Darstellung der Folge im Koordinatensystem. Die Punkte weichen mit zunehmender Platzziffer immer weniger von der n-Achse ab, wobei sie um diese Achse „herum schwanken" (oszillieren). Eine derartige Folge heißt „alternierend".

9.1.6 Teilsummenfolge

Es sei (a_n) eine beliebige Folge. Durch die rekursive Vorschrift:
*$s_1 = a_1$ und $s_{n+1} = s_n + a_{n+1}$ wird eine neue Folge (s_n) definiert, die **Teilsummenfolge** der Folge (a_n) heißt.*

Es lässt sich diese Definition noch etwas ausführlicher darstellen:
Unter der Folge (a_n) ist ausführlich a_1, a_2, a_3, a_4, ... gemeint. Die Teilsummenfolge (s_n) bildet man so:

$s_1 = a_1$

$s_2 = s_1 + a_2 = a_1 + a_2$

$s_3 = s_2 + a_3 = a_1 + a_2 + a_3$

$s_4 = s_3 + a_4 = a_1 + a_2 + a_3 + a_4$

...

$s_n = s_{n-1} + a_n = a_1 + a_2 + a_3 + a_4 + ... + a_n$

Man schreibt dafür auch abkürzend:

$s_n = \sum\limits_{i=1}^{n} a_i = a_1 + a_2 + ... + a_n$. Die Summe $\sum\limits_{i=1}^{n} a_i$ bedeutet also das n-te Glied

der Teilsummenfolge.

Beispiele

a) $1 + 2 + 3 + ... + n = \sum\limits_{i=1}^{n} i$

b) $1^2 + 2^2 + 3^2 + ... + n^2 = \sum\limits_{i=1}^{n} i^2$

c) $\dfrac{1}{2} + \dfrac{1}{3} + \dfrac{1}{4} + ... + \dfrac{1}{n} = \sum\limits_{i=1}^{n} \dfrac{1}{i}$

d) $\dfrac{1}{1 \cdot 2} + \dfrac{1}{2 \cdot 3} + \dfrac{1}{3 \cdot 4} + ... + \dfrac{1}{n(n+1)} = \sum\limits_{i=1}^{n} \dfrac{1}{i(i+1)}$

Aufgabe

Folgen aufstellen

1. Gesucht sind jeweils die ersten 5 Glieder der durch die verbalen Bildungsgesetze beschriebenen Folgen:

   a) Bilden Sie der Reihe nach von jeder positiven natürlichen Zahl das um
   zwei verminderte Quadrat dieser Zahl.

   b) Multiplizieren Sie der Reihe nach jede positive natürliche Zahl mit 0,5
   und subtrahieren Sie davon die Zahl 3.

   c) Bilden Sie der Reihe nach die Summe aus jeder positiven natürlichen
   Zahl und ihrem Quadrat und subtrahieren Sie die Zahl 4.

   d) Dividieren Sie der Reihe nach jede positive natürliche Zahl durch die um
   zwei vermehrte natürliche Zahl.

   e) Addieren Sie der Reihe nach das Doppelte von jeder positiven natürlichen Zahl zum Dreifachen der um 1 verminderten natürlichen Zahl.

f) Multiplizieren Sie der Reihe nach den Kehrwert von jeder positiven natürlichen Zahl zur Zahl 2.

g) Vermehren Sie der Reihe nach jede positive natürliche Zahl um 3 und bilden Sie das Quadrat davon.

h) Stellen Sie die Folge durch einen Algorithmus auf:
   (1): Schreiben Sie eine positive natürliche Zahl auf.
   (2): Ist die geschriebene Zahl gleich 1, dann beenden Sie die Folge damit, sonst gehen Sie zu Satz (3).
   (3): Ist die Zahl gerade, dann bilden Sie die Hälfte davon und schreiben Sie die neue Zahl als Folgenglied auf; anschließend gehen Sie zurück nach 2.
   Ist sie ungerade, gehen Sie weiter zu Satz (4).
   (4): Berechnen Sie das Dreifache der ungeraden Zahl und addieren Sie 1. Schreiben Sie die neue Zahl als Folgenglied auf und gehen Sie nach (2).

2. Berechnen Sie jeweils die ersten 6 Glieder der Folgen, die durch die nachfolgenden Bildungsgesetze bestimmt sind ($n \in \mathbb{N}^*$):

a) $a_n = \dfrac{1}{2}\, n$

b) $a_n = 2n - 1$

c) $a_n = -3n + 1$

d) $a_n = \dfrac{1}{2}\, n + \dfrac{3}{2}$

e) $a_n = -n^2 + 4$

f) $a_n = (n + 1)^2 - 1$

g) $a_n = (2n + 1) \cdot \dfrac{\pi}{2}$

h) $a_n = \dfrac{3n}{2} \cdot \pi$

i) $a_n = n^3 - n^2 + n - 1$

k) $a_n = \dfrac{n^2 - 1}{n}$

l) $a_n = \dfrac{1}{n}$

m) $a_n = -\dfrac{n}{n + 2}$

3. Berechnen Sie jeweils die ersten 6 Glieder der Folgen, die durch die nachfolgenden Bildungsgesetze bestimmt sind ($n \in \mathbb{N}^*$):

a) $a_n = 2^n$

b) $a_n = \dfrac{1}{3^{n + 1}}$

c) $a_n = \left(\dfrac{1}{4}\right)^{-n} + 2$

d) $a_n = \dfrac{1}{2} \cdot (2^{n + 1})$

e) $a_n = \sqrt{n}$

f) $a_n = \sqrt{n^2 + 1}$

g) $a_n = \dfrac{3n - 1}{-n^2 + 2}$

h) $a_n = \dfrac{2n + 1}{n^3}$

i) $a_n = (-1)^{n + 1}$

k) $a_n = 1 + (-1)^n$

l) $a_n = 3 \cdot \dfrac{1 + (-1)^n}{2}$

m) $a_n = \dfrac{1 - (-1)^{n + 1}}{2}$

n) $a_n = \left(1 + \dfrac{1}{n}\right)^n$

o) $a_n = \left(1 - \dfrac{1}{n}\right)^n$

4. Berechnen Sie jeweils die ersten 6 Glieder der Folgen, die durch die nachfolgenden rekursiven Bildungsgesetze bestimmt sind ($n \in \mathbb{N}^*$):

a) $a_{n+1} = a_n + 2, a_1 = 1$

f) $a_{n+1} = a_n^2 - 2, a_1 = -2$

b) $a_{n+1} = -a_n, a_1 = 3$

g) $a_{n+2} = -a_n + \frac{1}{2}a_{n+1}, a_1 = 1, a_2 = 2$

c) $a_{n+1} = 2a_n, a_1 = -1$

h) $a_{n+2} - 2a_n = a_{n+1}, a_1 = -2, a_2 = 1$

d) $a_{n+1} = a_n^2, a_1 = 2$

i) $a_{n+2} = \frac{a_n + a_{n+1}}{2}, a_1 = 3, a_2 = -1$

e) $a_{n+1} = -(a_n + 1), a_1 = 4$

k) $a_{n+2} - a_{n+1} = 2a_n, a_1 = -2, a_2 = 1$

Aufsuchen von Bildungsgesetzen

5. Geben Sie zu den angegebenen Folgen jeweils ein Bildungsgesetz an:

a) 1, 3, 5, 7, ...

h) $\frac{1}{1 \cdot 2}, \frac{1}{2 \cdot 3}, \frac{1}{3 \cdot 4}, \frac{1}{4 \cdot 5}, \ldots$

b) −2, −4, −6, −8, ...

i) $1, \frac{1}{3}, \frac{1}{9}, \frac{1}{27}, \ldots$

c) 2, 2, 2, 2, ...

k) 0, 3, 8, 15, 24, ...

d) −1, 1, −1, 1, −1, ...

l) 2, 9, 28, 65, 126, ...

e) 1, −2, 3, −4, 5, ...

m) $\frac{1}{4}, 1, \frac{9}{4}, 4, \frac{25}{4}, 9, \ldots$

f) 0, 1, 0, 1, 0, 1, ...

n) $0, \frac{1}{3}, \frac{2}{4}, \frac{3}{5}, \frac{4}{6}, \ldots$

g) $\frac{1}{2}, \frac{2}{3}, \frac{3}{4}, \frac{4}{5}, \ldots$

o) 1, 10, 100, 1000, 10000, ...

Graphische Darstellung von Folgen

6. Stellen Sie jeweils die ersten 6 Glieder der Folgen in einem $(n; a_n)$ -Koordinatensystem dar ($n \in \mathbb{N}^*$):

a) $a_n = 2^{-n}$

e) $a_n = \frac{1}{8}n^2$

b) $a_n = 2n - 2$

f) $a_n = \frac{n-1}{n+1}$

c) $a_n = \frac{(-1)^n}{n}$

g) $a_n = 0{,}5 + \frac{2}{n}$

d) $a_n = \frac{1}{4}n - 2$

h) $a_n = \frac{-n+1}{n}$

9.2 Arithmetische Folgen

9.2.1 Definition

> *Hat die Differenz zweier aufeinander folgender Glieder einer Folge stets denselben Wert, so nennt man sie eine **arithmetische Folge**.*
> *Anders formuliert: (a_n) heißt arithmetische Folge, wenn es eine konstante Zahl $d \in \mathbb{R}$ gibt, so dass $n \in \mathbb{N}^* \Rightarrow a_{n+1} - a_n = d$.*

Die Zahl d nennt man die Differenz der arithmetischen Folge. Ist $d > 0$, so handelt es sich um eine steigende arithmetische Folge. Für $d < 0$ ist die arithmetische Folge **fallend**. Auch wenn $d = 0$ ist, liegt eine arithmetische Folge vor, sie heißt dann **konstant**.

Beispiele

a) 1, 1,5, 2, 2,5, … ist eine steigende arithmetische Folge mit $d = 0{,}5$.

b) 8, 4, 0, −4, −8, −12, … ist eine fallende arithmetische Folge mit $d = -4$.

c) 1, 1, 1, 1, 1, … ist eine konstante arithmetische Folge mit $d = 0$.

d) Ein frei fallender Körper legt in der ersten Sekunde 5 m und in jeder folgenden Sekunde 10 m mehr als in der vorhergehenden zurück. Welchen Weg legt der Körper in der neunten Sekunde zurück?

Lösung:

Die Fallwege pro Sekunde bilden eine steigende arithmetische Folge mit $d = 10$ m, und damit ergeben sich die Folgenglieder 5 m, 15 m, 25 m, 35 m, 45 m, 55 m, 65 m, 75 m, 85 m. In der neunten Sekunde legt der Körper also 85 m zurück.

9.2.2 Bildungsgesetz der arithmetischen Folgen

Wegen des einfachen Aufbaus der arithmetischen Folgen lässt sich für alle arithmetischen Folgen ein gemeinsames Bildungsgesetz angeben. Aus der Definition 9.2.1 ergibt sich folgender Aufbau der arithmetischen Folge:

Platzziffer 1: a_1

Platzziffer 2: $a_2 = a_1 + d$

Platzziffer 3: $a_3 = a_2 + d = a_1 + 2d$

Platzziffer 4: $a_4 = a_3 + d = a_1 + 3d$

…

Platzziffer n: $a_n = a_{n-1} + d = a_1 + (n-1)\,d$

In der letzten Zeile der Aufstellung ist das Bildungsgesetz für arithmetische Folgen enthalten:

$$a_n = a_1 + (n-1)\,d$$

Beispiele

a) Eine arithmetische Folge hat das Anfangsglied 2 und die Differenz $-2,5$. Zu bestimmen ist das 11. Glied.

Lösung:

$a_1 = 2,\ d = -2,5 \Rightarrow a_{11} = 2 + (11 - 1) \cdot (-2,5) \Leftrightarrow a_{11} = -23$

b) Von einer arithmetischen Folge sind $a_8 = 15$ und $a_{12} = 25$ bekannt. Zu bestimmen sind d, a_1 und a_{117}.

Lösung:

$a_{12} - a_8 = 4d \Rightarrow 25 - 15 = 4d \Leftrightarrow d = 2,5$ Berechnung von d

$a_8 = a_1 + 7d \Rightarrow a_1 = 15 - 7 \cdot 2,5 \Leftrightarrow a_1 = -2,5$ Berechnung von a_1

$a_{117} = a_1 + 116d \Rightarrow a_{117} = -2,5 + 116 \cdot 2,5$ Berechnung von a_{117}

$\Leftrightarrow a_{117} = 287,5$

c) Von der Folge 1, 4, 7, 10, 13, 16, … ist das Bildungsgesetz gesucht.

Lösung:

$a_1 = 1$ und $d = 3$ Anfangsglied und Differenz sind gegeben

$a_n = 1 + (n - 1) \cdot 3 \Leftrightarrow$ Bildungsgesetz

$a_n = 1 + 3n - 3 \Leftrightarrow a_n = 3n - 2$ Vereinfachung

9.2.3 Woher kommt die Bezeichnung „arithmetisch"?

Nach der Definition 9.2.1 gelten bei $n > 1$ für jedes beliebige Glied a_n, für seinen Vorgänger a_{n-1} und seinen Nachfolger a_{n+1} folgende Beziehungen:

Vorgänger: (1) $a_{n-1} = a_n - d$

Nachfolger: (2) $a_{n+1} = a_n + d$

(1) und (2) addieren: (1) + (2) $a_{n-1} + a_{n+1} = 2a_n$.

Nach a_n umstellen: $a_n = \dfrac{a_{n-1} + a_{n+1}}{2}$

---

*Von drei aufeinander folgenden Gliedern einer arithmetischen Folge ist das mittlere das **arithmetische Mittel** seiner Nachbarglieder.*

9.2.4 Arithmetische Reihe

Beispiel

Eine Kirchturmuhr schlägt nur die vollen Stunden. Wie viele Schläge macht sie zusammen in 24 Stunden?

Lösung:
Für die ersten 12 Stunden bildet die Zahl der Schläge die arithmetische Folge 1, 2, 3, 4, 5, 6, 7, 8, 9, 10, 11, 12. Gesucht ist die Summe $s = 1 + 2 + 3 + 4 + 5 + 6 + 7 + 8 + 9 + 10 + 11 + 12$. Durch Addition ergibt sich $s = 78$. Für die nächsten 12 Stunden ergibt sich dieselbe Folge mit derselben Summe. Also macht die Kirchturmuhr in 24 Stunden $2 \cdot 78 = 156$ Schläge.

Bei diesem Beispiel handelt es sich um die Bildung der Summe der ersten n Glieder einer arithmetischen Folge.

Die Teilsummenfolge $s_n = \sum\limits_{i=1}^{n} a_i$ *(→ Seite 187)* *einer arithmetischen Folge*

heißt **arithmetische Reihe**.

Hinweis: Man findet in Büchern auch manchmal die Formulierung: „Setzt man zwischen die Glieder einer arithmetischen Folge Pluszeichen, also $a_1 + a_2 + a_3 + \ldots + a_n$, so entsteht eine arithmetische Reihe". Die Reihe wird dann als formales Gebilde betrachtet.

Den Summenwert einer arithmetischen Reihe berechnet man durch folgende Formel:

(1)
$$s_n = \sum_{i=1}^{n} a_i = \frac{n}{2} (a_1 + a_n)$$

Setzt man noch das Bildungsgesetz für a_n ein, so ergibt sich eine weitere Formel:

(2)
$$s_n = \sum_{i=1}^{n} a_i = \frac{n}{2} (2a_1 + (n-1)\,d\,)$$

Die Formel (1) lässt sich durch folgende Überlegungen erklären:
Ansatz: $s_n = a_1 + a_2 + a_3 + \ldots a_n$.

Diese Summe kann man mithilfe der Differenz d auch so schreiben:
(1) $s_n = a_1 + (a_1 + d) + (a_1 + 2d) + \ldots + (a_n - d) + a_n$

Auch eine andere Darstellungsform der Summe ist möglich:
(2) $s_n = a_n + (a_n - d) + (a_n - 2d) + \ldots + (a_1 + d) + a_1$

Bildet man die Summe (1) + (2), so bleibt $2s_n = n \cdot (a_1 + a_n) \Rightarrow s_n = \frac{n}{2} \cdot (a_1 + a_n)$

Hinweis: Der exakte Beweis dieser Formeln wird mithilfe der vollständigen Induktion (→ Seite 242) durchgeführt; er kann an dieser Stelle nicht gebracht werden.

Beispiele

a) Eine arithmetische Folge hat das Anfangsglied –25, die Differenz 3,5 und 13 Glieder. Welche Summe haben diese 13 Glieder?

Lösung:

$a_{13} = -25 + (13 - 1) \cdot 3,5 = 17$ Berechnung von a_{13}

$s_{13} = \dfrac{13}{2} \cdot (-25 + 17) \Leftrightarrow$ Summenformel (1)

$s_{13} = \dfrac{13}{2} \cdot (-8) = -52$ Berechnung des Summenwerts

Alternativ:

$s_{13} = \dfrac{13}{2} \cdot (2 \cdot (-25) + (13 - 1) \cdot 3,5)$ Summenformel (2)

$s_{13} = \dfrac{13}{2} \cdot (-50 + 12 \cdot 3,5) =$ Berechnung des Summenwerts

$s_{13} = \dfrac{13}{2} \cdot (-50 + 42) = -52$

Die Summe wird negativ, weil immerhin 8 von 13 Folgenglieder negativ sind.

b) Auf einer Fläche eines Walmdachs befinden sich in der ersten Reihe 1, in der zweiten 3, in der dritten 5 Dachziegel usw. Wie viele Ziegel werden benötigt, wenn das Dach 28 Ziegelreihen hat?

Lösung:

$a_{28} = 1 + (28 - 1) \cdot 2 = 55$ Berechnung von a_{28}

$s_{13} = \dfrac{28}{2} \cdot (1 + 55) \Leftrightarrow s_{13} = 784$ Berechnung der Summe nach (1)

Es werden 784 Ziegel benötigt.

9.2.5 Arithmetische Folgen höherer Ordnung

Beispiele

a) Wir bilden von der Folge der Quadrate der positiven natürlichen Zahlen zwei Differenzfolgen:

Folge	1		4		9		16		25		36		49		...
1. Differenzfolge		3		5		7		9		11		13		15		...
2. Differenzfolge			2		2		2		2		2		2				

Da die zweite Differenzfolge konstant ist, ist die erste Differenzfolge eine arithmetische Folge. Die Folge selbst nennt man arithmetische Folge 2. Ordnung.

b) Wir bilden von der Folge der dritten Potenzen der positiven natürlichen Zahlen drei Differenzfolgen:

Folge		1		8		27		64		125		216		343	...

Folge   1   8   27   64   125   216   343   ...

1. Differenzfolge   7   19   37   61   91   127   ...

2. Differenzfolge   12   18   24   30   36

3. Differenzfolge   6   6   6   6   6

Da die dritte Differenzfolge konstant ist, ist die zweite Differenzfolge arithmetisch. Die Folge selbst nennt man arithmetische Folge 3. Ordnung.

So betrachtet, ist die in 9.2.1 definierte arithmetische Folge von 1. Ordnung. Durch Weiterführung dieser Überlegungen auf noch höhere Potenzen kann man definieren:

Eine Folge, deren n-te Differenzfolge konstant ist, heißt **arithmetische Folge n-ter Ordnung.**

9.2.6 Arithmetische Folge als lineare Funktion

Jede arithmetische Folge (1. Ordnung) mit $a_n = a_1 + (n - 1)\,d$ ist eine lineare Funktion mit der Definitionsmenge $\mathbb{N}^*$ anstelle von $\mathbb{R}$:
$f : n \to dn + a_1 - d$, $n \in \mathbb{N}^*$ *oder* $f(n) = dn + a_1 - d$, $n \in \mathbb{N}^*$

Der Graph dieser Funktion besteht aus isolierten Punkten, die auf einer Halbgeraden im I. oder im IV. Quadranten eines $(n; a_n)$-Achsensystems liegen. Diese „Trägergerade" hat den Steigungsfaktor d und die Verschiebung $a_1 - d$.

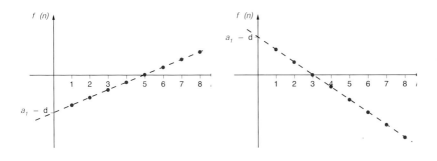

Graph einer steigenden Folge   *Graph einer fallenden Folge*

Beispiele

a) Aus der linearen Funktion $g(x) = \frac{1}{2}x - 1$, $x \in \mathbb{R}$ entsteht durch Einschränkung der Definitionsmenge von $\mathbb{R}$ auf $\mathbb{N}^*$ die arithmetische Folge $f(n) = \frac{1}{2}n - 1$, $n \in \mathbb{N}^*$. Die Variable x hat in diesem Fall die Bedeutung einer Platzziffer n. Die ersten Glieder dieser Folge sind $-0,5$, 0, $0,5$, 1, $1,5$, 2, ...

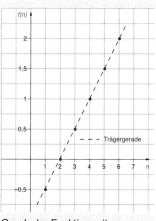

Wertetabelle

n	1	2	3	4	5	6
$f(n)$	$-0,5$	0	0,5	1	1,5	2

Graph der Funktion mit
$f(n) = \frac{1}{2}n - 1$, $n \in \mathbb{N}^*$

b) Gegeben ist die arithmetische Folge 10, 7, 4, 1, -2, -5, ... Gesucht ist die lineare Funktion mit der Definitionsmenge $\mathbb{R}$, aus der diese Folge entstanden ist.

Lösung:

$a_1 = 10$, $d = -3$.	Anfangsglied, Differenz
$a_n = 10 + (n-1) \cdot (-3) \Rightarrow a_n = -3n + 13$	Bildungsgesetz der Folge
$f(n) = -3n + 13$, $n \in \mathbb{N}^*$	Funktionsschreibweise
$g(x) = -3x + 13$, $x \in \mathbb{R}$	Lineare Funktion

Aufgabe

Aufstellen von Bildungsgesetzen

1. Gesucht sind die Bildungsgesetze zu den arithmetischen Folgen:

a) $10, 20, 30, 40, \ldots$

b) $-5, -10, -15, -20, \ldots$

c) $2, 5, 8, 11, 14, \ldots$

d) $-1, -3, -5, -7, -9, \ldots$

e) $\frac{1}{2}, \frac{3}{2}, \frac{5}{2}, \frac{7}{2}, \ldots$

f) $7, 12, 17, 22, 27, \ldots$

g) $5, 5{,}2, 5{,}4, 5{,}6, 5{,}8, \ldots$

h) $10, -20, -50, -80, \ldots$

i) $-100, -150, -200, -250, \ldots$

k) $1000, 2000, 3000, 4000, \ldots$

Fehlende Parameter gesucht

2. Berechnen Sie jeweils die gesuchten Parameter der endlichen arithmetischen Folgen:

a) Gegeben: $a_1 = 2$, $d = 5$, $n = 8$ Gesucht: a_n, s_n

b) Gegeben: $a_1 = 30$, $d = -7$, $a_n = -26$ Gesucht: n, s_n

c) Gegeben: $d = 6$, $n = 9$, $a_n = 55$ Gesucht: a_1, s_n

d) Gegeben: $n = 22$, $a_n = 198$, $s_n = 2277$ Gesucht: a_1 , d

e) Gegeben: $a_1 = -24$, $n = 9$, $a_n = 40$ Gesucht: s_n , d

f) Gegeben: $a_1 = -3,5$, $s_n = -11,2$, $a_n = 0,7$ Gesucht: d , n

g) Gegeben: $a_1 = 30$, $s_n = 588$, $n = 7$ Gesucht: d , a_n

3. Berechnen Sie jeweils die gesuchten Parameter der endlichen arithmetischen Folgen. (Quadratische Gleichung)

    a) Gegeben: $a_1 = 0,5$, $d = 2,5$, $s_n = 171$ Gesucht: a_n , n

    b) Gegeben: $a_n = -20$, $d = -10$, $s_n = 750$ Gesucht: a_1 , n

    c) Gegeben: $a_1 = -3,5$, $d = 4$, $s_n = 39$ Gesucht: a_n , n

    d) Gegeben: $a_n = 61$, $d = 6$, $s_n = 301$ Gesucht: a_1 , n

    e) Gegeben: $a_1 = -10,5$, $d = -2,5$, $s_n = -126$ Gesucht: a_n , n

4. Berechnen Sie jeweils die gesuchten Parameter der endlichen arithmetischen Folgen:

    a) Gegeben: $n = 9$, $d = -1,5$, $s_n = 108$ Gesucht: a_1 , a_n

    b) Gegeben: $a_1 = 40$, $a_n = 100$, $n = 13$ Gesucht: s_n , d

    c) Gegeben: $a_1 = -20$, $s_n = 0$, $n = 11$ Gesucht: d , a_n

    d) Gegeben: $a_1 = 0$, $d = 9$, $a_n = 315$ Gesucht: n , s_n

    e) Gegeben: $a_1 = 5$, $s_n = 52,2$, $a_n = 6,6$ Gesucht: d , n

5. Gegeben sind die Parameter n, a_1, d einer arithmetischen Folge. Stellen Sie eine allgemeine Formel zur Berechnung der Summe s_n der ersten n Glieder dieser Folge in Abhängigkeit dieser Parameter auf.

6. Gegeben sind die Parameter d, a_1, s_n einer arithmetischen Folge. Stellen Sie eine allgemeine Formel zur Berechnung der Gliederzahl n dieser Folge in Abhängigkeit dieser Parameter auf.

Interpolieren

Zwischen den Gliedern $a_1 = 32$ und $a_n = 100$ sollen weitere 16 Glieder so eingeschaltet werden, dass insgesamt eine arithmetische Folge entsteht. Außerdem sind die ersten 4 Glieder und die letzten 4 Glieder anzugeben. Das Einschalten von weiteren Folgengliedern zwischen zwei benachbarten Folgengliedern nennt man **Interpolieren**.

Aufgabe
Muster

Lösung:

$a_n = a_1 + (n-1)\,d$	Bildungsgesetz
$a_n = 100$, $a_1 = 32$, $n = 16 + 2 = 18$	Gegeben
$100 = 32 + (18 - 1) \cdot d$	Ansatz für d
$68 = 17 \cdot d \Leftrightarrow d = 4$	Berechnung von d
$32, 36, 40, 44, \ldots , 88, 92, 96, 100$	Folgenglieder

Aufgabe

7. Zwischen die Zahlen 2 und 12 sind 13 weitere Zahlen einzuschalten, so dass eine arithmetische Folge entsteht. Schreiben Sie die Folgenglieder auf.

8. Zwischen die Zahlen –6,5 und 19,5 sind zwölf weitere Zahlen einzuschalten, so dass eine arithmetische Folge entsteht. Schreiben Sie die Folgenglieder auf.

9. Zwischen die Zahlen 1 und 3 sind 17 weitere Zahlen einzuschalten, so dass eine arithmetische Folge entsteht. Schreiben Sie die Folgenglieder auf.

10. Zwischen die Zahlen a_s und a_t sollen weitere m Zahlen so eingeschaltet werden, dass eine arithmetische Folge entsteht. Berechnen Sie die Differenz d.

Arithmetische Folge als Funktion

11. Berechnen Sie jeweils die ersten fünf Glieder:

a) $f(n) = 3n$, $n \in \mathbb{N}^*$

f) $f(n) = \dfrac{2(n-1)}{5}$, $n \in \mathbb{N}^*$

b) $f(n) = \dfrac{1}{2}n + \dfrac{3}{4}$, $n \in \mathbb{N}^*$

g) $f(n) = pn - 2(p-3)$, $n \in \mathbb{N}^*$, $p \in \mathbb{R}$

c) $f(n) = 4n - 5$, $n \in \mathbb{N}^*$

h) $f(n) = (p+1)n + 2$, $n \in \mathbb{N}^*$, $p \in \mathbb{R}$

d) $f(n) = -\dfrac{3}{2}n + 2$, $n \in \mathbb{N}^*$

i) $f(n) = 5(p+2) - n$, $n \in \mathbb{N}^*$, $p \in \mathbb{R}$

e) $f(n) = \dfrac{-2n+1}{2}$, $n \in \mathbb{N}^*$

k) $f(n) = p^2 n - p$, $n \in \mathbb{N}^*$, $p \in \mathbb{R}$

12. Zeichnen Sie jeweils den Graph der gegebenen Folgen und berechnen Sie die Steigung m der Verbindungsgeraden der Graphenpunkte. Welche Bedeutung hat m für die Folge?

a) 0, 2, 4, 6, 8, …

e) 2,2, 2,4, 2,6, 2,8, 3,0, …

b) 1,8, 2,6, 3,4, 4,2, 5,0, …

f) –1, –2, –3, –4, –5, …

c) –1,5, –2, –2,5, –3, –3,5, …

g) 1, 1, 1, 1, 1, …

d) 0,2, –0,2 –0,6, –1, –1,4, …

h) –40, –10, 20, 50, 80, …

Arithmetische Folgen höherer Ordnung

13. Welche der genannten Folgen sind arithmetische Folgen höherer Ordnung. Geben Sie gegebenenfalls die Ordnung an:

    a) 0, 1, 8, 27, 64, 125, …

    b) 0, –3, 8, –15, 24, –35, …

    c) –19, 3, 7, 5, 9, 31, …

    d) –3, 3, –13, 27, –45, 67, …

    e) 5, 26, 61, 110, 173, 250, …

    f) –2, 5, 24, 61, 122, 213, …

Zahlenaufgaben

14. Alle ungeraden vierziffrigen ganzen Zahlen, die ohne Rest durch p teilbar sind, bilden eine endliche arithmetische Folge. Berechnen Sie die Summe dieser Zahlen:

    a) $p = 27$ b) $p = 31$ c) $p = 42$

15. Alle Zahlen zwischen 300 und 800, die beim Dividieren durch 15 den Rest 8 haben, bilden eine arithmetische Folge. Berechnen Sie die Summe dieser Zahlen.

16. In einer arithmetischen Folge von 20 Gliedern ist die Summe der beiden mittleren Glieder gleich 60, das Produkt der beiden äußersten Glieder ist 87,5. Berechnen Sie diese vier Glieder.

17. In einer arithmetischen Folge mit der Differenz 4 ist das Produkt des siebten und achten Glieds 252. Berechnen Sie das Anfangsglied und die Summe der ersten acht Glieder.

18. Fünf aufeinander folgende Glieder einer arithmetischen Folge haben die Summe 40. Die Quadrate dieser Glieder haben die Summe 410. Berechnen Sie diese Glieder.

Aufgaben aus der Wirtschaft

19. Eine Firma produziert 25 000 Kaffeemaschinen. In der ersten Woche (5 Arbeitstage) werden täglich 120 Stück produziert. In jeder weiteren Woche wird die täglich produzierte Stückzahl um 40 Stück erhöht. Nach wie vielen Wochen sind alle Kaffeemaschinen hergestellt?

20. Ein Kredit von 30 000 EUR soll in jährlichen konstanten Tilgungsraten von 1 700 EUR zurückgezahlt werden.

    a) Wie viele Jahre wird zurückgezahlt?

    b) Wie groß ist die verbleibende Tilgungsrate im letzten Jahr?

    c) Die Restschulden nach jeweils einem Jahr (einschließlich dem Anfangskredit) bilden eine fallende arithmetische Folge. Stellen Sie die ersten 6 Glieder dieser Folge auf.

21. Ein Kredit der Höhe S_0 wird aufgenommen. In n Jahren wird er mit konstanten Tilgungsraten zurückgezahlt. Die Restschulden $S_0, S_1, S_2, … S_n$ nach jeweils einem Jahr bilden eine fallende arithmetische Folge. Geben Sie ihr Bildungsgesetz in rekursiver Form an.

Aufgaben aus der Physik

22. Ein frei fallender Körper legt in der ersten Sekunde 5,0 m und in jeder folgenden Sekunde 10 m mehr als in der vorhergehenden zurück.

a) Welche Strecke durchfällt dieser Körper in der 11. Sekunde und welche Strecke ist er in 11 Sekunden durchfallen?

b) Welche Zeit braucht der Körper, um von der Spitze eines 160 m hohen Turms zur Erde zu fallen?

23. Die Durchschnittsgeschwindigkeiten eines vom Stand aus beschleunigten Körpers betragen: in der ersten Sekunde $1,5 \frac{m}{s}$, in der zweiten Sekunde $4,5 \frac{m}{s}$, in der dritten Sekunde $7,5 \frac{m}{s}$, in jeder weiteren Sekunde um $3,0 \frac{m}{s}$ mehr.

a) Zeigen Sie, dass die Beschleunigung des Körpers konstant ist.

b) Zeigen Sie, dass die nach den vollen Sekunden zurückgelegten Wege eine arithmetische Folge zweiter Ordnung bilden.

c) Zeigen Sie, dass der nach der fünften Sekunde zurückgelegte Weg 37,5 m beträgt.

24. Eine unter konstantem Druck gehaltene abgeschlossene Luftmenge dehnt sich für jedes Grad, um welches die Temperatur erhöht wird, um $\frac{1}{273}$ des Volumens bei 0 °C aus.

Um wie viel Grad muss man dann eine Luftmenge von 0,185 l erwärmen, damit sie auf das Volumen 0,235 l zunimmt?

25. Die Temperatur der Erde nimmt durchschnittlich mit 32 m Tiefe um 1 K zu.

a) Auf der Erdoberfläche hat es 10 °C. Wie groß ist demnach die Temperatur in 650 m Tiefe?

b) Auf der Erdoberfläche hat es 10 °C. In welcher Tiefe ist der Siedepunkt des Wassers (100 °C) erreicht?

9.3 Geometrische Folgen

9.3.1 Definition

> *Hat der Quotient zweier aufeinander folgender Glieder einer Folge stets denselben Wert, so nennt man sie eine **geometrische Folge.***
>
> *(a_n) ist eine geometrische Folge, wenn $a_1 \neq 0$ ist, und es eine konstante Zahl $q \in \mathbb{R} \setminus \{0, 1\}$ gibt, so dass $n \in \mathbb{N}^* \Rightarrow \frac{a_{n+1}}{a_n} = q$.*

Die Zahl q nennt man den **Quotienten** der geometrischen Folge. Angenommen, a_1 sei positiv, dann lassen sich folgende Fälle unterscheiden:

Quotient	Betrag der Folgenglieder	Vorzeichen der Folgenglieder	Beispiel
$q > 1$	zunehmend	positiv	$1, 2, 4, 8, 16, \ldots$
$q = 1$	keine geometrische Folge *)		
$0 < q < 1$	abnehmend bis 0	positiv	$1, \dfrac{1}{2}, \dfrac{1}{4}, \dfrac{1}{8}, \dfrac{1}{16}, \ldots$
$q = 0$	keine geometrische Folge		
$-1 < q < 0$	abnehmend bis 0	alternierend	$1, -\dfrac{1}{2}, +\dfrac{1}{4}, -\dfrac{1}{8}, +\dfrac{1}{16}, \ldots$
$q = -1$	konstant	alternierend	$1, -1, 1, -1, 1, \ldots$
$q > -1$	zunehmend	alternierend	$1, -2, 4, -8, 16, \ldots$

*) Für $q = 1$ ergibt sich eine Folge mit konstanten Gliedern. Wir zählen diese zu den arithmetischen Folgen.

9.3.2 Bildungsgesetz der geometrischen Folgen

Wegen des einfachen Aufbaus der geometrischen Folgen lässt sich für alle geometrischen Folgen ein gemeinsames Bildungsgesetz angeben. Aus der Definition 9.3.1 ergibt sich folgender Aufbau der geometrischen Folge:

Platzziffer 1: a_1

Platzziffer 2: $a_2 = a_1 q$

Platzziffer 3: $a_3 = a_2 q = a_1 q^2$

Platzziffer 4: $a_4 = a_3 q = a_1 q^3$

...

Platzziffer n: $a_n = a_{n-1} \, q = a_1 \, q^{n-1}$

In der letzten Zeile der Aufstellung ist das Bildungsgesetz für geometrische Folgen enthalten:

$$a_n = a_1 q^{n-1}$$

Beispiele

a) Eine geometrische Folge hat das Anfangsglied 2 und den Quotienten $q = 10$. Zu bestimmen ist das 7. Glied.

Lösung:

$a_1 = 2, q = 10 \Rightarrow a_7 = 2 \cdot 10^{7-1} \Leftrightarrow a_7 = 2\,000\,000$

b) Von einer geometrischen Folge sind $a_7 = \frac{1}{32}$ und $a_8 = -\frac{1}{64}$ bekannt. Zu bestimmen sind q, a_1 und a_4.

Lösung:

$$\frac{a_8}{a_7} = q \Rightarrow q = \frac{-\frac{1}{64}}{\frac{1}{32}} = -\frac{1}{2}$$ Berechnung von q

$$a_7 = a_1 \cdot q^6 \Rightarrow a_1 = a_7 \cdot \frac{1}{q^6}$$ Berechnung von a_1

$$a_1 = \frac{1}{32} \cdot \frac{1}{(-\frac{1}{2})^6} = \frac{1}{32} \cdot 2^6 = 2$$

$$a_4 = a_1 q^3 \Rightarrow a_4 = 2 \cdot (-\frac{1}{2})^3 = -\frac{1}{4}$$ Berechnung von a_4

c) Von der Folge 3, 2, 4, 1,92, 1,536, 1,2288, ... ist das Bildungsgesetz gesucht.

Lösung

$a_1 = 3$ und $q = 0,8$ Die Folge ist geometrisch wegen

                                        $\frac{a_{n+1}}{a_n} = 0,8$ für alle $n \in \mathbb{N}^*$

$a_n = 3 \cdot 0,8^{n-1} \Rightarrow$ Bildungsgesetz

$a_n = 3 \cdot \frac{0,8^n}{0,8} \Rightarrow a_n = 3,75 \cdot 0,8^n$ Vereinfachung

9.3.3 Woher kommt die Bezeichnung „geometrisch"?

Nach der Definition 9.3.1 gelten bei $n > 1$ für jedes beliebige Glied a_n, für seinen Vorgänger a_{n-1} und seinen Nachfolger a_{n+1} folgende Beziehungen:

Vorgänger: (1) $a_{n-1} = a_n \cdot \frac{1}{q}$

Nachfolger: (2) $a_{n+1} = a_n q$

(1) und (2) multiplizieren: (1) · (2) $a_{n-1} \cdot a_{n+1} = a_n^2$

Nach a_n umstellen: $a_n = \pm \sqrt{a_{n-1} \cdot a_{n+1}}$

> *Von drei aufeinander folgenden Gliedern einer geometrischen Folge ist das mittlere das **geometrische Mittel** seiner Nachbarglieder.*

Hinweis: Von zwei Zahlen a, b (beide mit demselben Vorzeichen) ist $g = \sqrt{a \cdot b}$ ihr geometrisches Mittel.

Beispiel
Gegeben ist die geometrische Folge 4, 2, 1, $\frac{1}{2}$, $\frac{1}{4}$, $\frac{1}{8}$, ...

$a_2 = \sqrt{a_1 \cdot a_3} = \sqrt{4 \cdot 1} = \sqrt{4} = 2$ 2. Glied als geometrisches Mittel
                                                     des ersten und dritten

$a_3 = \sqrt{a_2 \cdot a_4} = \sqrt{2 \cdot \frac{1}{2}} = \sqrt{1} = 1$ 3. Glied

$a_4 = \sqrt{a_3 \cdot a_5} = \sqrt{1 \cdot \frac{1}{4}} = \sqrt{\frac{1}{4}} = \frac{1}{2}$ 4. Glied

usw.

9.3.4 Geometrische Reihe

> *Die Teilsummenfolge* $s_n = \sum\limits_{i=1}^{n} a_i$ ($\rightarrow$ Seite 187) *einer geometrischen Folge*
> *heißt* **geometrische Reihe.**

Hinweis: Man findet in Büchern auch manchmal die Formulierung: „Addiert man die ersten *n* Glieder einer geometrischen Folge, so heißt die nicht ausgerechnete Summe eine geometrische Reihe." Die Reihe wird dann als formales Gebilde betrachtet.

Den Summenwert einer geometrischen Reihe berechnet man durch folgende Formeln, die äquivalent sind. Man kann also jede der Formeln für jede geometrische Reihe benutzen, jedoch für die Rechenpraxis ist (1) für $q > 1$ günstiger und (2) für $q < 1$.

(1) $$s_n = a_1 \cdot \frac{q^n - 1}{q - 1}$$

(2) $$s_n = a_1 \cdot \frac{1 - q^n}{1 - q}$$

Diese Formeln lassen sich durch folgende Überlegungen erklären:
Ansatz: $s_n = a_1 + a_2 + a_3 + ... a_n$.

Die endliche geometrische Reihe kann man mithilfe des Quotienten *q* auch so schreiben:
(1) $s_n = a_1 + a_1 q + a_1 q^2 + ... + a_1 q^{n-2} + a_1 q^{n-1}$

Die Gleichung (1) wird mit $-q$ multipliziert:
(2) $-qs_n = -a_1 q - a_1 q^2 - a_1 q^3 - ... - a_1 q^{n-1} - a_1 q^n$

Bildet man die Summe (1) + (2),
so bleibt $s_n - qs_n = a_1 - a_1 q^n \Rightarrow (1 - q)\, s_n = a_1 (1 - q^n)$

Teilt man die Gleichung durch $(1 - q)$, dann ergibt sich (2): $s_n = a_1 \cdot \dfrac{1 - q^n}{1 - q}$

Erweitert man den Bruch mit (– 1), dann erhält man die Formel in der anderen Form (1):

$$s_n = a_1 \cdot \frac{1 - q^n \cdot (-1)}{(1-q) \cdot (-1)} \Rightarrow s_n = a_1 \cdot \frac{q^n - 1}{q - 1}$$

Hinweis: Der exakte Beweis dieser Formel wird mithilfe der vollständigen Induktion durchgeführt; er kann an dieser Stelle nicht gebracht werden.

Beispiele

a) Eine geometrische Folge hat das Anfangsglied 6 und den Quotient 0,4. Gesucht ist die Summe von den ersten 6 Gliedern sowie von den ersten 7 Gliedern.

Lösung:

$$q < 1 \Rightarrow s_n = a_1 \cdot \frac{1 - q^n}{1 - q} \qquad \text{Summenformel}$$

$$s_{12} = 6 \cdot \frac{1 - 0{,}4^{12}}{1 - 0{,}4} = 9{,}99983 \qquad \text{Summenwert bei 12 Gliedern}$$

$$s_{13} = 6 \cdot \frac{1 - 0{,}4^{13}}{1 - 0{,}4} = 9{,}99993 \qquad \text{Summenwert bei 13 Gliedern}$$

Hinweis: Den Summenwert der ersten 13 Glieder berechnet man mit so vielen Stellen nach dem Komma genau, dass man ihn vom Summenwert der ersten 12 Glieder noch unterscheiden kann.

b) Von einer geometrischen Folge hat das vierte Glied den Wert 6,75 und das fünfte Glied den Wert 10,125. Gesucht ist die Summe der ersten 11 Glieder.

Lösung:

$$q = \frac{a_5}{a_4} \Rightarrow q = \frac{10{,}125}{6{,}75} = 1{,}5 \qquad \text{Berechnung von } q$$

$$6{,}75 = a_1 \cdot 1{,}5^3 \Leftrightarrow a_1 = 2 \qquad \text{Berechnung von } a_1$$

$$q > 1 \Rightarrow s_n = a_1 \cdot \frac{q^n - 1}{q - 1} \qquad \text{Summenformel}$$

$$s_n = 2 \cdot \frac{1{,}5^{11} - 1}{1{,}5 - 1} = 341{,}9902344 \qquad \text{Berechnung des Summenwerts}$$

9.3.5 Geometrische Folge als Exponentialfunktion

Jede geometrische Folge mit $a_n = a_1 \cdot q^{n-1}$ ist eine Exponentialfunktion mit der Definitionsmenge $\mathbb{N}$ anstelle von $\mathbb{R}$.

Wegen $a_n = a_1 \cdot q^n \cdot q^{-1} = \dfrac{a_1}{q} \cdot q^n$ und weil $\dfrac{a_1}{q}$ eine Konstante ist, lässt sich das Bildungsgesetz in der üblichen Funktionsdarstellung angeben:

$f : n \rightarrow \dfrac{a_1}{q} \cdot q^n, n \in \mathbb{N}^*$ oder $f(n) = \dfrac{a_1}{q} \cdot q^n, n \in \mathbb{N}^*$

Der Graph dieser Funktion besteht aus isolierten Punkten, die auf einer gekrümmten Linie im I. Quadranten oder im IV. Quadranten eines $(n; a_n)$-Achsensystems liegen.

Hinweis: Eine reelle Funktion der Form $g(x) = c \cdot a^x, x \in D \subseteq \mathbb{R}$ mit $c \in \mathbb{R}$, $a > 0, a \neq 1$ heißt Exponentialfunktion.

Beispiel

Aus der Exponentialfunktion $g(x) = 1{,}3^x, x \in \mathbb{R}$ entsteht durch Einschränkung der Definitionsmenge von $\mathbb{R}$ auf $\mathbb{N}^*$ die geometrische Folge $f(n) = 1{,}3^n, n \in \mathbb{N}^*$. Die Variable x hat in diesem Fall die Bedeutung einer Platzziffer n. Die ersten Glieder dieser Folge sind (auf drei Stellen nach dem Komma) 1,300, 1,690, 2,197, 2,856, 3,713, 4,827, 6,275, 8,157, ...

Um den Graph dieser geometrischen Folge zu skizzieren, wird man die Werte nochmals runden, und zwar auf eine Stelle nach dem Komma.

Wertetabelle:

n	1	2	3	4	5	6	7	8
$f(n)$	1,3	1,7	2,2	2,9	3,7	4,8	6,3	8,2

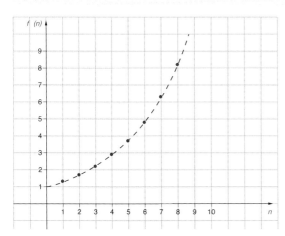

Graph einer geometrischen Folge $f(n) = 1{,}3^n, n \in \mathbb{N}^*$

Aufstellen von Bildungsgesetzen

Aufgabe

1. Gesucht sind die Bildungsgesetze zu den geometrischen Folgen:

a) 1, 2, 4, 8, 16, ...

b) $1, \dfrac{1}{2}, \dfrac{1}{4}, \dfrac{1}{8}, \dfrac{1}{16}, ...$

c) $3, \dfrac{3}{2}, \dfrac{3}{4}, \dfrac{3}{8}, \dfrac{3}{16}, ...$

d) 1, 10, 100, 1000, ...

e) 2, 3, 4,5, 6,75, 10,125, ...   h) 0,5, 0,2, 0,08, 0,032, 0,0128, ...

f) $1, -\frac{1}{3}, \frac{1}{9}, -\frac{1}{27}, \frac{1}{81}, ...$ i) 1,8, –2,16, 2,520, 3,1104, 3,73248, ...

g) –1, 0,1, –0,01, 0,001, ...   k) 4, –4, 4, –4, 4, ...

2. Schreiben Sie die nächstfolgenden zwei Glieder der angegebenen geometrischen Folgen auf:

a) 3, –6, 12, ...   e) $9, -3\sqrt{3}, 3, ...$

b) 2, 2,2, 2,42, ...   f) $pq, p^2q^3, p^3q^5, ...$

c) $\frac{4}{3}, \frac{2}{3}, \frac{1}{3}, ...$ g) $\frac{2m}{n}, \frac{6m^3}{n^2}, \frac{18m^5}{n^3}, ...$

d) $5, 5\sqrt{2}, 10, ...$ h) $-c^2, c^3, -c^4, ...$

Aufgabe Muster

Fehlende Parameter gesucht

Von einer geometrischen Folge sind gegeben: $a_n = 16$, $s_n = 31{,}75$, $q = 2$. Gesucht sind a_n und n.

Lösung:

$16 = a_1 \cdot 2^{n-1} \Leftrightarrow$ Bildungsgesetz

$16 = a_1 \cdot \dfrac{2^n}{2} \Leftrightarrow$ Umformen durch eine Potenzregel

(1) $2^n = \dfrac{32}{a_1} \Leftrightarrow$ Auflösen nach 2^n

$31{,}75 = a_1 \cdot \dfrac{2^n - 1}{2 - 1} \Leftrightarrow$ Summenformel

(2) $31{,}75 = a_1 \cdot (2^n - 1)$

$31{,}75 = a_1 \cdot (\dfrac{32}{a_1} - 1) \Leftrightarrow$ (1) in (2) eingesetzt

$31{,}75 = 32 - a_1 \Leftrightarrow a_1 = \dfrac{1}{4}$ Nach a_1 auflösen

$2^n = \dfrac{32}{\frac{1}{4}} \Leftrightarrow 2^n = 128 = 2^7$ Berechnen von n nach (1)

$n = 7$ Durch Probieren erhalten

Aufgabe

3. Berechnen Sie jeweils die gesuchten Parameter der endlichen geometrischen Folgen:

a) Gegeben: $a_1 = 2$, $q = 3$, $n = 5$ Gesucht: a_n, s_n

b) Gegeben: $a_1 = 6$, $a_n = \dfrac{2}{27}$, $n = 5$ Gesucht: q, s_n

c) Gegeben: $q = 0{,}5$, $a_n = 2048$, $n = 7$ Gesucht: a_1, s_n

d) Gegeben: $q = 0{,}8$, $s_n = 10{,}88$, $n = 4$ Gesucht: a_1, a_n

e) Gegeben: $q = -\dfrac{1}{3}$, $a_n = \dfrac{1}{81}$, $s_n = \dfrac{547}{81}$ Gesucht: a_1, n

f) Gegeben: $q = \dfrac{1}{2}$, $n = 5$, $s_n = \dfrac{31}{48}$ 　　　Gesucht: a_1, a_n

g) Gegeben: $q = 1,5$, $a_1 = 3$, $s_n = 39{,}5625$ 　　　Gesucht: n, a_n

---

Von einer geometrischen Folge sind gegeben: $a_1 = 5$, $s_3 = 503{,}75$. Gesucht sind q und a_3.

Aufgabe Muster

Lösung:

$503{,}75 = 5 \cdot \dfrac{q^3 - 1}{q - 1}$ 　　　　Summenformel

$100{,}75 = \dfrac{q^3 - 1}{q - 1}$ 　　　　Gleichung beiderseits durch 5 teilen

$100{,}75 = q^2 + q + 1$ 　　　　Polynomdivision oder binomische Formel

$q^2 + q - 99{,}75 = 0$ 　　　　Quadratische Gleichung für q

$q = \dfrac{-1 \pm \sqrt{1 + 399}}{2} \Leftrightarrow$ 　　　　Lösungsformel

$q = 9{,}5 \lor q = -10{,}5$ 　　　　Lösungen

$5,\ 47{,}5,\ 451{,}25 \Rightarrow a_3 = 451{,}25$ 　　　Folge mit $q = 9{,}5$

$5,\ -52{,}5,\ 551{,}25 \Rightarrow a_3 = 551{,}25$ 　　　Folge mit $q = -10{,}5$

---

4. Berechnen Sie jeweils die gesuchten Parameter der endlichen geometrischen Folgen:

Aufgabe

　　a) Gegeben: $q = 3$, $a_1 = 3$, $a_n = 729$ 　　　Gesucht: n, s_n

　　b) Gegeben: $a_n = -204{,}8$, $a_n = -0{,}2$, $s_n = -273$ 　　　Gesucht: n, q

　　c) Gegeben: $n = 3$, $a_1 = 144$, $s_n = 1008$ 　　　Gesucht: a_n, q

　　d) Gegeben: $a_1 = 3$, $a_n = 0{,}0003$, $s_n = 3{,}3333$ 　　　Gesucht: n, q

　　e) Gegeben: $a_n = 1{,}113879$, $a_1 = 0{,}3$, $q = 1{,}3$ 　　　Gesucht: a_n, n

　　f) Gegeben: $n = 3$, $a_1 = 4$, $s_n = 1684$ 　　　Gesucht: a_n, q

5. Gegeben sind die Parameter n, a_1, q einer geometrischen Folge. Stellen Sie eine allgemeine Formel zur Berechnung der Summe s_n der ersten n Glieder der Folge in Abhängigkeit von diesen Parametern auf.

6. Gegeben sind die Parameter a_n, a_1, n einer geometrischen Folge. Stellen Sie eine allgemeine Formel zur Berechnung des Quotienten q der Folge in Abhängigkeit von diesen Parametern auf.

Interpolieren

Aufgabe Muster

Zwischen den Zahlen 1 und 10 sollen weitere 8 Glieder so eingeschaltet werden, dass insgesamt eine geometrische Folge entsteht (Interpolieren). Gesucht sind die Glieder dieser Folge auf drei Dezimalen gerundet.

Lösung:

$a_n = a_1 \cdot q^{n-1}$ ⠀⠀⠀⠀⠀⠀⠀⠀Bildungsgesetz

$a_1 = 1$, $a_n = 10$, $n = 8 + 2 = 10$ ⠀⠀Gegeben

$10 = 1 \cdot q^{10-1}$ ⠀⠀⠀⠀⠀⠀⠀⠀Ansatz für q

$q = \sqrt[9]{10} = 1{,}29155$ ⠀⠀⠀⠀⠀Berechnung von q

1, $1{,}292$, $1{,}668$, $2{,}154$, $2{,}785$, ⠀⠀Folgenglieder

$3{,}594$, $4{,}641$, $5{,}995$, $7{,}743$, 10

Aufgabe

7. Zwischen die Zahlen 1,5 und 20 sind 6 weitere Zahlen einzuschalten, so dass eine geometrische Folge entsteht. Schreiben Sie die Folgenglieder auf.

8. Zwischen die Zahlen 4 und 2 916 sind zwölf weitere Zahlen einzuschalten, so dass eine geometrische Folge entsteht. Schreiben Sie die Folgenglieder auf.

9. Zwischen die Zahlen 20 und 40 sind 8 weitere Zahlen einzuschalten, so dass eine geometrische Folge entsteht. Schreiben Sie die Folgenglieder auf.

10. Zwischen die Zahlen s und t sollen weitere m Zahlen so eingeschaltet werden, dass eine geometrische Folge entsteht. Berechnen Sie ihren Quotienten q.

Geometrische Folge als Funktion

11. Berechnen Sie jeweils die ersten fünf Glieder der geometrischen Folgen:

a) $f(n) = 2^n$, $n \in \mathbb{N}^*$ ⠀⠀⠀⠀f) $f(n) = -2 \cdot 0{,}8^{n-1}$, $n \in \mathbb{N}^*$

b) $f(n) = 3 \cdot 2^{-n}$, $n \in \mathbb{N}^*$ ⠀⠀⠀g) $f(n) = 2p \cdot 2^{n+1}$, $n \in \mathbb{N}^*$

c) $f(n) = \dfrac{2}{4^{n-1}}$, $n \in \mathbb{N}^*$ ⠀⠀⠀⠀h) $f(n) = \dfrac{p+1}{3^{-n}}$, $n \in \mathbb{N}^*$

d) $f(n) = \dfrac{1}{5} \cdot \left(\dfrac{1}{2}\right)^{-n}$, $n \in \mathbb{N}^*$ ⠀⠀i) $f(n) = (0{,}2p)^{2n}$, $n \in \mathbb{N}^*$

e) $f(n) = 0{,}5 \cdot 1{,}5^{n+1}$, $n \in \mathbb{N}^*$ ⠀⠀k) $f(n) = -2p \cdot \left(\dfrac{1}{2}\right)^{n+1}$, $n \in \mathbb{N}^*$

12. Zeichnen Sie jeweils den Graphen der angegebenen geometrischen Folgen (wählen Sie dazu geeignete Maßstäbe auf den Achsen) und stellen Sie ihr Bildungsgesetz in der üblichen Funktionsschreibweise dar:

a) 2, 1, $\dfrac{1}{2}$, $\dfrac{1}{4}$, $\dfrac{1}{8}$, $\ldots$ ⠀⠀⠀⠀e) $0{,}5$, $0{,}6$, $0{,}72$, $0{,}864$, $\ldots$

b) 1, $-\dfrac{1}{2}$, $\dfrac{1}{4}$, $-\dfrac{1}{8}$, $\dfrac{1}{16}$, $\ldots$ ⠀⠀f) $1{,}1$, $1{,}98$, $3{,}564$, $6{,}4152$, $\ldots$

c) 3, 1, $\dfrac{1}{3}$, $\dfrac{1}{9}$, $\dfrac{1}{27}$, $\ldots$ ⠀⠀⠀g) -1, $1{,}5$, $-2{,}25$, $3{,}375$, $-5{,}0625$, $\ldots$

d) -1, 1, -1, 1, -1, $\ldots$ ⠀⠀⠀⠀h) -10, 5, $2{,}5$, $1{,}25$, $0{,}625$, $\ldots$

Zahlenaufgaben

13. Das dritte Glied einer geometrischen Folge beträgt 36, das sechste Glied beträgt 972. Berechnen Sie das Anfangsglied und das zehnte Glied.

14. Das Anfangsglied einer geometrischen Folge beträgt 5, die Summe aus dem dritten und dem fünften Glied beträgt 100. Berechnen Sie die ersten sechs Glieder dieser Folge. (2 Lösungen)

15. Eine geometrische Folge hat das Anfangsglied 2,4. Addiert man das dritte und fünfte Glied, so ergibt sich 0,75. Geben Sie die ersten sechs Glieder dieser Folge an. (2 Lösungen)

16. Wie viele Glieder der Folge 5, 10, 20, … ergeben, wenn man sie addiert, den Summenwert 1 275?

17. In einer geometrischen Folge mit dem Quotient $q = 2$ hat die Summe der ersten fünf Glieder den Wert 310. Berechnen Sie das Anfangsglied und die Summe der ersten sieben Glieder.

18. Die Summe der ersten drei Glieder einer geometrischen Folge ist 112, das Anfangsglied ist 16. Welchen Wert nimmt das zwölfte Glied dieser Folge an? (2 Lösungen)

Vermischte Aufgaben

19. Bestimmen Sie die Summe aller Potenzen von 10,

    a) die zwischen 0,001 und 1 000 (beide eingeschlossen) liegen,

    b) die zwischen 0,01 und 100 000 liegen.

20. Zwischen zwei Tönen mit den Frequenzen 1 000 Hz und 2 000 Hz sollen 11 Töne so eingeschaltet werden, dass die Schwingungszahlen der insgesamt 13 Töne die Glieder einer geometrischen Folge bilden. Berechnen Sie den Quotienten dieser Folge und die Frequenzen der 13 Töne.

21. Frau Müller erzählt ihren zwei Nachbarinnen eine „geheime" Neuigkeit, die von den beiden in der nächsten Stunde je zwei anderen Bekannten mitgeteilt wird usw. Wie viele Personen wissen nach 16 Stunden von dem Geheimnis?

22. In einem Gefäß befinden sich 6 l Alkohol von 100 %. Um eine Verdünnung zu erhalten, wird 1 l herausgenommen und durch Wasser ersetzt. Dieses Verfahren wird noch viermal ausgeführt. Wie viel Prozent Alkohol enthält die Mischung noch?

23. Beim Durchdringen einer Glasplatte verliert ein Lichtstrahl 5 % seiner Helligkeit. Welche Helligkeit hat er nach dem Durchgang von 12 gleich dicken Platten? Wann ist seine Helligkeit aut den dritten Teil gesunken?

24. Ein Isotop des Elements Radium zerfällt so, dass sich die Anfangsmenge in 1600 Jahren auf die Hälfte vermindert. Wie groß wird die augenblickliche Radiummenge auf der Erde in 12 000 Jahren etwa sein?

25. Bei der Kettenreaktion einer Kernspaltung trifft in der ersten Generation ein Neutron auf einen 235-U-Kern. Dieser spaltet sich und sendet drei weitere Neutronen aus. In der zweiten Generation werden von den drei Neutronen drei 235-U-Kerne getroffen, die sich spalten und jeweils wieder drei Neutronen aussenden. Wie viele Neutronen entstehen gerade in der achten Generation und wie viele Spaltungen durch Neutronen hat es bis dahin insgesamt gegeben? (Voraussetzung ist, dass wirklich jedes freie Neutron auf einen 235-U-Kern trifft.)

26. Es gibt Einzeller, die bei der Fortpflanzung in Sporen zerfallen (Sporulation). Die Sporenbildung findet alle zwei Tage statt. Wie viele Nachkommen einer Zelle können nach 14 Tagen vorhanden sein, wenn die Zelle bei jeder Sporulation in 8 Sporen zerfällt?

27. Eine Kokke (Bakterium) teilt sich unter günstigen Bedingungen alle 20 Minuten. Wie viele Kokken sind in der sechsten Generation vorhanden? Wie viele Kokken sind nach 24 Stunden vorhanden?

28. Angenommen, das Bevölkerungswachstum der Erde ist exponentiell, d.h., die Bevölkerungszahlen pro Jahr bilden eine geometrische Folge. Im Jahre 1990 lebten auf der Erde 5,3 Milliarden Menschen. Für das Jahr 2000 erwartet man 6,5 Milliarden. Berechnen Sie den Quotient der entsprechenden geometrischen Folge. Wie groß ist die prozentuale Zunahme der Bevölkerung pro Jahr?

29. Einem Quadrat mit der Seitenlänge a wird ein zweites Quadrat derart einbeschrieben, dass dessen Ecken in den Seitenmitten des ersten liegen. Ein drittes Quadrat wird auf dieselbe Art in das zweite einbeschrieben usw. Auf diese Weise entsteht eine Folge von Quadraten.

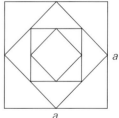

a) Berechnen Sie den Flächeninhalt des n-ten Quadrats in Abhängigkeit von a.

b) Berechnen Sie den Umfang des n-ten Quadrats in Abhängigkeit von a.

c) Es sei $a = 12$ cm. Berechnen Sie die Summe der Umfänge der ersten acht Quadrate.

30. Ein Quadrat mit der Seitenlänge a wird durch eine Diagonale in zwei rechtwinklige Dreiecke zerlegt. In eines der beiden Dreiecke wird ein zweites Quadrat einbeschrieben, das wiederum durch eine Diagonale in zwei rechtwinklige Dreiecke zerlegt wird. Wiederholt man dieses Verfahren, so entsteht eine Folge von Quadraten.

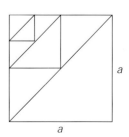

a) Berechnen Sie den Flächeninhalt des n-ten Quadrats in Abhängigkeit von a.

b) Es sei $a = 12$ cm. Berechnen Sie die Summe der Flächeninhalte der ersten sechs Quadrate.

9.4 Unendliche geometrische Reihe

9.4.1 Definition

> Gegeben ist eine geometrische Folge mit dem Anfangsglied a_1 und dem Quotienten q. Eine Teilsummenfolge zu dieser geometrischen Folge mit unendlich vielen Gliedern heißt eine unendliche geometrische Reihe:
> $a_1 + a_1 q + a_1 q^2 + a_1 q^3 + ...$

Beispiel

$a_1 = \dfrac{1}{2}, q = \dfrac{1}{2}:$

$\dfrac{1}{2}, \dfrac{1}{4}, \dfrac{1}{8}, \dfrac{1}{16}, \dfrac{1}{32}, ...$ Geometrische Folge

$\dfrac{1}{2} + \dfrac{1}{4} + \dfrac{1}{8} + \dfrac{1}{16} + \dfrac{1}{32} + ...$ Unendliche geometrische Reihe

9.4.2 Hat die unendliche geometrische Reihe einen Summenwert?

Es stellt sich dabei die Frage, ob man unendlich viele reelle Zahlen „addieren" kann. Angenommen, es sei dafür ein Verfahren festgelegt, dann muss man weiter nach der Existenz und der Eindeutigkeit des Ergebnisses fragen. Weiterhin ist von Interesse, ob das Ergebnis wieder eine reelle Zahl ist und ob die Glieder einer solchen „unendlichen Summe" untereinander vertauschbar sind, ohne dass sich das Ergebnis dabei ändert.

Hilfreich zur Klärung dieser Fragen ist folgende geometrische Veranschaulichung.

Beispiel

[AB] sei eine Strecke, deren Länge die Maßzahl 1 hat. Der Halbierungspunkt von [AB] sei A_1, der von [A_1 B] sei A_2, der von [A_2 B] sei A_3 usw. Dieser Prozess des wiederholten Halbierens sei ohne Ende weitergeführt.

Veranschaulichung einer unendlichen geometrischen Reihe

Die Maßzahlen der Längen von [AA$_1$], [A$_1$A$_2$], [A$_2$A$_3$], [A$_3$A$_4$], ...

sind $\dfrac{1}{2}, \dfrac{1}{4}, \dfrac{1}{8}, ...$

Sie bilden genau die im Beispiel von 9.4.1 angegebene geometrische Folge.

Durch die Zeichnung angeregt, könnte man die „unendliche Summe" so erhalten, dass man die Folge der Teilsummen bestimmt und deren Verhalten für nach unendlich strebender Anzahl ihrer Glieder untersucht.

$$s_1 = \frac{1}{2} = 0{,}5$$

$$s_2 = \frac{1}{2} + \frac{1}{4} = 0{,}75$$

$$s_3 = \frac{1}{2} + \frac{1}{4} + \frac{1}{8} = 0{,}875$$

$$s_4 = \frac{1}{2} + \frac{1}{4} + \frac{1}{8} + \frac{1}{16} = 0{,}9375$$

Durch die Summenformel der für endliche geometrische Folgen (→ Seite 203) lassen sich die weiteren Teilsummen ebenfalls berechnen:

$$s_5 = \frac{\frac{1}{2}\left(1 - \left(\frac{1}{2}\right)^5\right)}{1 - \frac{1}{2}} = 0{,}96875$$

$$s_6 = \frac{\frac{1}{2}\left(1 - \left(\frac{1}{2}\right)^6\right)}{1 - \frac{1}{2}} = 0{,}98438 \ldots$$

$$s_{20} = \frac{\frac{1}{2}\left(1 - \left(\frac{1}{2}\right)^{20}\right)}{1 - \frac{1}{2}} = 0{,}9999990 \text{ usw.}$$

Diese Folge der Teilsummen wird gemäß dieser Aufstellung und auch nach der Zeichnung gegen die Länge 1 der Strecke [AB] streben. Der Summenwert einer unendlichen Summe existiert also zumindest in diesem Beispiel.

Um festzustellen, ob die unendliche geometrische Reihe $a_1 + a_1 q + a_1 q^2 + a_1 q^3 + \ldots$ (→ Seite 203) einen endlichen Summenwert hat, bildet man die Teilsummenfolge:

$$s_1 = a_1$$
$$s_2 = a_1 + a_1 q$$
$$s_3 = a_1 + a_1 q + a_1 q^2$$
$$\ldots$$
$$s_n = a_1 + a_1 q + a_1 q^2 + \ldots + a_1 q^{n-1} = \frac{a_1 (q^n - 1)}{q - 1}$$

Setzt man diese Aufstellung fort, lassen sich unendlich viele solcher Teilsummen bilden. Falls sich die entstehende Teilsummenfolge immer mehr einem bestimmten Wert annähert, so muss dieser der Summenwert der unendlichen Reihe sein. Es gilt:

> Die unendliche geometrische Reihe hat genau dann einen Summenwert s, wenn $|q| < 1$.
> Der Summenwert lässt sich durch die Formel $s = \dfrac{a_1}{1 - q}$ berechnen.

Begründung: Für $|q| < 1$ ist $q^n \to 0$, wenn $n \to \infty$ (s. Aufgabe 1), damit gilt

$\dfrac{a_1 (q^n - 1)}{q - 1} \to \dfrac{-a_1}{q - 1}$, wenn $n \to \infty$. Also ist der Summenwert $s = \dfrac{-a_1}{q - 1} = \dfrac{a_1}{1 - q}$.

Für $q = -1$ ist $s_n = \dfrac{a_1 ((-1)^n - 1)}{q - 1}$, die Teilsummenfolge strebt keinem eindeutigen Wert zu (s. Aufgabe 3), ein Summenwert existiert also nicht. Für $|q| > 1$

ist $q^n \to \infty$, wenn $n \to \infty$ (s. Aufgabe 2), damit ist auch $\dfrac{a_1 (q^n - 1)}{q - 1} \to \infty$, wenn

$n \to \infty$, ein Summenwert existiert also nicht.

Hinweis: Das Bildungsgesetz der **geometrischen Folge** ist $a_n = a_1 q^{n-1}$, dagegen ist das Bildungsgesetz der **Teilsummenfolge dieser Folge**

$s_n = \dfrac{a_1 (q^n - 1)}{q - 1}$.

Beispiele

a) Hat die zur Folge $a_n = \dfrac{1}{3} \cdot \left(\dfrac{1}{3}\right)^{n-1}$ gehörende Reihe einen Summenwert, ggf. welchen?

Lösung:

$a_n = \dfrac{1}{3}, q = \dfrac{1}{3}$ Anfangsglied, Quotient

$\dfrac{1}{3} + \left(\dfrac{1}{3}\right)^2 + \left(\dfrac{1}{3}\right)^3 + \left(\dfrac{1}{3}\right)^4 + \dots$ Unendliche geometrische Reihe

$s_n = \dfrac{\frac{1}{3}\left(1 - \left(\frac{1}{3}\right)^n\right)}{1 - \frac{1}{3}}$ Bildungsgesetz der Teilsummenfolge

Wegen $|q| < 1$ existiert ein Summenwert: $s = \dfrac{\frac{1}{3}}{1 - \frac{1}{3}} = \dfrac{1}{2}$

b) Hat die zur Folge $a_n = 1{,}5^n$ gehörende Reihe einen Summenwert?

Lösung:

$a_1 = 1{,}5, q = 1{,}5$ Anfangsglied, Quotient

$1{,}5 + 2{,}25 + 3{,}375 + 5{,}0625 + \dots$ Unendliche geometrische Reihe

$s_n = \dfrac{1{,}5 \cdot (1{,}5^n - 1)}{1{,}5 - 1}$ Bildungsgesetz der Teilsummenfolge

Wegen $|q| > 1$ gibt es keinen Summenwert: $s_n \to \infty$ für $n \to \infty$.

9.4.3 Unendliche periodische Dezimalbrüche als geometrische Reihen

Unendliche periodische Dezimalbrüche lassen sich als geometrische Reihen darstellen. Nachdem für den Quotient stets $0 < q < 1$ gilt, haben diese Reihen immer einen Summenwert. Mithilfe dieses Summenwerts lässt sich der unendliche periodische Dezimalbruch als Bruch schreiben.

Beispiele

a) $0,\overline{5} = 0,5555\ldots = \dfrac{5}{10} + \dfrac{5}{100} + \dfrac{5}{1000} + \ldots = \dfrac{\frac{5}{10}}{1 - \frac{1}{10}} = \dfrac{5}{9} \left(q = \dfrac{1}{10}\right)$

b) $0,\overline{24} = \dfrac{24}{100} + \dfrac{24}{100^2} + \dfrac{24}{100^3} + \ldots = \dfrac{\frac{24}{100}}{1 - \frac{1}{100}} = \dfrac{24}{99} = \dfrac{8}{33} \left(q = \dfrac{1}{100}\right)$

c) $0,\overline{123} = \dfrac{123}{1000} + \dfrac{123}{1000^2} + \dfrac{123}{1000^3} + \ldots = \dfrac{\frac{123}{1000}}{1 - \frac{1}{1000}} = \dfrac{123}{999} = \dfrac{41}{333} \left(q = \dfrac{1}{1000}\right)$

d) $1,0\overline{215} = \dfrac{102}{100} + \dfrac{15}{10^4} \left(1 + \dfrac{1}{100} + \dfrac{1}{100^2} + \dfrac{1}{100^3} + \ldots\right) = \dfrac{102}{100} + \dfrac{15}{10^4} \cdot \dfrac{1}{1 - \frac{1}{100}}$

$= \dfrac{102}{100} + \dfrac{15}{9900} = \dfrac{51}{50} + \dfrac{5}{3300} = \dfrac{3371}{3300}$

Aufgabe

Unendliche geometrische Reihen

1. Gegeben ist die Folge $a_n = q^n$. Wie verhalten sich die Folgenglieder, wenn sich die Platzziffer n immer größere Zahlen annimmt? Beantworten Sie die Frage für

   a) $q = \dfrac{1}{4}$,　　　　b) $q = \dfrac{1}{10}$,　　　　c) $q = \dfrac{6}{100}$

2. Gegeben ist die Folge $a_n = q^n$. Wie verhalten sich die Folgenglieder, wenn sich die Platzziffer n immer größere Zahlen annimmt? Beantworten Sie die Frage für

   a) $q = 2$,　　　　b) $q = -4$,　　　　c) $q = 7{,}5$

3. Für $q = -1$ ist $s_n = \dfrac{a_1 ((-1)^n - 1)}{-1 - 1}$. Schreiben Sie die ersten sechs Glieder der Teilsummenfolge in Abhängigkeit von a_1 auf.

4. Bestimmen Sie das allgemeine Glied der Teilsummenfolge und den Summenwert bei folgenden Reihen:

   a) $1 + \dfrac{1}{3} + \dfrac{1}{9} + \dfrac{1}{27} + \ldots$　　　　e) $8 + 6 + \dfrac{9}{2} + \dfrac{27}{8} + \ldots$

   b) $10 + 1 + 0{,}1 + 0{,}01 + \ldots$　　　　f) $1 - \dfrac{1}{2} + \dfrac{1}{4} - \dfrac{1}{8} + \ldots$

   c) $8 - 4 + 2 - 1 + 0{,}5 - \ldots$　　　　g) $\dfrac{3}{2} + 1 + \dfrac{2}{3} + \dfrac{4}{9} + \ldots$

   d) $1 + \dfrac{1}{4} + \left(\dfrac{1}{4}\right)^2 + \left(\dfrac{1}{4}\right)^3 + \ldots$　　　　h) $2 + 1{,}6 + 1{,}28 + 1{,}024 + \ldots$

5. Welche unendliche geometrische Reihe hat das Anfangsglied a_1 und die Summe s?

a) $a_1 = 4$, $s = 5$

e) $a_1 = 5$, $s = 12{,}5$

b) $a_1 = 0{,}3$, $s = \dfrac{9}{20}$

f) $a_1 = -4$, $s = -8$

c) $a_1 = 10$, $s = \dfrac{20}{3}$

g) $a_1 = 15$, $s = \dfrac{50}{3}$

d) $a_1 = 6$, $s = 42$

h) $a_1 = \dfrac{4}{5}$, $s = \dfrac{4}{7}$

Unendliche periodische Dezimalbrüche

6. Verwandeln Sie folgende unendlichen periodischen Dezimalzahlen mithilfe von geometrischen Reihen in Brüche:

a) $0{,}\overline{6}$

d) $1{,}8\overline{7}$

g) $0{,}6\overline{34}$

b) $0{,}\overline{47}$

e) $3{,}0\overline{7}$

h) $0{,}00\overline{7}$

c) $0{,}\overline{128}$

f) $2{,}4\overline{456}$

i) $0{,}13\overline{51}$

9.5 Geometrische Folgen und Reihen in der Wirtschaft

Hinweis: Wird ein Kapital K 1 Jahr lang zu einem Zinssatz von $p\,\%$ angelegt, so errechnet man den dafür erhaltenen Zins Z durch die

Formel: $Z = \dfrac{K \cdot p}{100}$.

Wird ein Kapital K n Jahre lang zu einem Zinssatz von $p\,\%$ angelegt, so berechnet man den dafür erhaltenen einfachen Zins Z durch die

Formel: $Z = \dfrac{K \cdot p \cdot n}{100}$.

9.5.1 Zinseszinsen

Ein Betrag K_0 (Anfangskapital) wird zu einem Zinssatz von $p\,\%$ ein Jahr lang angelegt. Am Ende dieses Jahres wird der Zins zum Kapital geschlagen, so dass nun ein vergrößertes Kapital K_1 entstanden ist. Am Ende des zweiten Jahres wird der Zins wieder zum Kapital K_1 geschlagen usw. (Zinseszins).

Das **Guthaben** nach dem n-ten Jahr ist:

$$K_n = K_0 \cdot \left(1 + \frac{q}{100}\right) = K_0 \cdot q^n$$

Die Zahlen q^n heißen **Aufzinsungsfaktoren**.

Begründung:

Guthaben nach dem 1. Jahr: $K_1 = K_0 + \dfrac{K_0 p}{100} = K_0 \left(1 + \dfrac{p}{100}\right) = K_0 q$

$$\text{mit } q = 1 + \frac{p}{100}$$

Guthaben nach dem 2. Jahr: $K_2 = K_1 q = (K_0 q) q = K_0 q^2$

Guthaben nach dem 3. Jahr: $K_3 = K_2 q = (K_0 q^2) q = K_0 q^3$

...

Guthaben nach dem n. Jahr: $K_n = K_{n-1} q = (K_0 q^{n-1}) q = K_0 q^n$

Die Guthaben nach den einzelnen Jahren bilden eine **geometrische Folge**.

Beispiel

Ein Kapital von 25 000 EUR wird 9 Jahre beim Zinssatz von 6 % auf Zinseszins angelegt. Welches Guthaben wird nach 9 Jahren entstehen?

Lösung:

$q = 1 + \dfrac{6}{100} = 1,06$ Aufzinsungsfaktor

$K_n = K_0 \cdot q^n$ Zinseszinsformel

$K_9 = 25\,000 \cdot 1,06^9 = 42\,236,97$ Berechnung von K_9

Nach 9 Jahren beträgt das Guthaben also 42 236,97 EUR.

9.5.2 Wertzuwachs, Wertabnahme

Die Formel $K_n = K_0 \cdot q^n$ lässt sich auf den allgemeinen Fall des Wertzuwachses bzw. der Wertabnahme eines Kapitals im Zeitablauf erweitern.

m und n seien verschiedene Zeitpunkte. Dann gilt:

$$K_n = K_m \cdot q^{n-m}$$

Im Fall $n < m$ liegt eine **Abzinsung** oder **Diskontierung** von K_m auf K_n vor.
Im Fall $n > m$ liegt eine **Aufzinsung** von K_m auf K_n vor.

Beispiel

Ein Guthaben beträgt am Ende des Jahres 1998 23 559 EUR. Wie hoch war das Guthaben am Ende des Jahres 1995 und wie hoch wird es Ende des Jahres 2000 sein, wenn ein Zinssatz von 4,5 % zugrunde liegt?

Lösung:

$q = 1 + \dfrac{4,5}{100} = 1,045$

$K_{1995} = K_{1998} \cdot 1,045^{1995 - 1998}$ Guthaben Ende 1995

$K_{1995} = 23\,559 \cdot 1,045^{-3} \approx 20\,644,67$

$K_{2000} = K_{1998} \cdot 1,045^{2000 - 1998}$ Guthaben Ende 2000

$K_{2000} = 23\,559 \cdot 1,045^2 = 25\,727,02$

Das Guthaben betrug Ende 1995 20 644,67 EUR, es wird Ende des Jahres 2000 auf 25 727,02 EUR anwachsen.

9.5.3 Kapitalaufbau durch Rentenzahlung

Ein fester Geldbetrag r, der in gleich bleibenden Zeitabständen (meistens 1 Jahr) ein- oder ausgezahlt wird, heißt **Rente**. Es wird angenommen, dass die Rente jeweils am Anfang des Jahres ein- oder ausgezahlt wird.

Das Guthaben S_n **Endwert**, das sich nach n Jahren einer gezahlten Rente r durch den Zinssatz von p aufbaut, berechnet man nach der Formel:

$$S_n = r\, q \cdot \frac{q^n - 1}{q - 1} \text{ mit } q = 1 + \frac{p}{100}$$

Begründung:

Bei einem Zinssatz p ist die 1. Einzahlung r am Anfang des 1. Jahres nach der Zinseszinsformel am Ende des n-ten Jahres auf den Betrag $r \cdot q^n$ angewachsen. Die 2. Einzahlung ist am Ende des n-ten Jahres auf $r \cdot q^{n-1}$ angewachsen usw.

Die Beträge $r \cdot q^n$, $r \cdot q^{n-1}$, $r \cdot q^{n-2}$, ... , $r \cdot q$ bilden eine geometrische Folge.

Der Endwert ist der Summenwert der entsprechenden geometrische Reihe:

$S_n = r \cdot q^n + r \cdot q^{n-1} + r \cdot q^{n-2} + ... + r \cdot q \Rightarrow$

$S_n = rq \cdot (q^n + q^{n-1} + ... + q^2 + q + 1) = rq \cdot \dfrac{q^n - 1}{q - 1}$

Wird während der Dauer der Rentenzahlung noch ein festes Kapital K_0 verzinst, so ergibt sich in n Jahren ein gesamter Endwert von:

$$K_n = K_0\, q^n + r\, q \cdot \frac{q^n - 1}{q - 1} \text{ mit } q = 1 + \frac{p}{100}$$

Beispiel

Ein Bausparer zahlt bei einer Bausparkasse am Anfang des Jahres 10 000 EUR und außerdem in sechs jährlichen Raten je 3 600 EUR ein. Nach 6 Jahren erhält er den doppelten Betrag seines Kapitals als Bausumme ausbezahlt. Wie hoch ist die Bausumme, wenn die Bausparkasse 5 % Zinsen rechnet?

Lösung:

$q = 1 + \dfrac{5}{100} = 1{,}05$

$K_6 = 10\,000 \text{ EUR} \cdot 1{,}05^6 + 3\,600 \text{ EUR} \cdot 1{,}05 \cdot \dfrac{1{,}05^6 - 1}{1{,}05 - 1}$ Endwert

$K_6 = 39\,112{,}19 \text{ EUR}$

Der Bausparer verfügt nach 6 Jahren über ein Eigenkapital von 39 112,19 EUR. Die Bausparsumme beträgt 78 224,38 EUR.

9.5.4 Kapitalabbau

Wird ein festes Kapital K_0 verzinst und gleichzeitig eine Rente r ausgezahlt, so verringert sich das Guthaben in n Jahren auf den Betrag:

$$E_n = K_0\,q^n - r\,q \cdot \frac{q^n - 1}{q - 1}$$

Hinweis: Es kommt aber erst dann zu einem wirklichen **Kapitalabbau**, wenn die ausgezahlten Renten r größer als die Zinsen sind, die K_0 jährlich trägt, also

$r > K_0 \cdot \dfrac{p}{100} \Rightarrow r > (q - 1) \cdot K_0$.

Ist $r > (q - 1) \cdot K_0$, dann handelt es sich weder um einen Kapitalabbau noch um einen Kapitalaufbau. Man spricht dann von einer **ewigen Rente**.

Beispiel

Ein Kapital von 150 000 EUR wird 10 Jahre lang mit 6,5 % angelegt. Am Anfang jedes Jahres soll ein Betrag von 6 000 EUR ausbezahlt werden. Wie hoch ist das Guthaben am Ende des 10. Jahres?

Lösung:

$$q = 1 + \frac{6,5}{100} = 1,065$$

$$E_{10} = 150\,000 \text{ EUR} \cdot 1,065^{10} - \quad \text{Kapitalabbau}$$

$$6\,000 \text{ EUR} \cdot 1,065\,\frac{1,065^{10} - 1}{1,065 - 1}$$

$$E_{10} = 281\,570,62 \text{ EUR} - 86\,229,37 \text{ EUR} = 195\,341,25 \text{ EUR}$$

Es bleibt noch ein Guthaben von 195 341,25 EUR.

9.5.5 Tilgung

Wird das eingezahlte Kapital in n Jahren durch die Rentenauszahlung aufgezehrt, so liegt ein Sonderfall des Kapitalabbaus vor, den man **Tilgung** nennt. Dasselbe Problem kann man auch so sehen: Man erhält ein **Darlehen** und zahlt es in n Jahren in gleich bleibenden Raten wieder zurück.

In der Formel von 9.5.4 setzt man den Endwert gleich Null:

$$0 = K_0\,q^n - r\,q \cdot \frac{q^n - 1}{q - 1}.$$

$$K_0\,q^n = r\,q \cdot \frac{q^n - 1}{q - 1} \quad \text{(Tilgungsformel)}$$

Beispiel

Ein Kredit von 30 000 EUR soll in 12 Jahren zurückgezahlt werden. Wie groß ist die monatliche Rückzahlungsrate bei 7,5 % Zinsen? Die 1. Rate erfolgt am Anfang des 1. Jahres.

Lösung:

$$q = 1 + \frac{7,5}{100} = 1,075$$

$$r = \frac{K_0 \cdot q^{n-1} \cdot (q-1)}{q^n - 1} \qquad \text{Kreditrate}$$

$$r = \frac{30\,000 \text{ EUR} \cdot 1,075^{11} \cdot (1,075 - 1)}{1,075^{12} - 1} \qquad \text{Berechnung der Kreditrate}$$

$$r = 3\,607,75 \text{ EUR} \qquad \text{Jährliche Kreditrate}$$

Die monatliche Rückzahlungsrate beträgt 3 607,75 EUR : 12 = 300,65 EUR.

9.5.6 Abschreibung

Abschreibungen geben die Wertminderung eines Anlagevermögens zahlenmäßig an. Der **Anschaffungswert** betrage A. Bei der **degressiven Abschreibung** ist die jährliche Abschreibungssumme ein fester Prozentsatz p des jeweils zu Buch stehenden Restwerts, auch **Buchwert** B genannt.

Buchwert nach n Jahren: $\qquad B_n = A \left(1 - \frac{p}{100}\right)^n$

Begründung:

Nach einem Jahr
beträgt der Buchwert: $\quad B_1 = A - A\,\frac{p}{100} = A\left(1 - \frac{p}{100}\right)$

Nach zwei Jahren
beträgt der Buchwert: $\quad B_2 = B_1 - B_1 \cdot \frac{p}{100} = B_1\left(1 - \frac{p}{100}\right) = A\left(1 - \frac{p}{100}\right)^2$

Nach n Jahren
beträgt der Buchwert: $\quad B_n = B_{n-1} - B_{n-1} \cdot \frac{p}{100} = B_{n-1}\left(1 - \frac{p}{100}\right) = A\left(1 - \frac{p}{100}\right)^n$

Die einzelnen Buchwerte bilden eine **geometrische Folge**.

Hinweis: Der Anschaffungswert wird nicht bis 0 abgeschrieben, sondern nur auf einen sog. Schrottwert, der in t Jahren erreicht ist. Der kleinste Schrottwert beträgt 1 Geldeinheit.

Beispiel

Eine Maschinenanlage mit dem Anschaffungswert von 500 000 EUR wird 6 Jahre lang mit 20 % degressiv abgeschrieben. Wie groß ist der Buchwert nach 6 Jahren?

Lösung:

$$B_n = A \left(1 - \frac{p}{100}\right)^n \qquad \text{Abschreibungsformel}$$

$$B_6 = 500\,000 \cdot \left(1 - \frac{20}{100}\right)^6 = 131\,072 \qquad \text{Rechnung}$$

Nach 6 Jahren beträgt der Buchwert 131 072 EUR.

Aufgabe

Zinseszinsen

1. Berechnen Sie das durch Zinseszinsen entstandene Kapital K_n:

   a) $K_0 = 7\,500$ EUR, $p = 5,5\,\%$, 5 Jahre d) $K_0 = 100$ EUR, $p = 6\,\%$, 30 Jahre

   b) $K_0 = 15\,000$ EUR, $p = 5\,\%$, 10 Jahre e) $K_0 = 35\,000$ EUR, $p = 4\,\%$, 6 Jahre

   c) $K_0 = 50\,000$ EUR, $p = 6,5\,\%$, 8 Jahre f) $K_0 = 155\,000$ EUR, $p = 7\,\%$, 12 Jahre

2. Bei welchem Zinssatz wächst ein Kapital von 7800 EUR in 8 Jahren auf 12 500 EUR an?

3. Bei welchem Zinssatz verdoppelt sich ein Kapital in 10 Jahren?

4. Ein Kapital besteht am Ende des Jahres 1998 aus 60 000 EUR.

   a) Wie groß war es Ende 1997, Ende 1995, Ende 1993 bei konstantem Zinssatz von 4,5 %?

   b) Wie groß wird es Ende 1999, Ende 2001, Ende 2003 bei konstantem Zinssatz von 4,5 % sein?

Kapitalaufbau

5. Ab der Geburt ihres Kindes zahlen die Eltern jährlich 780 EUR auf ein Konto. Wie hoch ist der Kontostand am 1., 2., 3., und 18. Geburtstag des Kindes bei 3,5 % Zinsen?

6. Jemand zahlt 5 Jahre lang jährlich einen Betrag von 1 100 EUR auf ein Konto mit 4 % Zinsen. Die nächsten 5 Jahre lang zahlt er jährlich 1 400 EUR bei 4,5 % Zinsen. Die Zahlung erfolgt immer am Ende des Jahres. Wie hoch ist der Kontostand am Ende des 10. Jahres angewachsen?

7. Jemand hat ein Guthaben von 45 000 EUR auf seinem Bankkonto. Er zahlt dazu 8 Jahre lang am Ende eines jeden Jahres einen Betrag von 1 250 EUR ein. Wie hoch ist der Kontostand am Ende des 8. Jahres, wenn der Zinssatz 4,5 % beträgt?

8. Ein Bausparer schließt einen Bausparvertrag über 40 000 EUR ab. Er zahlt 12 000 EUR sofort und in 6 jährlichen Raten je 1 200 EUR (am Ende jeden Jahres) ein. Die Bausparkasse bezahlt 3 % Zinsen. Wann hat er die Ansparsumme von 50 % der Bausparsumme erreicht?

Kapitalabbau, Tilgung

9. Ein Rentner hat ein Vermögen von 70 000 EUR. Am Ende eines jeden Jahres entnimmt er einen festen Betrag von 6 300 EUR. Die Verzinsung beträgt 4,5 %. Wie hoch ist das Vermögen am Ende des 1., 2., 3. und 10. Jahres?

10. Herr Braun erhält eine Lebensversicherung von 70 000 EUR ausbezahlt. Er legt die Summe in einer Bank mit 5,5 % Zinsen an und hebt am Ende eines jeden Jahres 3 000 EUR ab. Wie groß ist sein Vermögen noch am Ende des 10. Jahres? Fertigen Sie eine Tabelle an, aus der man das Restguthaben nach jedem Jahr erkennen kann.

11. Ein Bauherr erhält von seiner Bank 50 000 EUR geliehen, die er mit 6 % verzinsen und in 8 Jahren zurückzahlen muss. Welchen (konstanten) Betrag muss er der Bank jährlich zahlen? Fertigen Sie eine Tabelle an, aus der man die Restschuld nach jedem Jahr ablesen kann.

12. Herr Huber möchte ein Darlehen von 30 000 EUR aufnehmen. Die Bank macht ihm drei Finanzierungsangebote. Wie groß ist dabei jeweils die jährliche feste Rückzahlungsrate?

    a) Laufzeit 5 Jahre, Zinssatz 5 %

    b) Laufzeit 10 Jahre, Zinssatz 6,5 %

    c) Laufzeit 15 Jahre, Zinssatz 7 %

13. Ein Bauherr erhält von seiner Bank ein Darlehen von 100 000 EUR. Die Rückzahlung geschieht 20 Jahre lang in festen jährlichen Raten bei 6,5 % Verzinsung. Berechnen Sie die Rückzahlungsrate.

Abschreibung

14. Eine Maschine hat einen Anschaffungswert von 650 000 EUR. Sie soll degressiv mit 20 % 5 Jahre lang abgeschrieben werden. Geben Sie die Buchwerte jeweils am Ende eines jeden Jahres an.

15. Ein Unternehmer kauft sich einen Geschäftswagen für 35 000 EUR. Er soll 5 Jahre lang mit 15 % abgeschrieben werden. Wie groß ist der Buchwert nach 5 Jahren?

16. Eine Maschine hat einen Anschaffungswert von 550 000 EUR. Die ersten zwei Jahre wird sie mit 15 % abgeschrieben, die nächsten beiden Jahre mit 20 % und die letzten beiden Jahre mit 25 %. Wie groß ist der Schrottwert nach sechs Jahren?

17. Eine Maschine vom Anschaffungswert 180 000 EUR soll in 9 Jahren auf ein Fünftel ihres Wertes degressiv abgeschrieben werden. Wie groß muss der Prozentsatz sein?

18. Mit welchem Prozentsatz muss eine Maschine abgeschrieben werden, wenn sie nach 6 Jahren den gleichen Buchwert haben soll wie eine doppelt so teure Maschine, die 9 Jahre degressiv mit 20 % abgeschrieben wurde?

10 Aussagen und Mengen

10.1 Aussagen

10.1.1 Definition

> *Kann man bei einem Satz eindeutig entscheiden, ob er wahr oder falsch ist (ob er den Wahrheitswert W oder F hat), dann heißt er eine **Aussage.***

Beispiele

a) Der Satz „Heute ist Montag" ist für einen Tag der Woche eine wahre, für die anderen sechs Tage eine falsche Aussage.

b) In der Euklid'schen Geometrie wird dem Satz „Die Winkelsumme im Dreieck beträgt 180°" der Wahrheitswert W zugeordnet, er ist eine wahre Aussage.

c) „Energie kann geschaffen oder vernichtet werden" ist eine falsche Aussage.

d) Dem Fragesatz „Wo bist du?" wird kein Wahrheitswert zugeordnet, er ist keine Aussage.

Viele Sätze bzw. Aussagen mit mathematischem Inhalt werden mit mathematischen Zeichen geschrieben. Sie sind dadurch kürzer und übersichtlicher.

Beispiele

a) Die Aussage „Drei plus zwei ist fünf" wird mathematisch bekanntlich „$3 + 2 = 5$" geschrieben. (Wahre Aussage)

b) Die Aussage „Acht ist eine natürliche Zahl" wird symbolisch zu „$8 \in \mathbb{N}$". (Wahre Aussage)

c) „Die Menge der ganzen Zahlen ist in der Menge der rationalen Zahlen enthalten" wird zu „$\mathbb{Z} \subset \mathbb{Q}$". (Wahre Aussage)

Anmerkung: Aussagen bezeichnen wir hier allgemein mit großen lateinischen Buchstaben: A, B, C, ..., ihre Wahrheitswerte mit W oder F.

10.1.2 Verknüpfungen von Aussagen

Konjunktion (UND-Verknüpfung)

> *Verknüpft man zwei Aussagen A und B durch das Wort „und" oder ein im Sinn entsprechendes Wort, so entsteht eine Aussage, die **Konjunktion** der Aussagen A und B heißt, symbolisch A ∧ B (lies: A und B).*

Sind beide Teilsätze wahr, so ist auch ihre Konjunktion wahr. In den anderen Fällen, also wenn die erste wahr und die zweite falsch ist oder wenn die erste falsch und die zweite wahr oder wenn beide falsch sind, betrachten wir ihre Konjunktion als falsche Aussage. Dies lässt sich in folgender Tabelle zusammenfassen:

A	B	$A \wedge B$
W	W	W
W	F	F
F	W	F
F	F	F

Beispiele

a) A: „128 ist eine gerade Zahl" (W), B: „128 ist durch 3 teilbar" (F).

   $A \wedge B$: „128 ist eine gerade Zahl **und** durch 3 teilbar" (F). (2. Zeile der Tabelle)

b) Die falsche Aussage „Der Jupiter ist ein Fixstern **und** hat eine kleinere Masse als die Erde" ist eine Konjunktion der falschen Aussagen „Der Jupiter ist ein Fixstern" und „Der Jupiter hat eine kleinere Masse als die Erde". (4. Zeile der Tabelle)

Disjunktion (ODER-Verknüpfung)

> *Durch das Verknüpfen zweier Aussagen A, B mithilfe des Wortes „oder" oder einem im Sinn entsprechenden Wort entsteht eine Aussage, die **Disjunktion** dieser Aussagen heißt, symbolisch A ∨ B (lies: A oder B).*

Die Disjunktion ist durch folgende Tabelle eindeutig festgelegt:

A	B	$A \wedge B$
W	W	W
W	F	W
F	W	W
F	F	F

Demnach ist die Disjunktion zweier Aussagen nur dann falsch, wenn beide Aussagen falsch sind, sonst ist sie wahr.

Beispiele

a) Die Disjunktion der wahren Aussage „4 < 5" und der falschen Aussage „4 = 5" ist die wahre Aussage „4 ≤ 5". (2. Zeile der Tabelle)

b) Die Disjunktion der falschen Aussage „Das Wasser ist ein Feststoff" und der wahren Aussage „Sauerstoff ist ein Bestandteil der Luft" ist die wahre Aussage „Wasser ist ein Feststoff **oder** Sauerstoff ist ein Bestandteil der Luft". (3. Zeile der Tabelle)

Negation (Verneinung)

*Durch Verneinen einer Aussage A entsteht eine Aussage ¬ A (lies: non A oder auch: nicht A), die **Negation** der Aussage A heißt.*

Die Negation einer wahren Aussage ist falsch, die einer falschen Aussage ist wahr.

A	$\neg A$
W	F
F	W

Beispiele

a) A: „Zwei magnetische Nordpole ziehen sich stets an" (F),

   ¬ A: „Zwei magnetische Nordpole ziehen sich nicht immer an" (W).

b) A: „In jedem Kreis ist der Umfang größer als der Durchmesser" (W).

   ¬ A: „Es gibt mindestens einen Kreis, in dem der Umfang kleiner oder gleich dem Durchmesser ist" (F).

Subjunktion (WENN-DANN-Verknüpfung)

*Verknüpft man zwei Aussagen A, B durch das Wort „dann" oder ein im Sinn entsprechendes Wort, so entsteht eine Aussage, die **Subjunktion** der Aussagen A, B heißt, symbolisch: A → B (lies: wenn A, dann B).*

Die Subjunktion zweier Aussagen ist ebenfalls eine Aussage, sie wird durch die folgende Tabelle eindeutig festgelegt:

A	B	$A \rightarrow B$
W	W	W
W	F	F
F	W	W
F	F	W

Beispiele

a) *A*: „Das Viereck ist ein Parallelogramm" (W), *B*: „Gegenüberliegende Seiten sind gleich lang" (W).

A → *B*: „Wenn das Viereck ein Parallelogramm ist, dann sind gegenüberliegende Seiten gleich lang" (W). (1. Zeile der Tabelle)

b) *A*: „Das Kilogramm ist eine Längeneinheit" (F), *B*: „1 000 m sind ein Kilometer" (W).

A → *B*: „Wenn das Kilogramm eine Längeneinheit ist, dann sind 1 000 m gleich einem Kilometer" (W). Diese Subjunktion ist eine wahre Aussage, obwohl ihr Sinn nicht anschaulich ist. (3. Zeile der Tabelle)

c) *A*: „Die Erde ist ein Würfel" (F), *B*: „Die Sonne hat die Form eines Kegels" (F).

A → *B*: „Wenn die Erde ein Würfel ist, dann hat die Sonne die Form eines Kegels" (W). (4. Zeile der Tabelle)

Anmerkung: Sind *A*, *B*, *A* → *B* wahre Aussagen, dann sagt man: „*B* ist **notwendig** für *A*" oder auch „*A* ist **hinreichend** für *B*".

Die Subjunktion kann auf eine Nacheinanderausführung einer Negation und einer Disjunktion zurückgeführt werden ($\neg A \vee B$), wie folgende Wahrheitstabelle zeigt:

1	2	3	4	5
A	*B*	$\neg A$	$\neg A \vee B$	$A \to B$
W	W	F	W	W
W	F	F	F	F
F	W	W	W	W
F	F	W	W	W

Aus der Gleichheit der Spalten 4 und 5 folgt die Behauptung.

Bijunktion

> *Werden zwei Aussagen A, B mit den Wortkombinationen „wenn ... dann ... und umgekehrt" oder „... dann und nur dann ..." oder einer im Sinn entsprechenden verknüpft, so entsteht eine Aussage, die **Bijunktion** der Aussagen A, B heißt, symbolisch A ↔ B.*

A	*B*	*A* ↔ *B*
W	W	W
W	F	F
F	W	F
F	F	W

Beispiele

a) *A*: „Das Vieleck ist ein Dreieck" (W), *B*: „Die Summe der Innenwinkel ist 180°" (W).

A ↔ *B*: „Das Vieleck ist dann und nur dann ein Dreieck, wenn die Summe der Innenwinkel 180° ist" (W) (1. Zeile der Tabelle)

Anmerkung: Sind *A*, *B*, *A* ↔ *B* wahre Aussagen, dann sagt man: „*A* ist **notwendig und hinreichend** für *A* ↔ *B*".

b) *A*: „Im rechtwinkligen Dreieck gilt der Höhensatz" (W), *B*: „Im rechtwinkligen Dreieck sind alle Seiten stets gleich lang" (F).

A ↔ *B*: „Im rechtwinkligen Dreieck sind dann und nur dann alle Seiten immer gleich lang, wenn der Höhensatz gilt" (F). (2. oder 3. Zeile der Tabelle)

c) *A*: „Röntgen ist der Begründer der Relativitätstheorie" (F), *B*: „Würzburg liegt am Mississippi" (F).

A ↔ *B*: „Würzburg liegt dann und nur dann am Mississippi, wenn Röntgen der Begründer der Relativitätstheorie ist" (W). (4. Zeile der Tabelle)

Die Bijunktion kann auf eine Zusammensetzung von Negationen, Disjunktionen und einer Konjunktion zurückgeführt werden, und zwar als $(\neg A \vee B) \wedge (\neg B \vee A)$, wie die folgende Wahrheitstabelle zeigt.

1	2	3	4	5	6	7	8
A	*B*	$\neg A$	$\neg B$	$\neg A \vee B$	$\neg B \vee A$	$(\neg A \vee B) \wedge (\neg B \vee A)$	$A \leftrightarrow B$
W	W	F	F	W	W	W	W
W	F	F	W	F	W	F	F
F	W	W	F	W	F	F	F
F	F	W	W	W	W	W	W

Aus der Gleichheit der Spalten 7 und 8 folgt die Behauptung.

Aufgabe

1. Welche von den angegebenen Sätzen sind Aussagen?

   a) Der Rhein fließt in die Nordsee?

   b) Guten Tag, Herr Maier!

   c) In diesem Schuljahr wird der Mathematikunterricht am Sonntag gehalten.

   d) Die Donau mündet in das Schwarze Meer.

   e) Ob das Ganze einen Zweck hat?

   f) Lösen Sie diese Aufgabe!

   g) Heute ist Samstag.

   h) 6 ist eine Primzahl.

   i) Die Sonne ist ein Fixstern.

2. Bilden Sie alle bekannten Verknüpfungen mit folgenden Sätzen:

   A: „Die Lufttemperatur steigt", *B*: „Der Frühling ist da".

3. Zerlegen Sie folgende Verknüpfungen in ihre Bestandteile, bezeichnen Sie diese mit großen lateinischen Buchstaben und schreiben Sie die Verknüpfungen in symbolischer Form:

   a) Beträgt die Winkelsumme eines Vielecks 180°, so ist das Vieleck ein Dreieck.

   b) Ein Rechteck ist dann und nur dann ein Quadrat, wenn alle vier Seiten gleich sind.

   c) Der Umsatz geht zurück, trotzdem ist der Betrieb rentabel.

   d) Entweder steigt die Arbeitsproduktivität oder das Unternehmen wird konkursreif.

   e) Es stimmt nicht, dass dabei sowohl an Zeit als auch an Geld gespart wurde.

4. Bilden Sie die Subjunktion, Bijunktion, Konjunktion, Disjunktion und Negation folgender Aussagen und geben Sie jedesmal ihre Wahrheitswerte an:

   A: „Der Schüler hat die Prüfung bestanden" (W), *B*: „Alle Schüler haben das Klassenziel erreicht" (F).

5. Gegeben sind drei beliebige Aussagen *A*, *B*, *C* (jeweils mit den Wahrheitswerten W, F). Bestimmen Sie mithilfe einer Tabelle alle möglichen Wahrheitswerte von folgenden Verknüpfungen:

   a) $A \vee (B \wedge \neg C)$

   b) $\neg A \leftrightarrow (B \rightarrow C)$

   c) $A \wedge (\neg B \vee C)$

   d) $A \rightarrow (\neg (B \leftrightarrow C))$

6. Welche Aussageverknüpfungen wurden durch folgende Tabellen definiert:

   a)

A	B	?
W	W	F
W	F	F
F	W	W
F	F	F

   b)

A	B	?
W	W	F
W	F	W
F	W	W
F	F	F

10.2 Mengen

10.2.1 Der Mengenbegriff in der Mathematik

Der abstrakte Begriff der Menge gehört zu den universalen Grundbegriffen unseres Denkens. Wir können ihn nicht mathematisch definieren, versuchen aber, ihm durch Erklärungen und Beispielen einen eindeutigen Sinn zu geben. Georg Cantor, der Begründer der Mengenlehre, verstand unter einer Menge „eine Zusammenfassung von bestimmten, wohl unterschiedenen Objekten unserer Anschauung und unseres Denkens zu einem Ganzen".

Obwohl diese Erklärung keine genaue Definition ist (der Sinn des Wortes „Zusammenfassung" müsste eindeutig bestimmt sein), führt sie zwei wichtige Merkmale des Mengenbegriffs an:

1. Eine Menge ist dann und nur dann festgelegt, wenn sich von allen Objekten unserer Anschauung oder unseres Denkens angeben lässt, ob sie zur Menge gehören oder nicht.

2. Ein Objekt darf in der Menge nicht mehrfach als Element auftreten.

Beispiele

a) Die Menge der Schüler einer bestimmten Klasse: Die Schüler sind wohl unterschiedliche Objekte unserer Anschauung, sie sind die Elemente dieser Menge.

b) Die Menge der natürlichen Zahlen: Die Elemente dieser Menge sind abstrakte Begriffe oder Objekte unseres Denkens.

c) Die in der Umgangssprache benützten Wortkombinationen: „eine Menge Staub", „eine Menge Luft", „eine Menge Wasser" usw. werden in der Mathematik nicht als Mengen angesehen, da sich nicht genau angeben lässt, welche Objekte dazugehören.

d) Die abstrakten Objekte 3, $(8 - 5)$, $\dfrac{6}{2}$, $\dfrac{12}{4}$ bilden eine einelementige Menge, da sie untereinander gleich sind.

e) Wir sprechen von einer leeren Menge, Symbol $\varnothing$, wenn kein konkretes oder abstraktes Objekt dazugehört. Die leere Menge ist also eine Menge, die kein Element hat.

Zusammenfassung

M heißt eine Menge, wenn für jedes konkrete oder abstrakte Objekt x der Satz x $\in$ M (lies: x gehört zu M) eine wahre oder falsche Aussage ist. Die Negation des Satzes x $\in$ M schreiben wir x $\notin$ M (lies: x gehört nicht zu M).

Ist der Satz $x \in M$ ...

... für alle x falsch, so ist M eine leere Menge,

... für endlich viele x wahr, so ist M eine endliche Menge,

... für unendlich viele x wahr, so ist M eine unendliche Menge.

10.2.2 Angaben von Mengen

Als Bezeichnungen für Mengen verwenden wir in der Regel große lateinische Buchstaben (wie bei den Aussagen), für die Elemente von Mengen meist kleine lateinische Buchstaben. Die am häufigsten gebrauchten Formen für die Angaben von Mengen sind folgende:

Aufzählende Form

Zwischen zwei geschweifte Klammern werden die Symbole der Elemente, durch Komma getrennt, geschrieben. Liegt ein Symbol für die Menge vor, so wird es durch ein Gleichheitszeichen mit der aufzählenden Form verbunden.

Beispiele

a) $P = \{5\}$

b) $Q = \{a, b, c, d\}$

c) $M = \{a_1, a_2, a_3, ..., a_n\}$

d) $N = \{1, 2, 3, 4, ...\}$

Beschreibende Form

Man formuliert – zwischen zwei geschweiften Klammern – eine Regel, mit deren Hilfe bestimmt werden kann, ob ein bestimmtes Objekt zur Menge gehört oder nicht. Das Mengensymbol kann durch ein Gleichheitszeichen mit der beschreibenden Form verbunden werden.

Beispiele

a) $M = \{x \mid x$ ist Pkw mit Münchner Kennzeichen$\}$

b) $P = \{p \mid p$ ist Primzahl$\}$

c) $Q = \{q \mid q$ ist Professor an der Universität Göttingen$\}$

Venn-Diagramm

Die Elemente der Menge werden als Punkte der Zeichenebene dargestellt, von einer beliebig geformten, geschlossenen Kurve umrahmt.

Beispiele

a)   b)

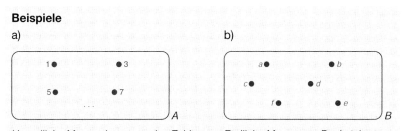

Unendliche Menge der ungeraden Zahlen   Endliche Menge von Buchstaben

10.2.3 Teilmenge

> *Sind alle Elemente der Menge P auch Elemente der Menge Q, so heißt P eine Teilmenge von Q, symbolisch: P ⊆ Q.*

Diese Definition beinhaltet zwei Möglichkeiten:

● *P* heißt **echte Teilmenge** von *Q*, wenn *P* ⊂ *Q* ist und es in *Q* mindestens ein Element gibt, das nicht zu *P* gehört.

Beispiele

a) $P = \{1, 2, 3\}$ und $Q = \{1, 2, 3, 4\}$, $P \subset Q$

b) $P = \{x \mid x$ ist Stadt in Frankreich$\}$ und $Q = \{y \mid y$ ist Stadt in Europa$\}$, $P \subset Q$

c) $P \subset Q$:

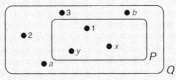

P ist eine echte Teilmenge von Q

● *P* heißt **unechte Teilmenge** von *Q*, wenn *P* ⊆ *Q* und es in *Q* kein Element gibt, das nicht auch zu *P* gehört.

Beispiele

a) $P = \{1, x, 2, y\}$ und $Q = \{1, 2, x, y\}$, $P \subseteq Q$ (unechte Teilmenge)

b) $P = \{2n + 1 \mid n \in \mathbb{N}^*\}$ und $Q = \{u \mid u$ ist ungerade positive Zahl$\}$, $P \subseteq Q$ (unechte Teilmenge)

c) $\mathbb{N}^* \subseteq \mathbb{Z}^+$ (unechte Teilmenge)

Hinweis: Kann *P* eine echte **oder** eine unechte Teilmenge von *Q* sein, schreibt man $P \subseteq Q$.

10.2.4 Gleiche Mengen

> *Zwei Mengen P, Q heißen **gleich,** wenn jedes Element von P auch Element von Q ist und jedes Element von Q auch Element von P ist, symbolisch P = Q.*

Beispiele

a) $P = \{x \mid x$ ist positiver Teiler von 12$\}$ und $Q = \{1, 2, 3, 4, 6, 12\}$, $P = Q$

b) $P = \{n \mid n \in \mathbb{N} \wedge n < 0\}$ und $Q = \varnothing$, $P = Q$

10.2.5 Schnittmenge

> *Die Menge aller Objekte, die sowohl zu P als auch zu Q gehören, heißt*
> **Schnittmenge** *der Mengen P und Q, symbolisch P ∩ Q (lies: P geschnitten Q).*

Beispiele

a) $P = \{a, b, c, d\}$ und $Q = \{b, c, x, y, z\}$, $P \cap Q = \{b, c\}$

b) Die Menge der gemeinsamen Teiler von 12 und 15 ist die Schnittmenge der Menge der Teiler von 12 und der Menge der Teiler von 15.

   $T_{12} = \{1, 2, 3, 4, 6, 12\}$ und $T_{15} = \{1, 3, 5, 15\}$, $T_{12} \cap T_{15} = \{1, 3\}$

c)   d)   e)

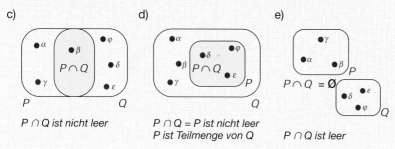

P ∩ Q ist nicht leer   P ∩ Q = P ist nicht leer   P ∩ Q ist leer
                              P ist Teilmenge von Q

10.2.6 Vereinigungsmenge

> *Die Menge aller Objekte, die mindestens zu einer Menge P und Q gehören,*
> *heißt* **Vereinigungsmenge** *der Mengen P und Q, symbolisch P ∪ Q*
> *(lies: P vereinigt mit Q).*

Beispiele

a) $P = \{a_1, a_2, a_3, a_4\}$, $Q = \{a_1, a_3, a_5\}$, $P \cup Q = \{a_1, a_2, a_3, a_4, a_5\}$

b) $\mathbb{N} = \{0, 1, 2, 3, ...\}$, $\mathbb{Z}^- = \{-1, -2, -3, ...\}$, $\mathbb{N} \cup \mathbb{Z}^- = \mathbb{Z}$

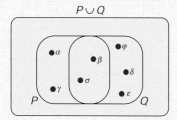 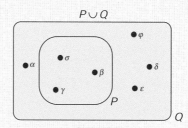

P ∪ Q, P und Q haben gemeinsame   P ∪ Q = P, P ist Teilmenge von Q
Elemente

10.2.7 Differenz- oder Restmenge

> *Die Menge aller Objekte, die zu P gehören, ohne zugleich auch zu Q zu gehören, heißt* **Differenzmenge** *oder* **Restmenge** *der Mengen P und Q, symbolisch P \ Q (lies: P ohne Q).*

Beispiele

a) $P = \{1, 3, 5, 7, 9\}$ und $Q = \{2, 3, 5, 7, 11, 13\}$, $P \setminus Q = \{1, 9\}$

b) $P = \{a, b, c, d, e, f\}$ und $Q = \{b, d, f\}$, $P \setminus Q = \{a, c, e\}$

c) $P = \{n^2 \mid n \in \mathbb{N}\}$, $Q = \mathbb{N}$, $P \setminus Q = \varnothing$

d)   e)   f)

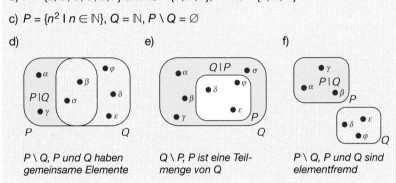

$P \setminus Q$, P und Q haben gemeinsame Elemente	$Q \setminus P$, P ist eine Teilmenge von Q	$P \setminus Q$, P und Q sind elementfremd

10.2.8 Paarmenge

> *Unter der Paarmenge der Mengen P und Q versteht man die Menge der sämtlichen geordneten Paare, die mit den Elementen der Menge P (an erster Stelle) und denen der Menge Q (an zweiter Stelle) gebildet werden können, symbolisch P x Q (lies: P Kreuz Q).*

Beispiele

a) $P = \{a, b, c\}$ und $Q = \{x, y\}$

   $P \times Q = \{(a; x), (a; y), (b; x), (b; y), (c; x), (c; y)\}$

b) $P = \{1, 2, 3, 4\}$ und $Q = \{2, 3, 5\}$,

   $P \times Q = \{(1; 2), (1; 3), (1; 5), (2; 2),$
   $(2; 3), (2; 5), (3; 2) \dots (4; 5)\}$

   Trägt man die Menge *P* als Punkte auf der waagrechten Achse, die Menge *Q* auf der senkrechten Achse auf, dann ist die Menge *P* x *Q* in dem Feld neben den Achsen sichtbar.

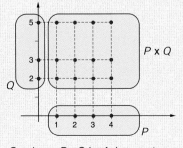

Graph von P x Q im Achsensystem

c) Auf einer Party treffen sich vier Damen und sechs Herren. Wenn jede Dame mit jedem Herrn einmal tanzt, dann haben sich insgesamt 24 Tanzpaare gebildet. Wird die Menge der Damen mit *D* und die der Herren mit *H* bezeichnet, dann kann die Menge der Tanzpaare mit *D* x *H* angegeben werden.

Aufgabe

1. Schreiben Sie folgende Mengen in beschreibender Form auf:

   a) $P = \{a, e, i, o, u\}$ c) $R = \{b, c, d, ..., x, y, z\}$

   b) $Q = \{1, 3, 5, ...\}$ d) $S = \{2, 4, 6, ...\}$

2. Geben Sie folgende Mengen in aufzählender Form an:

   a) $P = \{x \mid x$ ist Buchstabe des Wortes MATHEMATIK$\}$

   b) $R = \{n \mid n$ ist Teiler von 24$\}$

   c) $S = \{m \mid m$ ist Potenz von 3$\}$

3. Geben Sie alle Teilmengen folgender Mengen an:

   a) $P = (a, b, c, d\}$

   b) $Q = \{1, 2, 3, 4\}$

   c) $X = \{x \mid x$ ist Primzahl zwischen 10 und 20$\}$

   d) $Q = \{y \mid y$ ist die Lösung der Gleichung $y^2 - 5y = -6\}$

4. In welchen Fällen gilt $P = Q$?

   a) $P = \{4, 3, 6, 2\}$ $Q = \{3, 2, 6, 4\}$

   b) $P = \{a, b, x, y\}$ $Q = \{a, x, b, u\}$

   c) $P = \{m \mid m$ ist Vielfaches von 2$\}$ $Q = \{n \mid n$ ist gerade Zahl$\}$

   d) $P = \{r \mid r$ ist Rechteck$\}$ $Q = \{q \mid q$ ist Parallelogramm$\}$

5. Bilden Sie die Schnittmenge der Mengen *P* und *Q*:

   a) $P = \{3, 5, 7\}$ $Q = \{1, 2, 3, 4, 5\}$

   b) $P = \{a, b, c, d\}$ $Q = \{d, c, b\}$

   c) $P = \{p \mid p$ ist gerade Zahl$\}$ $Q = \{q \mid q$ ist ungerade Zahl$\}$

   d) $P = \{m \mid m$ ist Vielfaches von 3$\}$ $Q = \{n \mid n$ ist Vielfaches von 6$\}$

6. Bilden Sie die Vereinigungsmenge der Mengen *R* und *S*:

   a) $R = \left\{\dfrac{1}{2}, \dfrac{2}{3}, \dfrac{3}{4}\right\}$ $S = \left\{\dfrac{1}{2}, \dfrac{1}{3}, \dfrac{1}{4}\right\}$

   b) $R = \{a, e, i, o, u\}$ $S = \{k \mid k$ ist Konsonant$\}$

   c) $R = \{1, -1, 2, -2, 3, -3, ...\}$ $S = \{0\}$

   d) $R = \varnothing$ $S = \{\alpha, \beta, \gamma\}$

7. Bestimmen Sie die Restmenge folgender Mengen K und L:

a) $K = \{k_1, k_2, k_3, k_4\}$ $L = \{k_2, k_4, k_6\}$

b) $K = \{a_1, a_2, a_3\}$ $L = \varnothing$

c) $K = \{p \mid p \text{ ist Primzahl}\}$ $L = \{q \mid q \text{ ist ungerade Zahl}\}$

d) $K = \{d \mid d \text{ ist Dreieck}\}$ $L = \{5\}$

8. Bilden Sie die Paarmenge der Mengen P und Q:

a) $P = \{u, v\}$ $Q = \{x, y\}$

b) $P = \{1\}$ $Q = \{a, b, c, d, e\}$

c) $P = \{1, 2, 3, \ldots\}$ $Q = \{+, -\}$

d) $P = \{\text{Klasse a, Klasse b}\}$ $Q = \{\text{Deutsch, Englisch,}$
              $\text{Mathematik, Physik}\}$

9. Gegeben ist die Paarmenge $P \times Q = \{(1; 3), (1; 4), (2; 3), (2; 4), (3; 3), (3; 4)\}$. Bestimmen Sie daraus die folgenden Mengen: $P, Q, P \cap Q, P \cup Q, P \setminus Q$ und die gemeinsamen Teilmengen von P und Q.

10. Gegeben ist die Paarmenge $A \times B = \{(a; b), (a; c), (a; d), (b; b), (b; c), (b; d)\}$. Bestimmen Sie daraus die folgenden Mengen: $A, B, A \cap B, A \cup B, A \setminus B$ und die gemeinsamen Teilmengen von A und B.

11. Eine Firma plant eine halbstündige Werbesendung, die aus einer amüsanten, einer musikalischen und einer kommerziellen Darbietung bestehen soll. Aus wie vielen Elementen besteht die Menge aller möglichen Zeitverteilungen unter der Voraussetzung, dass jeder Darbietungsart ein Vielfaches von 5 Minuten zugestanden wird?

12. Von den Schülern einer Klasse sind 15 für das Wahlfach a, 6 für das Wahlfach b eingeschrieben. Unter diesen Schülern sind jedoch 4, die an beiden Wahlfächern teilnehmen. 8 Schüler der Klasse nehmen an keinem Wahlfach teil. Aus wie vielen Schülern besteht die Klasse?

10.3 Aussageformen

10.3.1 Aussageformen als Sätze

> *Gegeben sei eine Menge G, genannt* **Grundmenge,** *und ein beliebiges Element x aus G, genannt Variable der Menge G. Ein Satz A(x), der zur Aussage wird, sobald x in D $\subseteq$ G festgelegt ist, heißt* **Aussageform** *über der Menge D $\subseteq$ G.*
>
> *Die Menge $\mathbb{L}$ aller x, für die die Aussageform zur wahren Aussage wird, heißt* **Lösungsmenge** *der Aussageform, $\mathbb{L} \subseteq D \subseteq G$. Die Menge D heißt* **Definitionsmenge.**

Beispiele

a) $G = D$ sei die Menge aller Himmelskörper. Die Aussageform $A(x) = $ „x ist Planet unseres Sonnensystems" hat als Lösungsmenge die Menge $\mathbb{L} = \{$Merkur, Venus, Erde, Mars, Saturn, Jupiter, Uranus, Neptun, Pluto$\}$

A (Jupiter) = „Jupiter ist ein Planet" ist eine wahre Aussage.

A (Sonne) = „Sonne ist ein Planet" ist eine falsche Aussage.

b) Die Grundmenge sei die Menge der reellen Zahlen, die Definitionsmenge ist die Menge der natürlichen Zahlen, $D = \mathbb{N}$. Die Aussageform ist der Satz: $A(x) = $ „Das um 1 vermehrte Doppelte von x ist 7" = „$2x + 1 = 7$".

Nur die Zahl 3 gehört zur Lösungsmenge $\mathbb{L} = \{3\}$, denn $A(3) = $ „Das um 1 vermehrte Doppelte von 3 ist 7" ist wahr. Setzt man dagegen alle anderen natürlichen Zahlen für x in die Aussageform ein, so entstehen falsche Aussagen.

c) Die Grundmenge sei die Menge der reellen Zahlen, die Definitionsmenge ist die Menge der ganzen Zahlen, $D = \mathbb{Z}$. Die Aussageform ist der Satz: $A(x) = $ „Das um 2 verminderte Dreifache von x ist größer als -8 und kleiner als 1" = „$-8 < 3x - 2 < 1$".

Die Lösungsmenge findet man durch Probieren, es ergibt sich $\mathbb{L} = \{-1, 0\}$.

d) Die Grundmenge ist $\mathbb{R}$, die Definitionsmenge ist $D = \mathbb{R} \setminus \{2\}$. Die Aussageform ist der Satz $A(x) = $ „Der Kehrwert der um 2 verminderten Zahl ist 2" $= \text{„} \dfrac{1}{x-2} = 2 \text{"}$. Die Lösungsmenge ist $\mathbb{L} = \{2, 5\}$.

Es gibt Aussageformen, deren Lösungsmenge die leere Menge ist, und solche, deren Lösungsmenge gleich der Definitionsmenge ist.

Beispiele

a) D ist die Menge aller fahrtüchtigen Pkw. Die Aussageform $A(x) = $ „x ist ein Pkw, der auch fliegen kann" hat die Lösungsmenge $\mathbb{L} = \varnothing$, denn es gibt (noch) keinen Pkw, der fliegen kann.

b) $G = D$ ist die Menge der reellen Zahlen, $G = D = \mathbb{R}$. Die Aussageform $A(x) = $ „Das um 5 vermehrte Quadrat von x ist 0" hat die Lösungsmenge $\mathbb{L} = \varnothing$, denn es gibt keine reelle Zahl mit $x^2 + 5 = 0$.

c) G ist die Menge der reellen Zahlen, $D = \mathbb{N}$. Die Aussageform $A(x) = $ „Das Quadrat von x ist größer oder gleich x" = „$x^2 \geq x$" hat eine Lösungsmenge, die gleich der Definitionsmenge ist, $\mathbb{L} = D$, denn alle natürlichen Zahlen besitzen diese Eigenschaft.

10.3.2 Verknüpfungen von Aussageformen

Ähnlich wie die Aussagen lassen sich auch die Aussageformen $A_1(x)$, $A_2(x)$, …
verknüpfen, wenn sie dieselbe Definitionsmenge haben. Allerdings handelt es
sich dabei nur um formelle Verknüpfungen von Sätzen, nicht von Aussagen.

Konjunktion zweier Aussageformen: $A_1(x) \wedge A_2(x)$

Disjunktion zweier Aussageformen: $A_1(x) \vee A_2(x)$

Negation einer Aussageform: $\overline{A(x)}$

Implikation zweier Aussageformen: $A_1(x) \Rightarrow A_2(x)$
(entspricht der Subjunktion von Aussagen)

Äquivalenz zweier Aussageformen: $A_1(x) \Leftrightarrow A_2(x)$
(entspricht der Bijunktion von Aussagen)

Beispiel
Die Grundmenge und die Definitionsmenge ist die Menge der reellen
Zahlen, $G = D = \mathbb{R}$.

$A_1(x) =$ „Das Dreifache von x vermehrt um 1 ergibt 7"

$A_2(x) =$ „x ist kleiner als 10"

$A_3(x) =$ „Das Dreifache von x ist 6"

$A_1(x) \wedge A_2(x) =$ „Das Dreifache von x vermehrt um 1 ergibt 7 und x ist
kleiner als 10"

$A_1(x) \vee A_2(x) =$ „Das Dreifache von x vermehrt um 1 ergibt 7 oder x ist
kleiner als 10"

$\overline{A_2(x)} =$ „x ist nicht kleiner als 10"

$A_1(x) \Rightarrow A_3(x) =$ „Das Dreifache von x vermehrt um 1 ergibt 7, daraus
folgt, dass das Dreifache von x die Zahl 6 ergibt"

$A_1(x) \Leftrightarrow A_3(x) =$ „Das Dreifache von x vermehrt um 1 ergibt 7, daraus
folgt, dass das Dreifache von x die Zahl 6 ergibt und
umgekehrt" oder „Das Dreifache von x vermehrt um 1
ergibt 7 ist äquivalent mit das Dreifache von x ergibt 6"

10.3.3 Term

*Jede in einer Grundmenge G definierte Zahl oder die Variable x oder jede
sinnvolle Verknüpfung dieser mithilfe der Symbole „+", „–", „·" und „:"
bzw. „⁻" heißt **rationaler Term** T (x) (Term mit einer Variablen). Die **Definitionsmenge** D eines Terms T (x) ist die Menge aller Werte von x, für die
der Termwert T (x) sinnvoll ist.*

Beispiele

$T_1(x) = 2, G = D = \mathbb{R}$ $\qquad\qquad$ $T_2(x) = x, G = D = \mathbb{R}$

$T_3(x) = 2 + x, G = D = \mathbb{R}$ $\qquad$ $T_4(x) = 15 - 2x, G = D = \mathbb{R}$

$T_5(x) = -2x^2 + 1, G = D = \mathbb{R}$ $\qquad$ $T_6(x) = (2x + 5)^2, G = D = \mathbb{R}$

$T_7(x) = x^3 - 2x^2 + 3x + 4, G = D = \mathbb{R}$ $\quad$ $T_8(x) = \dfrac{x - 1}{x - 3}$ $\begin{array}{l} G = \mathbb{R} \\ D = \mathbb{R} \setminus \{-3\} \end{array}$

$T_9(x) = \dfrac{x^2 + 2x + 5}{(x - 1)(x + 2)}, D = \mathbb{R} \setminus \{-2, 1\}$ (Die Zahlen –2 und 1 sind im Nenner nicht einsetzbar)

$T_{10}(x) = \dfrac{x - 3}{x^2 + 3}, D = \mathbb{R}$

$T_{11}(x) = \sqrt{2x - 4}, D = [2; +\infty[$ (Der Radikand muss nicht negativ sein)

---

*Zwei Terme $T_1(x)$ und $T_2(x)$ (beide mit der Definitionsmenge D), die bei gleicher Belegung der Variablen $x \in D$ jeweils den gleichen Termwert annehmen, heißen **äquivalent**, geschrieben: $T_1(x) = T_2(x)$.*

Ein Term $T_1(x)$ kann unter Anwendung von gültigen Gesetzen der Algebra in einen äquivalenten Term $T_2(x)$ umgeformt werden. Sehr oft hat man bei diesen Umformungen das Ziel, $T_2(x)$ einfacher zu gestalten.

Beispiele

a) $T_1(x) = -3(-x + 1)$ äquivalent zu $T_2(x) = 3x - 3$

b) $T_1(x) = 3x^2 - 4x^3 + 5x^2$ äquivalent zu $T_2(x) = 8x^2 - 4x^3$

c) $T_1(x) = x + 2, D = \mathbb{R}$ nicht äquivalent zu $T_2(x) = \dfrac{(x - 2)(x + 2)}{x - 2}, D = \mathbb{R} \setminus \{2\}$,

obwohl eine gültige Umformungsregel (Erweiterung eines Bruches) angewandt wurde.

Aufgabe

1. Gegeben sind die Terme $T_1(x) = \dfrac{1}{x - 1}, D_1 = \mathbb{R} \setminus \{1\}$ und $T_2(x) = 5, D_2 = \mathbb{R}$.

   Geben Sie folgende Terme und ihre Definitionsmengen an: $T_1(x) + T_2(x)$,

   $T_1(x) \cdot T_2(x)$, $\dfrac{1}{T_1(x)}$.

2. Ordnen Sie folgenden Wortkombinationen einen Term mit Definitionsbereich sinnvoll zu:
   a) „Das um vier verminderte Fünffache einer rationalen Zahl"
   b) „Die Hälfte einer um drei vergrößerten positiven reellen Zahl"
   c) „Das Quadrat einer um eins verminderten ganzen Zahl"
   d) „Drei Viertel des um eins vergrößerten Quadrates einer rationalen Zahl"
   e) „Das Verhältnis zwischen einer reellen Zahl und dem um neun verminderten Quadrat dieser Zahl"

3. Bilden Sie aus den Termen $T_1(x) = x^2 - 4$, $D_1 = \mathbb{Q}$ und $T_2(x) = x + 1$, $D_2 = \mathbb{Q}$ die folgenden Aussageformen und ihre Definitionsmengen:

a) $T_1(x) < T_2(x)$

c) $\dfrac{T_1(x)}{T_2(x)} = 2$

b) $T_1(x) + T_2(x) = -3$

d) $T_2(x) = \dfrac{1}{T_1(x)}$

4. Geben Sie die maximalen Definitionsmengen folgender Terme an:

a) $T(x) = 2x$

g) $T(x) = \dfrac{4}{x^2 + x}$

b) $T(x) = x - 0,5$

h) $T(x) = \dfrac{3 + x}{(-x - 3)(x + 2)}$

c) $T(x) = 1,5x + 1$

i) $T(x) = \dfrac{4 - x}{16 - x^2}$

d) $T(x) = \dfrac{2}{x - 1}$

k) $T(x) = \dfrac{3x^2 + 2x + 1}{4x^2 + 4x + 1}$

e) $T(x) = (2x - 1)(3x + 2)$

l) $T(x) = \dfrac{3x + 2}{9x^2 + 12x + 4}$

f) $T(x) = \dfrac{3x - 7}{x - 1}$

m) $T(x) = \dfrac{(x - 1)(x^2 + 1)}{(x^3 - 1)}$

5. Zu welchen mathematisch geschriebenen Aussageformen führen folgende Texte:

a) Für welche reellen Zahlen ist das Quadrat um vier größer als ihr Dreifaches?

b) Das Verhältnis zwischen dem Fünffachen einer reellen Zahl und der um eins verminderten reellen Zahl ist größer als vier.

c) Von allen Rechtecken mit dem Umfang von 12 m ist dasjenige zu bestimmen, welches den Flächeninhalt von 8 m^2 hat.

d) Von allen Rechtecken mit dem Flächeninhalt von 6 m^2 ist dasjenige zu bestimmen, welches den Umfang von 10 m hat.

Terme mit mehreren Variablen

*Gegeben sind eine Menge $D \subseteq G$ und mehrere Variablen a, b, x, y, ... dieser Grundmenge. Jede Verknüpfung von Elementen aus D mit den Variablen durch die Symbole „+", „–", „·" und „:" bzw. „–" heißt rationaler **Term mit mehreren Variablen**.*

Beispiele

a) $T(x, y) = 2x - y + 3, G = \mathbb{Z} \times \mathbb{Z}$

b) $T(a, b) = (a + b)^2, G = \mathbb{Q} \times \mathbb{Q}$

c) $T(m, n) = \dfrac{2mn}{m + n}, G = \mathbb{N} \times \mathbb{N}$

d) $T(x, y) = x^3 - 3x^2y + 3xy^2 - y^3, G = \mathbb{R} \times \mathbb{R}$

e) $T(a, b, x, y) = \dfrac{ax - by + 1}{x^2 + y^2}, G = \mathbb{R} \times \mathbb{R} \times \mathbb{R} \times \mathbb{R}$

Hinweis: Bei den Beispielen wurden lediglich die Grundmengen angegeben, nicht aber die Definitionsmengen.

10.3.4 Gleichungen

> *Gegeben sind die Terme $T_1(x)$ und $T_2(x)$ mit den Definitionsmengen D_1 und D_2. Die Aussageform $T_1(x) = T_2(x)$ mit der Definitionsmenge $D = D_1 \cap D_2$ heißt **Bestimmungsgleichung** für x.*
>
> *Die Lösungsmenge der Aussageform $T_1(x) = T_2(x)$ wird **Lösungsmenge** der Bestimmungsgleichung genannt.*

Beispiele

a) $T_1(x) = 5x + 1, D_1 = \mathbb{Q}$

$T_2(x) = 3x - 7, D_2 = \mathbb{Q}$

$T_1(x) = T_2(x) : 5x + 1 = 3x - 7, D = \mathbb{Q} \cap \mathbb{Q} = \mathbb{Q}$

$\mathbb{L} = \{-4\}$

b) $T_1(x) = (x + 1)(x - 1), D_1 = \mathbb{Q}^+$

$T_2(x) = 0, D_2 = \mathbb{Q}$

$T_1(x) = T_2(x) : (x + 1)(x - 1) = 0, D = \mathbb{Q}^+ \cap \mathbb{Q} = \mathbb{Q}^+$

$\mathbb{L} = \{1\}$

c) $T_1(x) = x + 2, D_1 = \mathbb{Q}$

$T_2(x) = 2x + 4, D_2 = \mathbb{Q}$

$T_1(x) = T_2(x) : x + 2 = 2x + 4, D = \mathbb{Q}$

$\mathbb{L} = \mathbb{Q} = D$

10.3.5 Umformungen bei Bestimmungsgleichungen

Lässt sich die Lösungsmenge einer Bestimmungsgleichung nicht direkt angeben, so ersetzt man sie der Reihe nach durch **äquivalente Bestimmungsgleichungen,** deren Lösungsmengen immer leichter aufzufinden sind. Die Lösungsmenge der ursprünglichen Bestimmungsgleichung ändert sich dabei nicht.

Äquivalente Umformungen einer Bestimmungsgleichung sind gegeben, wenn:
- nur der linke Term oder nur der rechte Term nach den Regeln der Algebra verändert wird,

- sowohl der linke als auch der rechte Term mit derselben Zahl addiert oder subtrahiert wird,

- sowohl der linke Term als auch der rechte Term mit derselben Zahl (ungleich Null) multipliziert oder dividiert wird.

Beispiele

a) $2\,(x - 5) = 3x - 7, D = \mathbb{R}$

Die Lösungsmenge lässt sich nicht direkt angeben. Die erste äquivalente Umformung besteht aus einer Vereinfachung des Terms auf der linken Seite.

- $4x - 10 = 3x - 7, D = \mathbb{R}$
  Die zweite äquivalente Umformung ist die Subtraktion des Terms $3x$ von beiden Seiten.

- $x - 10 = -7, D = \mathbb{R}$
  Die dritte äquivalente Umformung ist die Addition von 10 auf beiden Seiten.

- $x = 3, D = \mathbb{R}$
  Aus dieser Aussageform lässt sich die Lösungsmenge sofort bestimmen, sie ist $\mathbb{L} = \{3\} \subset D$
  Diese Umformungen werden im Weiteren kurz in folgender Weise dargestellt (wobei die jeweilige Angabe der Definitionsmenge entfallen kann):

$2\,(2x - 5\,) = 3x - 7 \Leftrightarrow$	Klammerregel links
$4x - 10 = 3x - 7 \Leftrightarrow$	Auf beiden Seiten $-3x$
$x - 10 = -7 \Leftrightarrow$	Auf beiden Seiten $+7$
$x = 3 \Rightarrow \mathbb{L} = \{3\}$	

b) $D = \mathbb{R}$

$(x + 1)^2 = x^2 - 3x + 5 \Leftrightarrow$	Binomische Formel links
$x^2 + 2x + 1 = x^2 - 3x + 5 \Leftrightarrow$	Auf beiden Seiten $-x^2$
$2x + 1 = -3x + 5 \Leftrightarrow$	Auf beiden Seiten $+3x$
$5x + 1 = 5 \Leftrightarrow$	Auf beiden Seiten -1
$5x = 4 \Leftrightarrow$	Auf beiden Seiten durch 5 dividieren
$x = \dfrac{4}{5} \Rightarrow \mathbb{L} = \left\{\dfrac{4}{5}\right\}$	

Prüfen Sie nach, ob folgende Umformungen äquivalent sind:

a) $2(-x + 5) = 3(5x - 4)$ zu $-2x + 10 = 15x - 12$

b) $\dfrac{x^2 - 4}{x - 2} = x + 2$, $D = \mathbb{R} \setminus \{2\}$ zu $x = x$

c) $\dfrac{3x - 5}{x^2 + 2x + 1} = \dfrac{x + 1}{2}$, $D = \mathbb{R} \setminus \{-1\}$ zu $6x - 10 = (x + 1)^3$

d) $3 + x = 5 - x$ zu $-3 - x = -5 + x$

e) $\dfrac{x + 3}{x - 2} = 4$, $D = \mathbb{R} \setminus \{2\}$ zu $x + 3 = 4(x - 2)$

f) $8x - 8 = 8$ zu $x - 1 = 1$

g) $6x = 12$, $D = \mathbb{R}$ zu $6x(x - 1) = 12x - 12$

11 Induktion und Deduktion

11.1 Definitionen

Die Induktion oder der induktive Schluss ist eine Verallgemeinerung von Einzelaussagen, dagegen ist die Deduktion der Schluss von einer allgemeinen Aussage auf einen ihrer Spezialfälle.

Deduktive Schlussfolgerungen sind bei richtiger Anwendung immer richtig, während induktive Schlussfolgerungen manchmal zu falschen Aussagen führen. Beispielsweise ist die Induktion „Es hat drei Sonntage hintereinander geregnet, also wird es jeden Sonntag regnen" falsch.

Auch in der Mathematik gibt es Induktionen und Deduktionen; sie sind wie folgt definiert:

> In der Menge $\mathbb{N}^*$ der natürlichen Zahlen sei n_0 ein festgelegtes Element und n eine Variable. Mit $A(n_0)$ bezeichnet man eine Aussage, die sich auf die natürliche Zahl n_0 bezieht, und mit $A(n)$ eine Aussageform über der Definitionsmenge $\mathbb{N}^*$.
>
> Eine Implikation der Form $A(n_0) \Rightarrow A(n)$ heißt **Induktion.**
>
> Eine Implikation der Form $A(n) \Rightarrow A(n_0)$ heißt **Deduktion.**

Beispiele

a) Induktion: $2 \cdot 5 + 1$ ist eine ungerade Zahl, also ist auch $2 \cdot n + 1$ eine ungerade Zahl.

b) Deduktion: $1 + 2 + \ldots + n = \dfrac{n(n+1)}{2} \Rightarrow 1 + 2 + \ldots + 100 = \dfrac{100 \cdot 101}{2}$

Ist die Lösungsmenge der Aussageform $A(n)$ gleich $\mathbb{N}^*$, so erhält man mit Hilfe der Deduktion $A(n) \Rightarrow A(n_0)$ die wahre Aussage $A(n_0)$.

Geht man jedoch von der wahren Aussage $A(n_0)$ aus, so ist es nicht sicher, dass man mithilfe der Induktion $A(n_0) \Rightarrow A(n)$ eine Aussageform $A(n)$ mit der Lösungsmenge $\mathbb{N}^*$ erhält.

Beispiele

a) Die Aussageform $A(n) : (n+1)^2 = n^2 + 2n + 1$ hat die Lösungsmenge $\mathbb{N}^*$. Mithilfe einer Deduktion erhält man die wahre Aussage $A(5) : (5+1)^2 = 5^2 + 2 \cdot 5 + 1$.

b) Von der wahren Aussage A (2) : $2 < 2 + 1$ ausgehend, ergibt sich durch Induktion die Aussageform A (n) : $n < n + 1$ mit der Lösungsmenge $\mathbb{N}^*$.

c) Folgende Aussagen sind wahr:

A (1): $\dfrac{1}{1 \cdot 2} = \dfrac{1}{1 + 1}$

A (2): $\dfrac{1}{1 \cdot 2} + \dfrac{1}{2 \cdot 3} = \dfrac{2}{2 + 1}$

A (3): $\dfrac{1}{1 \cdot 2} + \dfrac{1}{2 \cdot 3} + \dfrac{1}{3 \cdot 4} = \dfrac{3}{3 + 1}$

Aus dieser Folge von Aussageformen erhält man durch Induktion die Aussageform A (n): $\dfrac{1}{1 \cdot 2} + \dfrac{1}{2 \cdot 3} + \dfrac{1}{3 \cdot 4} + ... + \dfrac{1}{n\,(n + 1)} = \dfrac{n}{n + 1}$. Vermutlich ist ihre Lösungsmenge gleich $\mathbb{N}^*$.

Das Beispiel c) führt auf die Frage, wie man nachprüfen kann, ob eine durch Induktion erhaltene Aussageform A (n) als Lösungsmenge die Menge $\mathbb{N}^*$ hat, d. h., dass die Aussageform für alle natürlichen Zahlen wahr ist. Ersetzt man die Variable n der Reihe nach durch die natürlichen Zahlen 1, 2, 3, ..., so erhält man die Aussagen A (1), A (2), A (3), ..., deren Wahrheitswert untersucht werden kann. Praktisch kann man jedoch nicht unendlich viele Aussagen auf ihren Wahrheitswert untersuchen. Auch wenn sehr viele geprüft sind, hat man immer noch nicht die Gewissheit, dass alle wahr sind.

Beispiel

Gegeben ist die Aussageform A (n) : $n^2 - n + 41$ ist Primzahl.

Für $n = 1$ erhält man die wahre Aussage $\quad$ A (1) : $1^2 - 1 + 41$ ist Primzahl.

Für $n = 2$ erhält man die wahre Aussage $\quad$ A (2) : $2^2 - 2 + 41$ ist Primzahl.

Auch die folgenden Aussagen A (2), A (3), ..., A (40) sind wahr. Man könnte also nach einer gewissen Anzahl von Schritten glauben, die Aussageform A(n) habe $\mathbb{N}^*$ als Lösungsmenge, was nicht der Fall ist, denn A (41) ist eine falsche Aussage.

11.2 Prinzip der vollständigen Induktion

Die Aussageform A (n) hat die Lösungsmenge $\mathbb{N}^*$, wenn ...

● ... die Aussage A (1) wahr ist und

● ... die Aussageform A (n) $\Rightarrow$ A ($n + 1$) die Lösungsmenge $\mathbb{N}^*$ hat.

Dieser Lehrsatz kann folgendermaßen plausibel gemacht werden: Nachdem die Zahl 1 zur Lösungsmenge der Aussageform $A(n) \Rightarrow A(n+1)$ gehört, ist die Aussage $A(1) \Rightarrow A(2)$ wahr, und nachdem $A(1)$ wahr ist, muss auch $A(2)$ wahr sein. Nun gehört auch die Zahl 2 zur Lösungsmenge von $A(n) \Rightarrow A(n+1)$, demnach ist $A(2) \Rightarrow A(3)$ eine wahre Aussage. Wenn $A(2)$ wahr ist, muss auch $A(3)$ wahr sein usw. Also sind die Aussagen $A(1)$, $A(2)$, $A(3)$, ... alle wahr, und somit hat $A(n)$ die Lösungsmenge $\mathbb{N}^*$.

Beispiele

a) $A(n) : 1 + 2 + 3 + ... + n = \dfrac{n \cdot (n+1)}{2}$ ergibt für alle $n \in \mathbb{N}^*$ wahre Aussagen. Dies soll durch vollständige Induktion gezeigt werden.

Lösung:

$A(1) : 1 = \dfrac{1 \cdot 2}{2}$ (wahr)

$A(n) \Rightarrow A(n+1) : 1 + 2 + 3 + ... + n = \dfrac{n \cdot (n+1)}{2} \Rightarrow$

$$1 + 2 + 3 + ... + n + (n+1) = \frac{n \cdot (n+1)}{2} + (n+1) \Rightarrow$$

$$1 + 2 + 3 + ... + n + (n+1) = \frac{n \cdot (n+1) + 2(n+1)}{2} \Rightarrow$$

$$1 + 2 + 3 + ... + n + (n+1) = \frac{(n+1)(n+2)}{2}$$

b) Die Aussageform $A(n) : 2^0 + 2^1 + 2^2 + ... + 2^n = 2^{n+1} - 1$ soll für alle $n \in \mathbb{N}^*$ wahre Aussagen ergeben.

Lösung:

$A(1) : 2^0 + 2^1 = 2^{1+1} - 1$ (wahr)

$A(n) \Rightarrow A(n+1) : 2^0 + 2^1 + 2^2 + ... + 2^n = 2^{n+1} - 1 \Rightarrow$

$$2^0 + 2^1 + 2^2 + ... + 2^n + 2^{n+1} = 2^{n+1} - 1 + 2^{n+1} \Rightarrow$$

$$2^0 + 2^1 + 2^2 + ... + 2^n + 2^{n+1} = 2 \cdot 2^{n+1} - 1 \Rightarrow$$

$$2^0 + 2^1 + 2^2 + ... + 2^n + 2^{n+1} = 2^{n+2} - 1$$

c) $A(n) : 1^2 + 2^2 + ... + n^2 = \dfrac{n(n+1)(2n+1)}{6}$ soll für alle $n \in \mathbb{N}^*$ wahre Aussagen ergeben.

Lösung:

$A(1) : 1^2 = \dfrac{1 \cdot (1+1) \cdot (2 \cdot 1 + 1)}{6}$ (wahr)

$A(n) \Rightarrow A(n+1): 1^2 + 2^2 + ... + n^2 = \dfrac{n(n+1)(2n+1)}{6} \Rightarrow$

$$1^2 + ... + n^2 + (n+1)^2 = \frac{n(n+1)(2n+1)}{6} + (n+1)^2$$

$$= \frac{n(n+1)(2n+1) + 6(n+1)^2}{6}$$

d) $A(n) : 2^n > n^2$ soll für alle $n \in \mathbb{N} \setminus \{0, 1, 2, 3, 4\}$ wahre Aussagen ergeben.

Lösung:

$A(5) : 2^5 > 5^2$ (wahr)

$A(n) \Rightarrow A(n+1) : 2^n > n^2 \Rightarrow 2^n \cdot 2 > n^2 \cdot 2 \Rightarrow$

$$2^{n+1} > 2n^2 \Rightarrow 2^{n+1} > (n+1)^2$$

Die letzte Ungleichung gilt für alle $n \geq 3$, denn:

$$2n^2 > (n+1)^2 \Leftrightarrow 2n^2 > n^2 + 2n + 1 \Leftrightarrow n^2 - 2n - 1 > 0$$

$$\Leftrightarrow (n-1)^2 > 2$$

$n = 1$ oder $n = 2$ eingesetzt, ergibt die Ungleichung $1 > 2$ (falsch), während für $n = 3$, $n = 4$ die wahren Ungleichungen $4 > 2$, $9 > 2$ entstehen.

Aufgabe

1. Beweisen Sie durch vollständige Induktion:

   a) $1^3 + 2^3 + \ldots n^3 = \dfrac{n^2(n+1)^2}{4}, n \in \mathbb{N}^*$

   b) $\dfrac{1}{1 \cdot 2} + \dfrac{1}{2 \cdot 3} + \dfrac{1}{3 \cdot 4} + \ldots + \dfrac{1}{n(n+1)} = \dfrac{n}{n+1}, n \in \mathbb{N}^*$

2. Gegeben ist die Aussageform $A(n): 1 \cdot 2 + 2 \cdot 3 + \ldots + n(n+1)$
   $= \dfrac{n(n+1)(n+2)}{3}$.

   a) Geben Sie die Aussagen $A(1)$, $A(2)$, $A(3)$ an.

   b) Zeigen Sie, dass $A(n)$ die Lösungsmenge $\mathbb{N}^*$ hat.

3. Zeigen Sie, dass $A(n): 1 + 3 + 5 + \ldots + 2n + 1 = n^2$ die Lösungsmenge $\mathbb{N}^*$ hat.

4. Beweisen Sie, dass $3^n > n + 1$ für alle $n \in \mathbb{N}^*$ gültig ist.

5. Zeigen Sie, dass die Aussageform $A(n)$ für alle $n \in \mathbb{N}^*$ wahr ist:

   a) $A(n): \dfrac{1}{1 \cdot 3} + \dfrac{1}{3 \cdot 5} + \dfrac{1}{5 \cdot 7} + \ldots + \dfrac{1}{(2n-1)(2n+1)} = \dfrac{n}{2n+1}$

   b) $A(n): 1 + 9 + 25 + 49 + \ldots + (2n-1)^2 = \dfrac{n}{3} \cdot (4n^2 - 1)$

   c) $A(n): 1 + \dfrac{1}{2^1} + \dfrac{1}{2^2} + \dfrac{1}{2^3} + \ldots + \dfrac{1}{2^{n-1}} = 2 - \dfrac{1}{2^{n-1}}$

12   Mathematische Zeichen

12.1   Logische Zeichen

∧	und
∨	oder
¬	nicht
→ (bei Aussagen)	wenn ..., dann ... (Subjunktion)
↔ (bei Aussagen)	genau dann ..., wenn ... (Bijunktion)
⇒ (bei Aussageformen)	wenn ..., dann ... (Implikation)
⇔ (bei Aussageformen)	genau dann ..., wenn ... (Äquivalenz)

12.2   Mengen

a) Schreibweisen

$P, Q, R, ...$	Mengenbezeichnungen
$\{a, b, c, ...\}$	aufzählende Schreibweise
$\{x \mid ...\}$	beschreibende Schreibweise
∈	ist Element von
∉	ist nicht Element von

b) Zahlenmengen

$\mathbb{N} = \{0, 1, 2, 3, ...\}$	Menge der natürlichen Zahlen. 0 ist auch eine natürlich Zahl!
$\mathbb{N}^* = \{1, 2, 3, ...\}$	Menge der natürlichen Zahlen ohne 0
$\mathbb{Z} = \{..., -3, -2, -1, 0, 1, 2, 3, ...\}$	Menge der ganzen Zahlen
$\mathbb{Z}^+, \mathbb{Z}^-$	Menge der positiven (negativen) ganzen Zahlen
$\mathbb{Z}_0^+$	Menge der positiven ganzen Zahlen mit 0
$\mathbb{Q} = \left\{ x \mid x = \dfrac{p}{q}, p \in \mathbb{Z}, q \in \mathbb{N}^* \right\}$	Menge der rationalen Zahlen
$\mathbb{Q}^+, \mathbb{Q}^-$	Menge der positiven (negativen) rationalen Zahlen
$\mathbb{R}$	Menge der reellen Zahlen

$\mathbb{R}^+$, $\mathbb{R}^-$	Menge der positiven (negativen) reellen Zahlen
$\mathbb{R}_0^+$, $\mathbb{R}_0^-$	Menge der positiven (negativen) reellen Zahlen mit 0

c) Teilmengen

$\subset$	ist Teilmenge von
$\not\subset$	ist nicht Teilmenge von
$\varnothing$, { }	leere Menge
$[a; b] = \{x \mid a \le x \le b\}$	geschlossenes Intervall in $\mathbb{R}$
$]a; b[= (a; b) = \{x \mid a < x < b\}$	offenes Intervall in $\mathbb{R}$
$]a; b] = (a; b]$, $[a;b[= [a; b)$	halboffene Intervalle in $\mathbb{R}$

d) Mengenverknüpfungen

$P \cup Q = \{x \mid x \in P \vee x \in Q\}$	Vereinigungsmenge
$P \cap Q = \{x \mid x \in P \wedge x \in Q\}$	Schnittmenge
$P \backslash Q = \{x \mid x \in P \wedge x \notin Q\}$	Restmenge
$P \times Q = \{(x; y) \mid x \in P \wedge y \in Q\}$	Produktmenge

12.3 Aussagen, Aussageformen

$A, B, C, \ldots$	Aussagen
$A_1(x), A_2(x), \ldots$	Aussageformen
G	Grundmenge
D	Definitionsmenge
$\mathbb{L}$	Lösungsmenge
$T_1(x), T_2(x), \ldots$	Terme mit der Variablen x

12.4 Funktionen

$f : x \mapsto f(x), x \in D$	Funktion mit Definitionsbereich
f^{-1}	Umkehrfunktion
D	Definitionsbereich, Definitionsmenge, Urbildmenge
W	Wertebereich, Wertemenge, Bildmenge
A	Ausgangsmenge
Y	Zielmenge
G_f	Graph einer Funktion
$f : A \to Y$	Funktion als Abbildung
$y = f(x)$	Funktionsgleichung

12.5 Operationen, Relationen

$=$	ist gleich
$\neq$	ist ungleich
$<$	kleiner als
$\leq$	kleiner oder gleich
$>$	größer als
$\geq$	größer oder gleich
$\lvert a \rvert$	Betrag von a
$\sqrt{a}$	Quadratwurzel aus a
$\sqrt[n]{a}$	n. Wurzel aus a
$\log_b x$	Logarithmus von x zur Basis b
$\lg x$	Logarithmus von x zur Basis 10
$\operatorname{lb} x$	Logarithmus von x zur Basis 2
$\ln x$	Logarithmus von x zur Basis e
$f \circ g$	Verkettung der Funktionen f und g
$D, D_1, D_2, \ldots$	Determinanten

12.6 Winkel

$\alpha, \beta, \gamma, \ldots$	Winkel im Gradmaß
x, φ	Winkel im Bogenmaß
$\sin \alpha, \sin x$	Sinus von α, Sinus von x
$\cos \alpha, \cos x$	Kosinus von α, Kosinus von x
$\tan \alpha, \tan x$	Tangens von α, Tangens von x

12.7 Grenzwerte

$U(a)$	Umgebung der Stelle a
$U^*(a), \dot{U}(a)$	Punktierte Umgebung der Stelle a
$\lim\limits_{n \to \infty} a_n = a$	a ist der Grenzwert (Limes) von a_n für $n \to \infty$
$\lim\limits_{\substack{x \to x_0 \\ x > x_0}} f(x) = a_r$	rechtsseitiger Grenzwert
$\lim\limits_{\substack{x \to x_0 \\ x < x_0}} f(x) = a_l$	linksseitiger Grenzwert
$\lim\limits_{x \to x_0} f(x) = a$	(gemeinsamer) Grenzwert

Sachwortverzeichnis